工程导论

INTRODUCTION TO ENGINEERING

主　编　姚立根　王学文

副主编　陈希军　李继勇
　　　　李少波　方　兴

电子工业出版社

Publishing House of Electronics Industry

北京 · BEIJING

内 容 简 介

本书系统、综合地介绍了工程知识体系,注重理论联系实际,吸收前沿理论,注意运用案例分析方法激发兴趣、拓展视野。本书共 10 章,包括四大类知识体系:第一,介绍了土木工程、水利水电工程、矿业工程等属于第一产业、第二产业的"硬工程";第二,介绍了工业工程、可靠性工程、标准化工程、系统工程、价值工程、质量工程等"软工程";第三,介绍了工程建设与管理中必需的工程管理、工程经济分析等经济管理知识;第四,介绍了工程的利益相关者、工程共同体、工程理念与工程思维、工程教育的目标,大学工程教育对知识、能力、素质的基本要求,工程建设与管理有关的人文社会科学知识体系。

本书每章章首配有学习目标,章后附有本章小结、复习思考题、案例简介供读者参考,提高学习效果。本书可作为高等学校文科、理科类学生培养工程素养、实施素质教育的教科书;同时,本书的大工程、工程思维和工程经济管理等内容也为工科类学生实施"卓越工程师"培养计划提供了优秀的教材。此外,本书也可作为工程技术人员和社会相关人员进行工程知识培训的教材。

图书在版编目(CIP)数据

工程导论/姚立根,王学文主编.—北京:电子工业出版社,2012.8
ISBN 978-7-121-17506-0

Ⅰ.①工… Ⅱ.①姚… ②王… Ⅲ.①工程技术－高等学校－教材 Ⅳ.①TB

中国版本图书馆 CIP 数据核字(2012)第 147464 号

策划编辑:王志宇
责任编辑:王志宇
印　　刷:北京七彩京通数码快印有限公司
装　　订:北京七彩京通数码快印有限公司
出版发行:电子工业出版社
　　　　　北京市海淀区万寿路 173 信箱　邮编　100036
开　　本:787×1 092　1/16　印张:17.75　字数:431 千字
版　　次:2012 年 8 月第 1 版
印　　次:2021 年 7 月第 11 次印刷
定　　价:35.00 元

凡所购买电子工业出版社图书有缺损问题,请向购买书店调换。若书店售缺,请与本社发行部联系,联系及邮购电话:(010)88254888,88258888。

质量投诉请发邮件至 zlts@phei.com.cn,盗版侵权举报请发邮件至 dbqq@phei.com.cn。

本书咨询联系方式:(010)88254523,wangzy@phei.com.cn。

前　言
PREFACE

高等教育专业类型按学科可划分为十三大门类,授予相应的十三类学位,人们通常将其概括为文科、理科和工科三大类。工程是现代社会的重要标志,工程活动也是现代社会的主要活动。工程强调的是系统、集成、整体,是安全、经济,还要与环境和社会相协调。为适应教育部启动实施"本科教学工程""专业综合改革试点"项目和"卓越工程师"培养计划的要求,作者从工程的社会性和大工程的视角,编写了《工程导论》教材,以满足文科、理科类学生培养工程素养、实施素质教育的要求;同时,本书的大工程、社会工程和工程思维等内容也为工科类学生实施"专业综合改革试点"教育和"卓越工程师"培养计划提供了优异的教材。

从人类发展和工程活动的历史来看,工程是直接和现实的生产力,工程活动是人类最古老、最重要的活动和生存方式,也是人类社会存在和发展的物质基础。工程是人类以利用和改造客观世界为目标的实践活动,也是人类利用各种要素的人工造物活动。人类的吃、穿、住、行等日常生活无一例外地依赖于工程的成果——人工造物。人类几千年来就是通过不断的工程造物来实现和满足自身的发展要求,工程实践也成为人类最主要的实践活动。三峡大坝、高速公路、青藏铁路等现代大工程投资巨大,建设和运行周期长,专业技术水平和合作要求高,社会效应和社会影响巨大,对环境和人类的影响深远,产生了工程的社会性问题。工程的社会性,首先表现为实施工程的主体(设计师、决策者、协调者、各种层次的执行者、使用者、供应商、社区居民等众多的利益相关者)的社会性;其次,表现为工程对社会的经济、政治和文化的发展不仅具有直接的、显著的影响和作用,而且具有间接的、潜在的经济效果、社会效果和生态效果。简而言之,文科、理科类学生在今后的生活、工作和学习中必然要与工程打交道,是工程的利益相关者。因此,文科、理科类学生需要在大学期间学习工程知识,培养工程素养,实施必要的工程教育。

本书内容包括四大类知识体系:第一,介绍了土木工程、水利水电工程、矿业工程等属于第一产业、第二产业的"硬工程";第二,介绍了工业工程、可靠性工程、标准化工程、系统工程、价值工程、质量工程等"软工程";第三,介绍了工程建设与管理中必需的工程管理、工程经济分析等经济管理知识;第四,介绍了工程的利益相关者、工程共同体、工程理念与工程思维、工程教育的目标,大学工程教育对知识、能力、素质的基本要求,工程建设与管理有关的人文社会科学知识体系。常言道,"磨刀不误砍柴工",通过学习这四大类知识,可以使学习者在学习和工作中起到事半功倍的效果。因此,本书也是工科类学生实施"卓越工程师"培养计划首选的优秀教材。

本书系统、综合地介绍了工程知识体系,注重理论联系实际,吸收前沿理论,注意运用案例分析方法激发兴趣、拓展视野。每章章首配有学习目标，章后附有本章小结、复习思考题、案例简介供读者参考，提高学习效果。本书是一本提供给高等学校学生进行工程教育的优秀教材，此外，本书也可作为工程技术人员和社会相关人员进行工程知识培训的教材。读者可登录华信教育资源网（http://www.hxedu.com.cn）免费注册下载本书配套教学资源。

本书由姚立根教授和王学文教授提出编写意图和编写大纲，听取校内外专家、学者意见后，对编写框架做了几次修改。初稿编写和总纂工作主要由姚立根教授和王学文教授负责。参加全书编写的人员还有陈希军、李继勇、李少波、方兴、王英臣、卢红卫。

本书在编写过程中参考了国内外专家、学者的著作和文献，书后参考文献中可能未能一一列举，在此向作者和同仁致以衷心的感谢；一些专家、教授也对本书的编写提出了宝贵意见，在此一并感谢；学校教务处及相关学院的有关领导对本书的编写工作给予了大力支持，电子工业出版社的王志宇编辑为本书的出版付出了辛勤劳动，在此一并致谢。

由于时间紧迫和作者水平有限，本书内容难免有不够成熟之处，希望同行专家和广大读者多提建议，不吝赐教，您的建议和意见是对我们最大的鼓励和支持。咨询、意见和建议可反馈至本书责任编辑邮箱：wangzy@phei.com.cn。

姚立根　王学文

目 录
CONTENTS

第1章
大学工程教育的培养目标

【学习目标】

通过本章的学习，掌握培养目标的概念，了解大学工程教育培养目标的基本要求，理解工程的概念和大学工程教育对知识的基本要求，掌握能力的概念和大学工程教育对能力的基本要求，理解素质的概念和大学工程教育对素质的基本要求，了解基于"以人为本理念"的高等工程教育目标。

1.1 培养目标概述

1.1.1 培养目标的概念

目标泛指"到达的境地和标准"。培养目标是依据国家的教育目的和各级各类学校的性质、任务提出的具体培养要求。我国普通高等教育分为研究生教育、本科教育和专科教育等层次，其中研究生教育又分为博士和硕士两个层次。不同层次的高等教育对人才培养的要求是不一样的。例如，本科教育的培养目标是较好地掌握本专业的基础理论、专业知识和基本技能，具有从事本专业工作的能力和初步的科学研究能力；对硕士研究生的要求是掌握本专业坚实的理论基础和系统的专门知识，具有从事科学研究和独立担负专门技术工作的能力；而博士研究生则要掌握本学科坚实宽广的理论基础和系统深入的专门知识，具有独立从事科学研究的能力，在科学或专门技术上做出创造性成果。上述培养目标还是基于精英教育的理念提出的，对受教育者在学术水平和专业知识方面的要求比较高。

我国高等工程教育的培养目标可以概括为培养适应社会主义现代化建设需要，德、智、体全面发展，获得必要的工程师训练的高级工程科技人才。学生毕业后主要去工业、工程第一线，从事设计、制造、施工、营销、运行、研究和管理等工作，有的也可以去科研、教育部门从事研究、教学工作。这个培养目标的特点是突出了"工"，强调为工业、工程第一线培养人才，学生要获得必要的工程训练，这是高等工程教育的核心。工程人才培养就是未来工程师的培养，20世纪八九十年代的工科院系、高校都把自己看做"工程师的摇篮"。既然是工程师，不仅要有扎实的理工科基础知识，又要有很强的实践动手能力；最重要的是要有较高的工程素养和相当的人文素养，同时创新力也是不可或缺的。

综上所述，可总结如下：

(1)学校教育的培养目标指的是"通过学校的教育活动，学生在毕业时应该具有的知识和能力(含技能)水平、思想和行为特征、体魄和心理状态"。

(2)培养目标的依据是教育目的，也是教育目的的具体化。教育目的是为社会发展的需要培养人才；培养目标则指社会对教育所要培养人才的质量标准和规格要求的总设想。确定学校教育的培养目标就是回答学校教育要培养"什么样的人"这个根本问题。

(3)培养目标既反映了学校同社会发展之间的关系(即社会发展对人才的需求)，又体现了学校同学生个人发展之间的关系(即学生提高自身素质的需求)。

(4)培养目标是学校价值的体现：它既有反映社会需要的政治、经济、文化、科技价值；也有反映学生需要的谋生求职和个性发展价值；还有反映学校自身发展需要的教育价值。

目前，我国部分高等工科院校的实践教学环节大幅度减少，对学生的工程训练被严重削弱。除了办学条件方面的原因，主要问题出在认识上，有些学校单纯强调加强基础、拓宽专业，而忽视培养学生的基本职业技能和工程实践能力。

需要指出的是，高等学校是具体实施高等教育的机构，各高校由于在办学条件、师资结构和水平、服务面向、生源等方面存在差异，决定了它们的培养目标也各不相同。

1.1.2 培养目标的作用

在高等教育管理实践中，专业培养目标又被看做培养规格。高等学校培养人才不仅划分层次和科类(如工学博士、文学硕士、理学学士)，每一层次的人才又分为不同类型(如学术型、应用型)，每一科类的人才再细分为不同专业。因此，需要将培养目标进一步细化，形成每一个专业更加具体的人才培养标准和规范。虽然国家教育行政部门在制定学科专业目录的同时，就规定了各学科专业的培养规格，但仍是非常原则的规定。所以，各学校必须根据自己的实际情况，提出各层次和各学科专业明确、具体的培养规格。学校教育目标的各层面均由多个要素构成。我国学者在传统上把教育目标分为德育、智育和体育三个方面，称为"三要素说"。后来又有文献分别增加了美育和劳动教育，形成"四要素说"和"五要素说"。简单分析即可发现，德育、智育、体育、美育和劳动教育等概念都比较宽泛，而且相互间还有不少交叉、重复，它们更适于描述较高层面的教育目标。实际上，"使受教育者在德、智、体育几方面都得到发展"最早就是毛泽东同志作为教育方针，即国家总的教育目的提出来的。近年来，有的学者提出，培养目标的基本构成要素包括知识、技能和素质三方面。这些教育目标的构成要素比较具体，并有较好的操作性，适合用来描述专业培养目标和教学目标。

专业的培养目标规定毕业生在知识、技能、个人品质等方面应达到的水平，它是制定专业教育计划、设置课程、安排各种教学环节的基本依据，也是评价专业人才培养质量的重要标准。所以，制定科学、规范的培养目标，对于办好专业非常关键。

(1)培养目标反映向社会输出人才产品的质量，因而培养目标是学校与社会发生关系的连接点，也是社会现实对学校教育制约作用的集中体现。

(2)培养目标是学校各项教育活动的基本出发点和归宿。学校的各项教育活动都是为了使学生达到培养目标而组织的(出发点)；培养目标决定着学校所有教育活动的广度、深度和最终评价教育质量的依据(归宿)。

（3）培养目标是学生在校全部学习活动的动力和期望；如果能在学生入学之初就使他们了解学校对他们的培养目标，就能在很大程度上调动他们自主学习的自觉性、主动性和积极性。

我国社会正在高速发展中，社会对工程人才的需要十分迫切，且这种需求的数量越来越大，品种越来越多，要求越来越具体，这就需要各类学校的培养目标更具有针对性。工程教育是一个长期过程，大学工程教育只是它的一个重要阶段。这意味着大学工程教育不可能"闭门造车"，它关注自己的"接口"，必须与它所培养人才的"用户"一起来做接口设计，包括对人才规格和质量标准的共同制定。因此，高等院校制定准确的培养目标十分迫切。

1.2　大学工程教育培养目标的基本要求

培养目标指社会对教育所要培养人才的质量标准和规格要求的总设想。培养目标既反映了学校同社会发展之间的关系，即社会发展对人才的需求，又体现了学校同学生个人发展之间的关系，即学生提高自身素质的需求。因此，确定学校教育的培养目标就是回答学校教育要培养"什么样的人"这个根本问题。从宏观上讲，高等工程教育主要是围绕人才培养目标和人才培养模式，即需要培养什么样的人的问题和如何培养所需人才的问题而展开的。高等工程教育培养目标的提出，一方面需要深刻把握新世纪的发展趋势，洞察国外高等工程教育人才培养的变化；另一方面，要求我们对传统的高等工程教育培养目标进行反思，从而确立一种新的人才培养观念。

"工程"与"科学"和"技术"不同，它强调的是系统、集成、整体，是安全、经济，还要与环境和社会相协调。作为未来的工程师，不仅要掌握必要的工程基础知识以及本专业的基本理论、基本知识，还要具有从事工程工作所需要的相关数学、自然科学知识和一定的经济管理知识；了解本专业的前沿发展现状和趋势；了解相关的职业和行业的生产、设计、研究与开发的法律、法规，熟悉环境保护和可持续发展方面的方针、政策和法律、法规；要具有较好的人文社会科学素养、较强的社会责任感和良好的工程职业道德。

作为未来的工程师，要具有创新意识，具有研究、开发和设计新产品、新工艺、新设备和推出新技术的能力，即集成创新的能力。比如，石油化工行业的许多工程问题都属于过程控制。作为现代过程控制的工程师，必须懂得流体的化学反应过程、流体在流动中的热力学与动力学原理，才能针对不同流体实施不同的温度、压力等方面的控制，还要在计算机软、硬件技术上是行家里手。

1.2.1　高等工程教育培养目标的基本要求

培养目标简单讲是培养什么样的人的问题，即人才的规格和质量标准。以大学本科教育为例，它的培养目标可以表述为："工科本科教育要培养适应社会主义现代化建设需要的、'有理想、有道德、有文化、有纪律'的、德智体美全面发展的、获得工程师基本训练的高级工程人才；学生毕业后可以去工业生产第一线，从事设计、制造、运行、研究、开发、营销和管理等工作；也可以攻读工程专业的高级学位或其他专业的学位，继续深造。"在培养目标的下面应附有基本规格，也就是学生毕业时在政治思想、知识、能力、素质方面的质量标准和基本要求，这些基本要求是学生经过努力应该能够达到的。

因此，一般要求可表述为：

(1)要符合党和国家的教育方针(为现代化建设服务，人的全面发展，教育与生产相结合，侧重实践能力和创新能力的培养)。

(2)要符合社会、科技和工程发展的需求和趋势。

(3)要体现多层次工程教育的不同需要。

(4)能对学校开展的各种教育活动起指导作用；具有可操作性和可衡量性。

(5)培养目标的表述要落实以下四个方面：

① 正确的政治方向和人的全面发展。

② 本教育层次、本专业领域相对应的工程人才职称。

③ 学生毕业后的主要服务面向和工作范围。

④ 相对应工程人才在校学习时应该掌握的知识、具有的能力和具备素质的程度。

本科工程人才按照培养规格主要可归纳为六种类型：科学研究型、工程设计型、技术应用型、复合应用型、服务应用型和职业应用型。而按照培养模式来划分，高等工程教育的培养目标通常有两种类型：通才型目标和专才应用型目标。通才型目标以普通本科为典型。比如，某大学土木工程专业的培养目标是：本专业努力将学生培养成为具备健全人格、社会责任、国际视野，具有坚实的理论基础、实践技能和其他学科知识，创新意识强、团队协作好、综合素质高，能在建筑工程、市政工程、地下工程、隧道工程、道路与桥梁工程等土木工程相关部门的设计、规划、研究及管理工作的高素质、多样化人才。土木工程专业人才培养目标应该注重人才的知识、能力、创新意识，以及随之而必需的协调能力和工程能力。通才型土木工程专业的人才培养定位在培养研究型人才的规格上，该定位具有两个层面的含义：其一为具有持续学习以及研究能力，能够进一步学习深造的专业人才；其二为具有扎实基础理论和实践能力，可以在土木工程以及相关领域从事设计、规划、研究及管理的专业背景人才。

专才应用型目标以高职学校为典型。比如，某大学建筑工程专业的培养目标是：培养掌握工程力学、土力学、测量学、房屋建筑学和结构工程学科的基础理论和基本知识，具备从事土木工程的项目规划、设计、研究开发、施工及管理的能力，能在房屋建筑、地下建筑、隧道、路桥、矿井等的设计、研究、施工、教育、管理、投资、开发部门从事技术或管理工作的高级工程技术人才。

1.2.2　我国高等工程教育培养目标的反思

我国高等工程教育存在的主要问题是：部分工科院校培养目标定位不明确；个别工科院校培养模式更新速度慢；少数工科院校实践性课程安排少；某些工程专业与社会缺乏联系；工科院校学生还缺乏必要的人文知识；工程技术人员理论水平较高，但缺乏创新意识与创造能力。1997 年中国工程院朱高峰、张维院士等向国家提交了《我国工程教育改革与发展》的报告。该报告着眼于 21 世纪科技发展和经济全球化的挑战，在广泛深入进行企业和高等院校调研的基础上，从培养目标、体制、专业划分、工程教学等方面分析了我国高等工程教育目前存在的主要问题。特别指出在培养目标上，学校的工程教育主要是为了培养未来工程师的目标不够明确，突出工程的特色不够，基本上是按照学科体系来组织教学，与经济、产业的实际需要结合不够紧密。时至今日，这些问题还不同程度地存在，尤其在以下两方面表现突出。

1. 人才培养规格过于单一

目前，我国的高等教育是国家主导型的高等教育体系，实行的是高度集中的统一办学体制。我国高等教育的专业设置是20世纪50年代院系调整中学习前苏联高等教育的产物，工科基本是按照工艺、装备、产品、行业设立的，学生毕业后能较快对口、适应当时工业建设的需要。这种专业教育模式突出的特点是人才培养规格的单一性。由于专业划分过细，口径过窄，使得人才知识面偏窄，技术单一，这种过细、过精、过深的偏窄规格，使学生只懂一种技术，不懂相关技术，无法与相关专业融合，社会应变能力差，更难以适应创造性的工作。

随着科学技术与社会经济的发展，新兴、边缘学科越来越多，厚基础、宽口径的改革思路已经成为综合性或多科性高等学校的共识。同时，强化课程、淡化专业的改革思想也正在探索之中。

2. 培养目标的专业性和功利性

长期以来，我国大学的本科教育追求的是一种单一而狭窄的"专业教育模式"，这种模式的培养目标是在计划经济体制下沿袭前苏联模式建立起来的，定位围于一种"专业——行业对口"的十分狭窄的意识，把培养"处方式的专家"作为培养目标，带有强烈的专业性和功利导向。具体表现为专业设置较多地强调与应用对口，致使专业划分越来越细，专业数越来越多。在社会经济迅速发展，当代科学技术在高度分化的基础上、日益高度综合化的形势下，这种人才培养目标定位的弊端日益呈现，如不少工科大学重专业教育、轻通识教育，重科学教育、轻人文教育等。在这种培养目标引导下，一些工科院校专业单一，学科结构不合理、专业口径过窄、课程体系综合化程度不高、课程结构缺乏整体优化，使学生的理论基础不扎实、知识结构单一、视野不够开阔、人文底子不足、创造力不强，呈现出过弱的文化陶冶、过窄的专业教育、过重的功利导向、过强的共性制约的局面，使普通高等教育特别是高等工程教育带有较强的职业教育的特征。这就从根本上暴露出教育思想和人才培养模式的缺陷。

1.2.3 我国高等工程教育培养目标的界定

从国外的经验和国内教育现状反思看，我国工程教育的培养目标应该是具有现代工程教育理念和创新精神的工程师。

1. 具有现代工程教育理念

现代工程教育理念的核心是在教育工作中坚持人文精神、科学素养、创新能力的统一，这是现代人的基本特征。人文，不是指一般的人文知识，而指的是人文精神，泛指人对自然、社会、他人和自己的基本态度。现代工程师要具有这样的人文精神，即心系祖国、自觉奉献的爱国精神；求真务实、勇于实践的科学精神；不畏艰险、勇于创新的探索精神；团结合作、淡泊名利的团队精神。科学素养的基本要求有四个方面：一是全面掌握人文、社会科学和现代自然科学技术的基本理论、基本知识、基本技能；二是具有分析解决专门实际问题的能力；三是养成实事求是、追求真理、独立思考、勇于创新的科学精神；四是要有良好的心理素质。创新能力是一种综合能力，主要包括创新意识、坚实基础、综合智能、创造能力。人文精神、科学素养、创新能力融合统一的教育理念，体现了人才培养要注重素质教育，注重创新能力的培养，注重个性发展的要求，也表达了现代工程教育应该把传授知识、培养能力、提高素质三者结合起来融为一体。

2.具备完整知识结构和知识层次

作为 21 世纪的工程师，一个完整的知识结构至少应在实践、理论和计算三个方面都有很好的训练。这三个方面包括：第一，要有足够的工程实践知识，不仅在工科教育方面，还应包括人文教育方面；第二，要有扎实的理论训练，学会一种严格的思维方式，夯实基础理论知识；第三，强化在理论和实践之间的计算，计算是理论与实践之间一个很重要的联系。这种三角形的结构关系，构成了工程师完整的知识结构。就知识层次来说，完整的知识层次是由分析、系统和高技术三个层次组成的：分析是指定量分析与定性分析的结合，用适当牺牲定量分析的精度来保证定性分析的完整，这是第一个层次；做好定量分析与定性分析的接口要靠系统工程，在工程中加入系统工程的思想十分重要，这是第二个层次；第三个层次是在传统的设计中，与高技术相结合，用计算机进行辅助设计（CAD），充分利用现有的软件包来提高工程设计的质量和效益。

3.突出创新能力的培养，形成自身特色

在全球经济一体化和国际制造业产业结构调整的局面下，随着我国从"世界制造中心"向"世界设计中心"、"世界创造中心"的转变，以及生产模式从 OEM（Original Equipment Manufacturer，原始设备生产商）向 ODM（Original Design Manufacturer，原始设计制造商）和 OBM（Own Branding & Manufacturing，自有品牌制造商）的转移，多元化的国际市场不仅对产品的 T（时间或速度）、Q（质量）、C（成本）、S（服务）提出了更加苛刻的要求，更对产品的内在科技含量、外在功能、性能和设计理念提出了要求。因此，提高学生的"创新能力"应该是高等工科院校（本科）工程教育的首要目标。只有这些未来的工程师们具备了创新思维和创新能力，才能从根本上解决问题。

当前，我国高等教育办学模式趋同、特色不明显、办学定位模糊。在这种情况下，高等工程院校必须对自己的自身实力和优势进行分析评估，在正确的人才培养目标引导下，追求自身办学特色。也就是要求在新形势下根据社会要求和市场要求，准确定位，确定特定的服务对象，凭借自身的优势和条件，加强特色建设，努力追求办学的个性化，以满足特定需求并服务于社会现代化建设。在整个办学过程中，要时刻注意围绕培养目标选择特色、设计特色、创造特色、保持特色、强化特色，以发展特色学科为突破口，带动学校整体实力的提升。

1.3 工程的概念和大学工程教育对知识的基本要求

1.3.1 工程的概念

要懂得工程教育，首先要对工程有一个正确的概念。工程，对于我们并不陌生，比如我国的都江堰、万里长城、京杭大运河、埃及的金字塔、罗马的凯旋门等都是古人留下的伟大工程。20世纪40年代的曼哈顿工程、60年代的阿波罗登月工程，以及90年代的人类基因组计划工程，堪称现代世界三大工程。我国20世纪60—70年代完成的"两弹一星"工程、改革开放后建设的大亚湾核电工程、宝钢二期工程、铁路5次大提速工程，以及当下正在进行的三峡工程、探月工程、南水北调、西气东输、青藏铁路工程等，创造了中国历史发展进程的神话。可以说工程活动塑造了现代文明，并深刻地影响着人类社会生活的各个方面。现代工程构成了现代社会存在和发展的基础，构成了现代社会实践活动的主要形式。

什么是工程？怎样来理解和把握工程？李伯聪教授提出的"科学—技术—工程三元论"已被越来越多的专家、学者所接受。李伯聪把工程定义为"人类改造物质自然界的完整的、全部的实践活动和过程的总和"；而《2020年中国科学和技术发展研究》给出的定义则为"人类为满足自身需求有目的地改造、适应并顺应自然和环境的活动"。我们把工程定义为"有目的、有组织地改造世界的活动"。这一定义中的限制词"有目的"把无意识的自发改变世界的活动排除在外。例如人们污染环境的行动虽然也改变世界，但不能称为工程。而环境工程是有目的地改善环境的活动，所以是工程的一种。其次，定义中的限制词"有组织"则把分散的个体活动排除在外。因此，原始人把野生稻改造为栽培稻不算工程，但"大禹治水"是组织很多人进行的，应是一种早期的工程活动。朱京强调"工程的社会性"，这一社会性与本定义中"有组织活动"应当是同义词。到目前为止，工程都是按照被改造的对象而命名的。世界分为自然界和人类社会，所以工程也可分为自然工程和社会工程，前者不妨称为"硬工程"，后者不妨称为"软工程"。虽然工程的名称起源于硬工程，但把它推广到社会改造也是顺理成章之事。例如当前频繁出现的"希望工程"、"五个一工程"、"知识创新工程"等。按出现的次序，工程也可分为传统工程与现代工程。前者如土木、水利、建筑、机电、能源等，后者如材料工程、环境工程、生物工程、生态工程等。

工程活动是人类利用各种要素的人工造物活动。工程既不是单纯的科学应用，也不是相关技术的简单堆砌和剪贴拼凑，而是科学、技术、经济、管理、社会、文化、环境等众多要素的集成、选择和优化。一切工程都是人去建造的，是为了人而造的。因此，要建立顺应自然、经济和社会规律，遵循社会道德伦理、公正公平准则，坚持以人为本、资源节约、环境友好、循环经济、绿色生产、促进人与自然和人与社会协调可持续发展的工程理念。工程理念深刻地渗透到工程策划、规划、设计、论证和决策等各方面的各环节中，不但直接影响到工程活动的近期结果与效应，而且深刻地影响到工程活动的长远效应与后果。许多工程在正确的工程理念指导下，不仅成功而且青史留名。但也有不少工程由于工程理念的落后甚至错误，酿成失误，甚至殃及后世。例如公元前 256 年李冰主持修建的都江堰水利枢纽，科学分水灌溉，与生态环境友好协调，造就了"天府之国"。而非洲建造的阿斯旺大坝，使富饶美丽的尼罗河下游变成了盐碱地，甚至荒漠化。造物就要造精品、造名牌，造福于人民。当代工程的规模越来越大，复杂性程度越来越高，与社会、经济、产业、环境的相互关系也越来越紧密，这就要求我们从"自然—科学—技术—工程—产业—经济—社会"知识价值链的综合高度，来全面认识工程的本质和把握工程的定位，在工程的实施和运行全过程中处理好科技、效益、资源、环境等方面的关系，促进国民经济和社会生活的全面、协调、持续发展。

在这里，我们可以把握工程这样几点内涵：首先，工程活动是从制定计划开始的，或者说计划是工程活动的起点；其次，实施（操作）是工程活动最核心的阶段，工程活动的本质是实践、是行动；最后，工程的决策理论和方法在工程的成败和工程哲学中具有特殊的重要意义。它涉及工程的自然要素、科学技术要素、环境要素、社会人文要素和价值要素等一系列要素，是工程伦理研究的核心问题。

工程不同于科学，科学属于知识范畴，工程则属于实践范畴。工程和科学在目的、对象、工作方法、评价标准以及对人才的才能要求、工作特征方面的区别见表 1-1。

表 1-1　科学和工程的区别

	科　学	工　程
范畴	知识	实践
目的	认识和探索自然；求得普遍真理	利用和改造自然；为人类谋福利
对象	研究已有世界（what&why）	创造尚无的世界（how&which）
方法	侧重于分析，探索规律	侧重于综合，受到多种约束
评价	标准是正确与准确与否	标准是有无效果与效益
特色	制约因素较少，科学活动自由度较大，个体性较强	制约因素较多，工程活动自由度较小，集体性较强
人才及工作特征	科学家：开展基础理论、应用科学或技术科学原理的研究	工程师：发展用于未来的新技术、新设计、新工艺、新材料、新方法 技术师：将已有的科技知识应用于日常生产、节约材料、节约能源、保护环境，进行技术革新
人才才能要求	探索者；开阔者；发现者；新概念创造者	工程师：设计者；开发者；新技术形成者；新标准制定者 能规划；能预见；能系统处理问题；能评价 技术师：生产管理者；标准执行者；技术处理者；革新推行者 能设计；能创造；能组织；能判断

（资料来源：罗福午.大学工程教学 16 讲. 北京：清华大学出版社，2007.）

工程也不等于技术，因为工程除技术外还受到政治、经济、文化、法律、美学等方面的约束。工程是运用科学原理、技术手段，有效地发展对社会有用产品的实践过程。更可以说："工程是关于科学的开发应用和关于技术的开发应用，在物质、经济、人力、政治、法律和文化限制内满足社会需要的一种有创造力的专业(这个概念是20世纪90年代由美国麻省理工学院提出的,这里的专业不是指在学校里学习的专业)"。

综上所述,工程是人类以利用和改造客观世界为目标的实践活动。它有两层基本含义:第一,它是将科学知识和技术成果转化为现实生产力的活动;第二,它是一种有计划、有组织的生产性活动,目的在于向社会提供有用的产品。工程是一种非常具有创造性和综合性的活动,担负着将科技成果转化为生产力,并为人类造福的重要使命。

1.3.2 大学工程教育对知识的基本要求

大学工程教育在知识方面的基本要求要注意以下四点:

(1)要求学生较为系统地掌握本专业所必需的数学、自然科学(物理、化学⋯⋯)基础理论和技术科学理论知识,具有一定的专业知识、相关的工程技术知识(含材料技术、产品技术和生产技术等方面)和初步的管理和商务知识;对本专业范围内科学技术的新发展、新动向要有所了解。

(2)要求学生学习政治理论和人文社会科学知识的目的在于端正政治方向,提高文化、心理素质,教会学生做人、做事,懂得人生意义,从而建立完善的人格和正确的人生观。要探索建立文化素质教育的课程体系,设置必要的核心课程和广泛的选修课程。工科教师也需要提炼科技课程中的历史、文化、人文内容,使文化素质教育和工程思想教育相融合。

(3)在所有知识中,核心的数学、自然科学、技术科学和人文社会科学基础的理论知识"贵在稳",专业工程技术和各类其他知识"贵在新"。一方面要看到学生具有扎实的基础理论知识和技能,是学校培养出能够适应时代发展的高质量人才的根本;另一方面也要看到以现代工程和现代社会动向为背景,才有可能进行生动、有效的大学工程教育。

(4)工程教育的教学内容并不是这些各自独立的自然科学知识、技术科学知识、工程技术知识和人文社会科学知识的简单相加,而是强调这些知识必须与工程和社会实践的需要紧密结合,能够反映学生在学习过程中和毕业以后自身发展的必然要求。

1.4 能力的概念和大学工程教育对能力的基本要求

1.4.1 能力的概念

关于什么是能力,存在两种观点。一种观点认为能力是潜在的、持久的个人特征,也就是"人是什么",这种观点强调,能力是个体的潜在特征,是一个人个性中深层和持久的部分。根据这种观点,能力可以被形象地描绘成"冰山模型"。五个层次由低到高分别是:动机、个人特质、自我概念、价值观与态度、知识和技能。其中,知识和技能是可以看见的、相对表层的个人特征,而动机、个人特质、自我概念和价值观与态度则是个性中较为隐蔽的、深层的部分;另一种观点则认为能力是个体相关的行为类别,也就是"人做什么",英国的人力资源实践领域普遍认为能力是"保证一个人胜任工作的、外显的行为的维度"。

能力一般包括收集处理信息的能力、获取新知识的能力、分析和解决问题的能力、组织管理能力、综合协调能力、创新能力、表达沟通能力和社会活动能力。人们都认识到发展智力和培养能力的重要。人的智力(主要指观察力、记忆力、想象力、思维力)在少儿时就要打下基础;大学则是培养能力的一个重要阶段。学习的重要目的之一是通过获得知识和技能来取得进行一定活动所具有的本领,这种本领就是能力。智力、能力、素质相关,但它们并不相同,见表1-2。

表1-2　智力、能力和素质的关系

智　力	能　力	素　质
在认识某个事物过程中表现出来	在进行某项实际活动中表现出来	在认识事物、实际活动、为人处世的各个方面表现出来
与人的先天生理基础、知识、技能有关;在学习和认识事物过程中形成和发展	与人的先天生理基础、知识、技能、智力水平和实际经验有关;通过实践活动形成和发展	与人的先天生理基础和后天所处环境、所受教育有关;必须通过人自身的认识与实践才能形成相关发展
以思维为核心	以所表现的身心力量为核心	以人的内在身心品质(思想、感情、智慧、意志、体质等)为核心
形式上是内隐的	形式上是外显的	形式上是内在和整体的
智力是能力的基础,但不是能力本身; 智力是素质的某一方面,但不能概括全部素质	能力是智力的物化延伸,能力中包含有智力; 能力是素质的重要体现,但没有素质影响深远	素质不但是人当前智力和能力水平的基础,而且是人今后发展的重要基础

(资料来源:罗福午. 大学工程教学16讲. 北京:清华大学出版社,2007.)

1.4.2　大学工程教育对能力的基本要求

工科大学生应该具备的能力及其水平为:

(1)很强的自主学习能力,包括信息采集、处理和应用能力及具备本专业必需的制图、运算、实验、测试、计算机应用技能,以及必要的基本工艺操作技能。

(2)较强的提出、分析、解决本专业一般工程实际问题的能力,具有一定的工程经济和市场观点。

(3)较好的实践和创新能力,受到工程设计、课外科技活动和工业生产实践(工程实践)的初步训练,养成工程意识和实事求是的精神,具有开拓创新的思维和意志。

(4)一定的组织管理能力,包括具备较强的文字、口头、图形和听说的沟通能力,以及与他人合作共事的能力。

1.5　素质的概念和大学工程教育对素质的基本要求

1.5.1　素质的概念

素质是人在先天生理的基础上,受后天环境和教育的影响,通过个体自身的认识与社会实践,养成的比较稳定的身心发展的基本品质。它包括品德、学识、才能以及心理和体魄等方面的内容，见表1-3；具有内在性、整体性、基本性的特征，见表1-4。工程素质是指人们在考虑工程问题、从事某项具体工程工作时所表现出的内在品质和作风，它是工程技术人员应该而且必须具备的素质。

表1-3　素质的内涵

方　面	地　位	主要内涵
品德(政治、思想、道德)	方向	世界观、人生观、价值观； 人与自然、社会、他人的关系
学识(自然科学、技术科学、工程技术、人文社会科学)	根本	对知识的理解——学问； 对事物的洞察——见识
才能(信息、应用、心智、组织)	核心	获取信息(会学习)；实践探索(敢探索)； 勇于创新(务求新)；团结合作(能协作)
身心	基础	体魄；心理；学风；意志；气质

(资料来源：罗福午.大学工程教学16讲.北京：清华大学出版社，2007.)

表1-4　素质的特征

	先天素质	后天环境、教育对素质的影响
内在性	与生俱来，内在的，不是外加的	表现为人内化了的身心品质
整体性	与人的感觉器官和神经系统有关，它对人生理、心理发展的影响是整体的	它具有包括思想、感情、认识、智慧、意识、心态、体质等多方面的整体性
基础性	为人的后天发展提供了可能与基础	它影响人吸取知识、掌握技能、发展智力、形成能力，更与人今后在这方面的发展有关联，因而具有基础性

(资料来源：罗福午.大学工程教学16讲.北京：清华大学出版社，2007.)

1.5.2　大学工程教育对素质的基本要求

我国当前大力开展的素质教育，不是一种教育模式，而是一种教育观念，它要求教育必须促进和提高学生在德、智、体、美、智力与非智力、情操与意志、生理与心理诸方面全面、和谐、均衡地发展。对一个工科大学生来说，以下几点对素质的基本要求更为重要：

(1)热爱社会主义祖国，拥护中国共产党的领导，坚持社会主义道路，支持改革开放的政策，有艰苦创业的精神和建设社会主义现代化的事业心、责任感、使命感；立志投身于建设国家的宏伟大业。

(2)树立科学的世界观、正确的人生观、价值观和荣辱观，走与工农群众相结合的道路。

(3)懂得社会主义民主与法制，遵纪守法，有良好的思想品德、社会公德和职业道德。

(4)具有良好的学术造诣，对相关事物和科技知识有深刻见解或理解。

(5)具有良好的学风和实干、创新的精神，能够理论联系实际、密切联系群众。

(6)具有良好的文化素质和心理素质，以及一定的美学修养。

(7)能健康工作50年，胜任未来繁重的工作。

1.5.3 现代工程师的素质结构及其要素分析

1.现代工程活动对工程师综合素质的要求

工程活动是指利用自然资源，运用科学和技术造福人类的过程。随着科学技术的进步，工程活动产物——人工自然物的复杂程度也随之增加；因此，现代的工程活动一般都应该作为复杂的系统来对待，它不仅涉及科学、技术等工程过程自身的诸多因素，而且必然与人类社会、自然环境发生相互作用。所以，工程活动最根本的属性是它的系统性、实践性和创新性，这就决定了作为工程活动主体的工程师的素质必然具有系统性、实践性和创新性的特征，并且决定了工程师在从事工程活动过程中进行的"工程思维"也相应具有系统性、实践性和创新性的特征。

2.现代工程师综合素质的结构及构成要素

按照一般心理学的理论分析，现代工程师的素质结构体系如图 1-1 所示，其中的才智支持系统(也可称为"工程素质")，在工程活动中的作用相对于非才智支持系统而言更加直接。"工程素质"是指工程技术人员为了能够胜任现代工业中某一专门的技术任务而在相关的知识、技能、能力等方面应达到的水准。它不是孤立知识的堆砌，而是在掌握了一定数量、质量的相关知识、技能基础上将其内化的一种自身的意识与思维习惯，在解决技术任务的过程中所表现出来的能力和积极的思维定势。

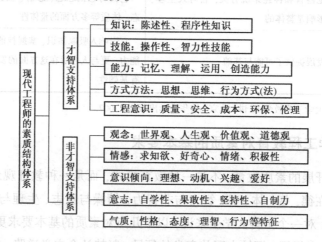

图 1-1 现代工程师综合素质要素及结构

为了抓住问题的关键，笔者认为，从工程的角度来讲，现代工程师综合素质的核心应该是"工程思维习惯"和"工程思维能力"。

(1)工程思维习惯

人们在生产、生活中养成的习惯、技能以及方法、方式等，在生理机制上都是动力定型的建立。但是，习惯和技能有本质区别。技能(熟练技巧)是指人的一系列完善化和自动化了的随意运动系统，而习惯则是指一个人后天养成的一种在一定情况下自动进行某些动作的特殊倾向。所谓养成了某种习惯，是指人的某种随意运动已获得在一定情况下自动发生的倾向。

所谓工程思维习惯，概括地说，是指工程技术人员在处理工程技术问题时进行活动的心智模式，是提出问题的时机、工作的排序与调整、有效的思维模式和如何判断工作成果的优劣等关于从事工程活动的程序和方法。它是一种倾向性思维，是系统思维的体现，其最基本的特征就是思维的"整体性"，是方式方法和大工程意识等因素的综合作用。这也是科学的"辩证思维"的体现，即重视事物的普遍的联系与相互作用。具体地说，作为现代工程活动的主体，工程师必须全面把握人与自然、与其他成员乃至整个人类社会的互动关系，避免单纯从技术的角度考虑工程问题，避免仅仅着眼于工程对象本身而忽视工程"系统"与"环境"的相互作用。每当面对工程问题时，就非常"自然地"以系统论的视角，综合、全面地思考、处理工程问题，审视工程的价值问题；在考虑技术问题的同时，"附带地"统筹考虑其他一切相关方面的问题；从人类社会和自然界安全的角度，从短期利益与长期利益一致的角度，从局部利益与整体利益一致的角度，从追求性能与经济性比值最大化的角度，把相关事物联系到一起，综合考察并驾驭它们之间的相互作用。

可以说，工程思维习惯与以往所说的"大工程意识"有相通之处，但该提法更便于从心理学的层面得到理论解释。工程技术人员在经常、反复地从事工程活动的过程中，相关的客观刺激的系统（包括技术方面的、质量方面的、环境方面的、安全方面的、伦理方面的，等等）经常按照一定次序和强弱作用于工程技术人员，工程技术人员调动头脑中相关的因素产生相应的条件反射（工程问题的应对与解决）。由于大脑皮层有系统性活动的机能，把对这些刺激的条件反射有规律地协调成条件反射链索系统，这就是"工程思维习惯"的形成过程。工程思维习惯形成之后，工程技术人员再面对工程技术问题（有关刺激物再现并作用于有机体）时，条件反射链索系统就自动地启动，轻松、自如地完成该套条件反射。所以，工程思维习惯形成后可以大大节省脑力和体力上的消耗，减轻工程技术人员的负担而提高功效。

工程思维习惯的形成、巩固、完善，需要长时间和多循环的训练，即必须经常地、大量地从事工程活动。工程思维习惯一旦形成之后，就具有较大的稳定性，但也具有一定的灵活性，在条件改变时，通过再学习能够使习惯更适合于工程发展的要求。

（2）工程思维能力

工程思维能力指完成工程活动所需的工程知识、工程技能（工程制图技能、工程写作技能、沟通技能等）和工程能力（运用能力、创造能力、价值判断能力等）。

要成为高素质的工程技术人员，良好的工程思维习惯和较强的工程思维能力是必须兼而有之的。工程技术人员在面对要解决的工程技术问题时，良好的工程思维习惯可以保证工程技术人员在解决工程技术问题的过程中自动地进行一系列有关的活动，即启动应对工程活动的特定程序（或特定策略）；进而由特定程序调动并综合运用相关的知识、技能、能力和价值观念等，从而达成工程问题的解决。良好的工程思维习惯是决定工程技术人员是否具备良好的工程素质的首要条件，而工程思维能力的强与弱决定了工程活动最终质量的高和低。形象地说，工程思维习惯和工程思维能力之间的关系就像解决工程问题的通用程序（套路）和具体程序中被调用的子程序一样。

1.6 基于"以人为本"理念的高等工程教育目标分析

教育目标"以社会为本位"还是"以个人为本位"一直以来是教育界乃至社会争论的一个话题，高等工程教育也不例外。过去，尊崇国家社会至上，个人要对国家指令绝对服从，"以人为本"无从谈起。现在，国家提出了"以人为本"的科学发展观，既是一种价值观，也是一种方法论。当前，对高等工程教育的目标进行准确定位在一定程度上就是"以社会为本位"还是"以个人为本位"的选择和均衡，它的意义非常重大。因为，培养目标定位关系到高等工程教育体系的整体性构建，在高等工程教育中具有全局性和先导性的作用和地位。这种定位必须以科学的价值取向为前提，而"以人为本"的价值观就是指导我们进行高等工程教育改革的活的灵魂。"以人为本"的价值观要求我们在高等工程教育的定位上，必须体现与社会需求相适应，与人的全面发展相适应、人与社会的和谐发展相适应。

1.6.1 高等工程教育要与社会发展相适应

教育是社会发展和人自身发展统一的中介，人是社会化的人，是教育的主体。教育应该适应和推进社会的发展。教育活动的目的是推动人类社会不断延续和发展，在教育过程中无时无刻不在体现社会对人的内在要求。高等工程教育培养目标的定位，首先要使工程教育的科类专业结构与国民经济产业结构相适应。尽管教育有着本身的内在规律，有一定的后续性，不是随产业的变化而变化，但工程教育必须关心产业结构的变化，特别要瞄准结构比重变化大的相关行业，及时调整专业设置和教学内容，更新改造老专业，发展社会急需专业，要彻底改变专业比例失调的局面，以满足人才市场的需求。

其次，高等工程教育的层次结构要与工业经济技术结构相适应。在一定程度上说，层次结构合理与否，是考察工程教育是否适应经济与社会发展需要的一个重要指标。工程教育层次的合理结构应该呈金字塔形，是低重心的，是适应我国国情的高等教育层次。

1.6.2 高等工程教育要与人的全面发展相适应

人的全面发展可以从两个方面来体现，一个是横向。既要有宽广的基础，又要有精深的专业，形成宽度合理，深度适宜，可持续不断地扩充的知识结构；同时要体现学科基础与专业核心的关系；既要掌握技术基础理论，强化工程意识，构筑基础理论与工程技术之间的桥梁，培养初步的工程技术能力，又要工程技术理论，强化工程训练，掌握工程实践的科学方法，全方位培养工程师的基本能力。另一个是纵向。人的发展是追求卓越、提升自我，不断向前迈进的过程。因此，在人的发展过程中，发展轨迹应该是动态可调的。也就是说，专科可以通过进一步的学习升入本科，本科可以考取硕士，硕士可以考取博士，使人的潜力获得最大限度的挖掘和发挥。而要获得这种学习和深造的机会，就必须加大继续教育的投入力度，让高等工程院校切实担当起继续教育的职责。

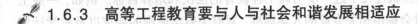

1.6.3 高等工程教育要与人与社会和谐发展相适应

计划经济已成为过去，市场经济正在逐步确立，教育作为协调人全面发展与社会发展的中介，决不能因高校办学的自主权不断扩大而丧失了宏观调控的职能。市场的多变性、需求层次的模糊性、教育的长期性与教育产品的滞后性等多种矛盾的交织，使人才需求预测极其困难。因此，我国从来没有根据人才真实的需求来确定招生人数，招生计划的确定仍带有明显的计划经济色彩。而与其相伴的是教育服务的承诺与广大人民群众对接受高等教育愿望之间的反差。这里潜伏的另一个问题就是国家资源有效配置问题。目前，我国教育经费占国民生产总值的比重还偏低，尚不能满足人民群众充分接受教育的需求。高等教育资源在我国还是属高消费层面，在高等教育内部，高等工程教育在各地域的分配，高等工程教育层次结构之间的分配，各专业类别结构之间的分配等都存在不和谐之音，这就要求高等工程教育要有一定的统筹规划，能够进行一定程度上的宏观调控，增强人才市场需求的前瞻预测，使我国有效的高等教育资源得到合理配置，并发挥最大效用，使我国的高等工程教育在满足社会需求和人们对教育需求的过程中更加和谐。

1.6.4 高等工程教育应分层次确定培养目标

工程教育的层次和培养规格多样化，有利于按照工程领域对不同层次工程技术人员的实际需求来培养人才，以避免高才低用和低才高用或职责不清；有利于稳定技术员队伍，加强我国工业技术水平，使各个系列的工程技术人员有各自明确的奋斗目标，按照合理的职称系列不断进取；有利于不同层次的学校各自办出特色。所以，我们通过舆论宣传，使各教育机构、用人单位、学生自身等社会各方面都能正确认识高等工程教育各个层次的地位和作用。

高校工程教育应根据社会需求，通过调整专业结构，发展社会今后急需和具有前瞻性的专业，以满足人才市场的需求。对社会需要量不大的专业，根据人才市场的需求进行调节，采取压缩与限制招生的办法，从根本上改变人才类型结构与人才市场需求脱节的局面。各院校要分出层次，在培养规格上要有区别，各有侧重，以适应经济多样化和不平衡的需求。

目前我国高等工程教育的层次，主要分为研究生、本科和专科三级。因此，我们认为专科(高职)生的培养目标应是完成技术员的基本训练；本科生的培养目标应是完成工程师的基本训练，即培养工程师的"毛坯"，而不是"现成的专家"；硕士研究生的培养目标则应比本科生的业务规格在深度和广度上有更高的要求，更接近工程师的终极目标；应当特别重视工程类硕士生的培养，其对象是厂矿企业有实践经验的业务骨干。博士研究生的培养目标更偏重于科学技术研究人员和教学人员，但也要为厂矿企业培养一部分工程类的博士生，为企业的领导层和学术带头人培养后备人才，如专业博士学位研究生。

从目前来看，高等工程教育的认证制度不但成为各国的通用制度，而且还有向全球化和国际化方向发展的趋势。例如，美国、加拿大、英国、爱尔兰、澳大利亚和新西兰6国的有关工程组织共同签署了1988华盛顿协议，互相承认彼此的工程学士学位。推行和完善高等工程教育的认证制度，对于整个高等工程教育的发展具有积极意义，有利于我国高等教育的国际化进程，以及在与国际接轨过程中进一步明确工程教育的层次和培养目标。例如，一般工程教育协会在进行认证时会提供相关专业的入学标准、对有关教学原则的要求以及教学计划的简要范例等，并对教学人员、学生、行政管理、学校设施、学校义务提出明确的要求与趋势，从而对工程教育的教学起到重要的指导作用。

本章小结

高等院校的培养目标是依据国家的教育目的和各级各类学校的性质、任务提出的具体培养要求。它既反映了学校同社会发展之间的关系，即社会发展对人才的需求，又体现了学校同学生个人发展之间的关系。我国大学工程教育本科的培养目标可以表述为："培养适应社会主义现代化建设需要的、'有理想、有道德、有文化、有纪律'的、德智体美全面发展的、获得工程师基本训练的高级工程人才；学生毕业后可以去工业生产第一线，从事设计、制造、运行、研究、开发、营销和管理等工作；也可以攻读工程专业的高级学位或其他专业的学位，继续深造。"

大学工程教育在知识方面的基本要求有以下四点：

(1)较为系统地掌握本专业所必需的数学、自然科学基础理论和技术科学理论知识，具有一定的专业知识、相关的工程技术知识和初步的管理商务知识；对本专业范围内科学技术的新发展、新动向有所了解。

(2)学习政治理论和人文社会科学知识的目的在于提高文化、心理素质，教会学生做人、做事，懂得人生意义，建立完善的人格和正确的人生观。

(3)在所有知识中，核心的数学、自然科学、技术科学和人文社会科学基础的理论知识"贵在稳"，专业工程技术和各类其他知识"贵在新"。

(4)工程教育的教学内容并不是这些各自独立的自然科学知识、技术科学知识、工程技术知识和人文社会科学知识的简单相加，而是强调这些知识必须与工程和社会实践的需要紧密结合，能够反映学生在学习过程中和毕业以后自身发展的必然要求。

能力一般包括收集处理信息的能力、获取新知识的能力、分析和解决问题的能力、组织管理能力、综合协调能力、创新能力、表达沟通能力和社会活动能力。工科大学生必须具备自主学习能力，提出、分析、解决本专业工程实际问题的能力，实践、创新能力及组织管理能力。

素质是人在先天生理的基础上，受后天环境和教育的影响，通过个体自身的认识与社会实践，养成的比较稳定的身心发展的基本品质。对一个工科大学生来说，必须具备一定的综合素质，才能胜任将来的繁重工作。

？ 复习思考题

1. 什么是培养目标？
2. 请简述大学工程教育培养目标的基本要求。

3. 试论述工程的概念和大学工程教育对知识的基本要求。

4. 试论述能力的概念和大学工程教育对能力的基本要求。

5. 什么是素质？大学工程教育对素质的基本要求有哪些？

6. 试论述基于"以人为本理念"的高等工程教育目标。

7. 试分析未来大学工程教育培养目标的发展趋势。

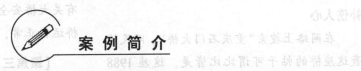

大桥雄起时　是否良心造

——网民关注的几座大桥现状实地调查记

浙江杭州钱塘江三桥突然塌了，江苏盐城通榆河桥瞬间垮了，福建武夷山公馆大桥轰然倒了……近期，各地频繁发生的桥梁安全事故刺痛了社会的神经，更在网络上引发持续关注和热议。"晒一晒我们身边的桥吧！"网民们不仅仅是议论，而是纷纷将目光投向身边的桥梁：有问题的、高质量的……网民们呼吁：大桥的建设者要时刻牢记许多人的生命把握在自己手中，不要去挣那些缺良心的人民币，应尽自己的最大努力控制工程质量，不要让悲剧重演。根据网民提供的线索，新华社"中国网事"记者分赴重庆、湖北等地，实地勘察了网民关注度高的几座桥梁的实际情况。

【聚焦一】武汉白沙洲长江大桥：10年修补24次

投资11亿元的武汉白沙洲长江大桥，于2000年建成通车，至2010年9月，10年间已维修"整容"24次，平均不到1年要修两次，陷入"屡坏屡修、屡修屡坏"的怪圈。

（网民声音）网络上对白沙洲长江大桥的置疑声一直不断。网民"朱古里蛋糕"说："不是技术问题好不好，是偷工减料的问题，是豆腐渣工程！"网民"康斯"说："桥坏了、路坏了就怪司机，本来就是用的，质量太次还不承

认，糊弄人呢！"网民"DICK"认为："不是技术差啊，是人品差、素质差啊，解放初期修的武汉长江大桥，到今天怎么跟新的一样啊！"

（记者调查）自建成以来，武汉白沙洲长江大桥确实一直让武汉人耿耿于怀。10年来每次大桥维修动辄数十天几个月，封闭、打围，致使交通堵塞，有时长达几千米，运输货车司机叫苦连天。

武汉市有关方面曾强调两个原因，一是大桥维修突击抢工期、赶速度的结果；二是长江三桥被超载货车频繁碾压的结果。两者也许不无关系，但"屡坏屡修、屡修屡坏"的背后有深刻的腐败根源。

最明显的一个例子是：2008年5月7日，武汉市发改委批准立项，决定投资1.98亿元对此桥进行一次全面整容修复，通过大手术改变此前"屡坏屡修、屡修屡坏"局面。但是，在相关人员操纵下，此次维修项目工程3个施工标段中的2个发生了违法转包现象，转包后又进行分包，甚至没有建筑施工资质的施工单位承接有关工程。2009年10月恢复通车不到9个月，桥面又现坑坑洼洼如"牛皮癣"，无奈之下，2010年9月，武汉市又耗费巨资，对长江三桥开始为期40天的封闭维修。

白沙洲大桥是武汉长江第三桥，与1957年建成的武汉长江大桥（一桥）相隔3千米，令人汗颜的是：长江一桥健康运行50年后才大修过一次。

【聚焦二】重庆石门嘉陵江大桥：缝缝补补伤人心

在网络上搜索"重庆石门大桥"，网民炮轰这座桥的帖子可谓比比皆是。这座1988年竣工的大桥，由于在通车后不久就经常性地缝缝补补，不是换拉索就是补路面，被不少重庆人称为"伤心桥"。

（网民声音）在天涯社区等网站上，有关石门大桥的问题一直是不少网民质疑的话题，网民集中指出：经常性的封桥维修，不仅让大桥失去功能，更让人怀疑工程质量。网民"SQUALL"说："石门大桥从很多年前起就没消停过，一直修，铺桥面，换钢索，修护栏，无限轮回，不如早点拆掉算了！"

（记者调查）重庆石门大桥的修补问题确实让重庆人很头疼，也一度是媒体监督报道的焦点。

最近的一个案例是：2008年1月底，该桥的左半幅桥面维修铺设完工，但当双向车流转换到这半幅"新"桥面行驶几天后，大家就发现新桥面的沥青混凝土上有纵向裂纹，在2008年春节后，这半幅桥面更是出现了坑洞，露出路基的钢筋。

针对群众反映的修补问题，石门嘉陵江大桥经营管理方重庆路桥股份有限公司曾公开给予的答复是：该桥1985年开工，1988年竣工，由于该桥斜拉索设计使用年限为20年，斜拉索达到设计年限以后，其性能已经有所退化，使用安全度有不同程度的下降。2005年，重庆市有关部门曾组织相关技术和施工单位更换了36根拉索。后经市政府批准，石门嘉陵江大桥换索工程于2008年10月

10日开工，到2010年上半年剩余180根拉索全部更换完毕，恢复正常通车。

而对于桥面的修补，大桥运营管理方面一直否认有重大质量问题，只是承认有赶工期的因素。记者最新从重庆有关方面得到的有关大桥安全问题的答复是：目前，石门大桥运行正常，符合安全标准。

【聚焦三】宜昌长江公路大桥：重载滚滚过，大桥存隐忧

位于三峡附近的湖北宜昌长江公路大桥，由于地处交通要道，一直是条重要的交通生命线。但是，由于没有对超重车辆采取足够的限制措施，大桥的安全还是多少存在一定的隐患的。

（网民声音）由于宜昌长江公路大桥的承建方是网民一直质疑的某省路桥公司，这家路桥公司据传是已经倒塌的广东九江大桥、湖南凤凰沱江大桥等的建设方，因此"天籁慧音""职业电灯泡"等网民也将宜昌长江公路大桥列入"安全提醒"行列。

（记者调查）记者就宜昌长江公路大桥的质量问题采访发现，这座桥自建成以来并没有明显的质量问题，一直保持正常运行的状态。但是，记者在现场也发现由于放行过多的重型载重汽车过桥，给本有载荷限制的大桥安全造成了一定的安全隐患。

记者17日在宜昌长江公路大桥上看到，大桥横跨长江，左右两侧各一根拉索，比碗口粗，看起来强壮有力。桥梁外观较新，路面没有明显裂缝。大桥建设管理处办公室主任李毅表示，自2001年建成以来，大桥主管方每年组织有资质的检测单位对桥梁进行2次健康检测，最近的一次检测是在2010年8月，检测结果显示，大桥健康状况良好，大桥目前健康、安全、畅通。

由于这里是连接东、西地区的要道，大

桥上往来车辆通行繁忙，但记者发现 10 分钟内竟有 10 多辆挂有陕西、山东、重庆和湖北等地牌照的大型货车在桥上急驶而过，而在大桥两端均未设明显限重标示。据当地业内人士介绍，自今年年初，三峡翻坝高速公路运营后，原先通过水路进行翻坝转运的大型货车现在改走公路，大桥成为必经之路，行驶车辆中有一些运输大型机械设备和不可拆卸物资的超重车，这些超重车辆在一定程度上会对桥梁安全造成威胁。但为了收回筑路成本，管理部门对超重车"睁一只眼闭一只眼"，有时只是罚款了事，没有采取限制通行的强制措施。

（资料来源：新华网，2011 年 7 月 18 日）

案例思考

1. 试分析本例中大桥建设存在什么问题？
2. 为确保大桥建设的质量，请分析大学工程教育对素质的基本要求有哪些？
3. 为确保大桥建设的质量，工程教育对知识和能力的基本要求有哪些？

第2章 工程概述

【学习目标】

通过本章的学习，掌握工程的特点，了解工程与科学、技术、艺术的关系，掌握工程理念与工程思维，理解利益相关者理论、工程的社会性与工程利益相关者。工程蕴含在各行各业中并以不同形式表现出来，通过深入实际广泛涉猎，观察和比较不同种类的工程，了解其各自的特点和共性，以便在今后的学习中掌握工程一般性的原则、方法、工具等。

2.1　工程的特点

2.1.1　"工程"一词的产生与演变

1."工程"一词的由来

(1)"工程"在中国的往昔

"工程"一词由"工"和"程"构成。《说文解字段注》中解释"工，巧饰也"。又说："凡善其事者曰工"。《康熙字典》集前贤之说，补充有："象人有规矩也"。再看"程"字，"程，品也。十发为一程，十程为分"。品，即等级、品评。"程"即一种度量单位，引伸为定额、进度。《荀子·致仕》中有"程者，物之准。"准，即度量衡之规定。可见"工"和"程"合起来即工作(带技巧性)进度的评判，或工作行进之标准，与时间有关，表示劳作的过程或结果。"工程"一词出现在1060年北宋欧阳修的《新唐书·魏知古传》中："会造金仙、玉真观，虽盛夏，工程严促。"此处"工程"指金仙、玉真这两个土木构筑项目的施工进度，着重过程。清代钦定《工程做法则例》记录了27种建筑物各部尺寸单和瓦石油漆等的算料算工算账法。总之，中国传统工程的内容主要是土木构筑如官室、庙宇、运河、城墙、桥梁、房屋的建造等，强调施工过程，后来也指其结果。

(2)西方 engineering 词义的发展

西方 engineering 词义的发展与工程师(engineer)紧密地联系着。从构词来看，engineer 和 engineering 词根相同，engineer 源于古代中世纪英语 engyneour，古法语 engineur，中世纪拉丁语 ingenious 中，这些单词含义是："能制造使用机械设备，尤其是军械的人"。西方 engineering 起源于军事活动，战争的设施是弩炮、云梯、浮桥、碉楼、器械等，那么其设计者就是 engineer。大约18世纪中叶，出现了一种新型工程师，他们工作的对象是道路、桥梁、江河渠道、码头、城市及城镇的排水系统等，于是出现民用工程(civil engineering)，中国习惯称为土木工程。据中国工程学会的创始人之一吴承洛考证，1828 年，英国伦敦民用工程师学会〔the Institution of Civil Engineers（London）〕把"civil engineering"定义为驾驭天然力源、供给人类应用与便利之术。当时工程重事实，理论尚属幼稚，故谓之"术"。工业革命的时期出现了机械工程、采矿工程。随着科学技术的发展，几乎每次新科技出现都会产生一种相应的工程，而且各门工程之"学理"也日臻完备，工程不仅为技术而且是科学，即 engineering sciences，于是 engineering 又增加了一"学科理论"的含义。engineering 被美国职业开发工程师协会（the Engineers Council for Professional Development）定义为下面这些科学原理的创造性应用："设计或完善结构、机器、器械、生产程序及单独或联合地利用他们进行的工作；如同充分理解设计一样制造和操作；预见他们在具体操作条件下的行为；顾及所有方面，预期的功能、运作的经济性及对生命财产的安全保障。"据近年的《不列颠百科全书》解释 Engineering 范畴相对应的工程师职能分为：

① Research（研究）。

② Development（开发）。

③ Design（设计）。

④ Construction（构建），构建工程师负责准备场地，选择经济安全又能产生预期质量的程序，组织人力资源和设备。

⑤ Production（生产），是制造工程师的任务。

⑥ Operation（操作），操作工程师控制机器、车间及提供动力、运输和信息交流的组织，他安排生产过程，监督员工操作。

⑦ Management and other function（管理及其他职能）。

总而言之，其主要内容总离不开研究与开发、设计与制造、操作及管理等方面。

（3）西方 engineering 引入中国

洋务运动时期，英国人傅兰雅及其合作者译述了几本题名"工程"的书籍，如《井矿工程》（1879）、《行军铁路工程》（1894）、《工程器具图说》、《开办铁路工程学略》等。其中有代表性的是《工程致富论略》（1897），书中分 13 卷论述了：铁路与火轮车、电报、桥梁、开市集、自来水通水法、城镇开沟引粪法等民用工程。他们用"工程"对应着外来的 engineering，赋予汉字"工程"新鲜涵义。1881 年 1 月李鸿章等在奏章中称，赴法国学造船回国的郑清濂等已取得堪胜船厂"总监工"官文凭。这里"总监工"应与"engineer"是相对应的。1886 年 1 月杨昌浚上奏"陈兆翱等在英法德比四国专学轮机制法"，可"派在工程处总司制机"。1896 年 10 月张之洞奏折中记载湖北武备学堂设有"操营垒工程"。北洋武备学堂在 1897 年增设"铁路工程科"。这表明当时一些新式学堂已开设有"工程"课程。在清官方文件中"工程师"字样出现于 1883 年 7 月李鸿章奏折片中："北洋武备学堂铁路总教习德国工程师包尔"。从题名"工程"的译著到"工程（学科）"及"工程师"字样在官方正式文件中出现，表明 engineering 与"工程"的对译已进入标准规范阶段。詹天佑最早在 1888 年由伍廷芳任命为津榆铁路"工程司"，到京张铁路工程（1905），他被任命为"总工程司"。所以这里的"工程司"是相应于某项"工程"的"职司"，既负技术责任，也有管理职务。到詹天佑创立中华工程师会（1912 年）之后，他们自称"工程师"。值得注意的是，日本在翻译 engineering 时，使用的汉字是"工学"，表明日本近代启蒙学者看重这个词的学科含义。中国近代作如此理解者，首推张之洞的《劝学篇》(1895年4月出版)，解释"工学之要如何？曰：'教工师'。"接着阐述："工有二道：一曰工师，专以讲明机器学理化学为事，悟新理，变新式，非读书士人不能为，所谓智者创物也。一曰匠首，习其器，守其法，心能解，目能明，指能运，所谓巧者述之也。"张之洞在《劝学篇》中还提到"工程学"，他解释"矿学者兼地学、化学、工程学三者而有之。"可见他所称"工程学"主要是土木工程学，因为他所说的矿学指采矿之学，并非冶金，更非制造。张之洞的观念对清末"新政"的学制改革有最大的影响，后来学部(教育部)对学科的划分基本上以《劝学篇》为纲，而参考日本文部省的学科分类为目。所以除"土木工程"门(系)外，其他如机械、化学等科均不加"工程"二字。中国在学科名称中较多地使用"工程"而省略"工程学"的"学"字，大抵来源于欧美高等学校带有engineering名称的学科。如交通大学1921年有土木工程、机械工程、电机工程三科。不过，在20世纪30年代，作为严谨的学科名称，又加上"学"字，如西南联大工学院下分土木工程学系等。但作为课程名称，技术性的一般不加"学"字，如制冷工程等；理论性的加"学"字，如热力工程学(热工学)。

改革开放以来，高校学科、专业、课程名称又重新与西方接轨，engineering一词以前所未有的频率出现，一般均简单地译为"工程"。对工程与科学、技术等概念展开探讨的，首推钱学森先生。1978年以来他把systems engineering译为"系统工程"，强调"系统工程是工程技术"。他在构建其科学体系观时，特别提出"工程技术"而不单独提工程学科。钱先生把工程技术作为另一层次，意在突出其实践性和应用性，以及较"学"为低的"术"的地位。其科学的体系为：哲学、基础科学、技术科学、工程技术四个层次。技术科学国外界定为包括传统的工程学科、农业科学以及关于空间、计算机和自动化等现代学科的科学。我国在20世纪50年代科学院划分出"技术科学"学部，其成员即包括工程界杰出人物，因而技术科学包含工程技术。另外在《自然辩证法百科全书》中，刘则渊撰写的"工程"与"工程科学"两词条都与engineering相对应，并把这两个概念都做了深入研究并归纳出了各自特点。

(4)我国工程研究机构的成立

工程是人类以利用和改造客观世界为目标的实践活动，也是人类利用各种要素的人工造物活动。人类几千年来就是通过不断地工程造物来实现和满足自身的发展要求，工程实践也成为人类最主要的实践活动。工程是现代社会的重要标志，工程活动也是现代社会的主要活动。工程活动涉及人类社会的政治、经济、军事、文化、技术、管理、社会、伦理、生态等多个方面，深刻地影响和改变着人类生活，构建起新的生存世界。鉴于工程、尤其现代大工程的复杂性、社会性、庞大化、系统化、集成化和影响久远的特点，世界各国纷纷成立以工程为研究对象的学术机构。我国除了各高校和研究院所外，还于1994年成立了中国工程院。中国工程院是我国工程技术界的最高荣誉性、咨询性学术机构，由院士组成，对国家重要工程科学与技术问题开展战略研究，提供决策咨询，致力于促进工程科学技术事业的发展。其主要任务是促进全国工程科学技术界的团结与合作，推动我国工程科学技术水平的不断提高，加强工程科学技术队伍和优秀人才的建设与培养，为国民经济的持续发展服务。

中国工程院主要职能有：

(1)贯彻落实科学发展观，积极实施科教兴国战略、可持续发展战略和人才强国战略，组织研究、讨论工程科学技术领域的重大、关键性问题，结合国民经济和社会发展规划、计划，对工程科学技术的发展与应用，提出报告和建议。

（2）对国家重要工程科学技术问题组织开展战略性研究、提供决策咨询，接受政府和有关方面委托，对重大工程科学技术发展规划、计划、方案及其实施提供咨询。

（3）促进全国工程科学技术界的团结与合作，推动我国工程科学技术水平不断提高和工程科学技术队伍建设，激励优秀人才成长。

（4）组织开展工程科学技术领域的学术交流与合作，代表中国工程科学技术界，参加相应的国际组织和有关国际学术活动。

（5）弘扬科学精神，传播科学思想，倡导先进科学文化，维护科学道德尊严，普及科学技术知识。

综上所述，工程是人类以利用和改造客观世界为目标的实践活动。它有两层基本含义：第一，它是将科学知识和技术成果转化为现实生产力的活动；第二，它是一种有计划、有组织的生产性活动，目的在于向社会提供有用的产品。工程是一种非常具有创造性和综合性的活动，担负着将科技成果转化为生产力，并为人类造福的重要使命。工程素质是指人们在考虑工程问题、从事某项具体工程工作时所表现出的内在品质和作风，它是工程技术人员应该而且必须具备的素质。

2.1.2　工程的内涵

什么是工程？怎样来理解和把握工程？李伯聪教授提出的"科学—技术—工程三元论"，已被越来越多的专家、学者所接受。李伯聪把工程定义为"人类改造物质自然界的完整的全部的实践活动和过程的总和"；而《2020年中国科学和技术发展研究》给出的定义则为"人类为满足自身需求有目的地改造、适应并顺应自然和环境的活动"。我们把工程定义为"有目的、有组织地改造世界的活动"。这一定义中的限制词"有目的"把无意识的自发改变世界的活动排除在外。例如人们污染环境的行动虽然也改变世界，但不能称为工程。而环境工程是有目的地改善环境的活动，所以是工程的一种。其次，定义中的限制词"有组织"则把分散的个体活动排除在外。因此，原始人把野生稻改造为栽培稻不算工程，但"大禹治水"是组织很多人进行的，应是一种早期的工程活动。朱京强调"工程的社会性"，这一社会性与本定义中"有组织活动"应当是同义词。到目前为止，工程都是按照被改造的对象而命名的。世界分为自然界和人类社会，所以工程也可分为自然工程和社会工程，前者不妨称为"硬工程"，后者不妨称为"软工程"。虽然工程的名称起源于硬工程，但把它推广到社会改造也是顺理成章之事。例如当前频繁出现的"希望工程"、"五个一工程"、"知识创新工程"等。按出现的次序，工程也可分为传统工程与现代工程。前者如土木工程、水利工程、建筑工程、机电工程、能源工程等，后者如材料工程、环境工程、生物工程、生态工程等。

在这里，我们可以把握工程这样几点内涵：首先，工程活动是从制定计划开始的，或者说计划是工程活动的起点。其次，实施（操作）是工程活动最核心的阶段，工程活动的本质是实践、是行动。最后，工程的决策理论和方法在工程的成败和工程哲学中具有特殊的重要意义。它涉及工程的自然要素、科学技术要素、环境要素、社会人文要素和价值要素等一系列要素，是工程伦理研究的核心问题。

2.2　工程理念与工程思维

2.2.1　工程理念

1.现代大工程的特点

工程,对于我们并不陌生,比如我国的都江堰、万里长城、京杭大运河、埃及的金字塔、罗马的凯旋门等都是古人留下的伟大工程。20世纪40年代的曼哈顿工程、60年代的阿波罗登月工程,以及90年代的人类基因组计划工程,堪称现代世界三大工程。我国20世纪60—70年代完成的"两弹一星"工程、改革开放后建设的大亚湾核电工程、宝钢二期工程、铁路5次大提速工程,以及当下正在进行的三峡工程、探月工程、南水北调、西气东输、青藏铁路工程等,创造了中国历史发展进程的神话。可以说工程活动塑造了现代文明,并深刻地影响着人类社会生活的各个方面。现代工程构成了现代社会存在和发展的基础,构成了现代社会实践活动的主要形式。

工程活动是人类利用各种要素的人工造物活动。工程既不是单纯的科学应用,也不是相关技术的简单堆砌和剪贴拼凑,而是科学、技术、经济、管理、社会、文化、环境等众多要素的集成、选择和优化。一切工程都是人去建造的,是为了人而造的。因此,要建立顺应自然、经济和社会规律,遵循社会道德伦理、公正公平准则,坚持以人为本、资源节约、环境友好、循环经济、绿色生产、促进人与自然和人与社会协调可持续发展的工程理念。工程理念深刻地渗透到工程策划、规划、设计、论证和决策等各方面的各环节中,不但直接影响到工程活动的近期结果与效应,而且深刻地影响到工程活动的长远效应与后果。许多工程在正确的工程理念指导下,不仅成功而且青史留名。但也有不少工程由于工程理念的落后甚至错误,酿成失误,甚至殃及后世。如公元前256年李冰主持修建的都江堰水利枢纽,科学分水灌溉,与生态环境友好协调,造就了"天府之国"。非洲建造了阿斯旺大坝,使富饶美丽的尼罗河下游变成了盐碱地,甚至荒漠化。造物就要造精品、造名牌,造福于人民。当代工程的规模越来越大,复杂性程度越来越高,与社会、经济、产业、环境的相互关系也越来越紧密,这就要求我们从"自然—科学—技术—工程—产业—经济—社会"知识价值链的综合高度,来全面认识工程的本质和把握工程的定位,在工程的实施和运行全过程中处理好科技、效益、资源、环境等方面的关系,促进国民经济和社会生活的全面、协调、持续发展。

进入21世纪以后,关于工程的理论、观点和看法,与19世纪、20世纪的工程观有显著的差别。工业化时代的工程观,已经远远不能反映社会的发展对于工程的新需求。现代工程是人们运用现代科学知识和技术手段,在社会、经济和时间等因素的限制范围内,为满足社会某种需要而创造新的物质产品的过程。21世纪的工程已是充分体现学科的综合、交叉的"大工程"系统,"工程"不再是狭窄的科学与技术涵义,而是建立在科学与技术之上的包括社会经济、文化、道德、环境等多因素的大工程涵义。当体现现代工程特点的大工程观逐渐得到认同的时候,传统的工程教育观也受到冲击,大工程观要求工程教育应为学生提供综合的知识背景,强调工程的实践性、创造性,更加重视工程的系统性及其实践特征。这一理念主要是针对传统工程教育过分强调专业化、科学化从而割裂了工程本身这种现象提出来的。现代工程是人们运用现代科学知识和技术手段，在社会、经济和时间等因素的限制范围内，为满足社会某种需要而创造新的物质产品的过程。现代工程体现多学科的综合，包含大系统的观点，工程不再是技术、物质和产品等狭义的理解，而是以科学和技术为基础，又包含经济、社会文化和道德等多因素的现代大工程的理念。

现代工程与传统工程相比有着一定区别：

(1) 有明确的社会目标。一切工程活动都是为了增进社会利益，满足社会某种目的，工程的组织者和工程技术人员是否充分理解社会现实需要，是关系工程成败的重要因素。

(2) 工程设计方案的选择和实施，往往要受到社会、经济、技术设施、法律、公众等多种因素的制约，解决现代工程技术问题，需要综合运用多种专业知识。因此，现代工程技术人员不能满足于专门知识和具体经验的纵向积累，必须广泛汲取各类知识形成有机的知识网络，以便适应现代工程这一综合性系统的要求。

(3) 讲究经济效益。对于一个成功的工程项目来说，不但在技术上是先进的和可行的，在经济上也应当是高效益的，即要求工程方案的成本最低，效益最大。

(4) 必须在尽可能做到的范围内实现综合平衡。因为在工程活动中存在许多不确定的因素和相互矛盾的要求，只有进行系统的综合平衡，才能最大限度地满足社会需要，取得满意的社会效益和经济效益。

(5) 现代工程的自动化、智能化、信息化、动态化的发展趋势。科学技术的飞速发展，必然使现代工程出现大量新的特点，为适应这些情况的变化，工程人员必须及时掌握工程技术信息，不断提高。

2. 现代大工程理念

现代工程正以工程链的形式呈现出集成化的面目，科学、技术、人文、社会、经济、管理、伦理、道德、法律等内容无不包容在内。大工程理念，是一种面向工程实际的理念。美国麻省理工学院工学院院长乔尔·莫西斯认为，大工程理念是为工程实际服务的工程教育的一种回归。从哲学层面来讲，大工程理念是以责任意识为导向的操作综合、价值综合和审美综合的统一。从工程层面来讲，大工程理念是思维整体性与实践可行性的统一，是工程与科学、艺术、管理、经济、环境、文化的融会。原教育部副部长吴启迪认为"作为工程技术人员，不仅要学习工程，还要了解社会与人，把人文教育与工程教育结合起来十分必要"。美国21世纪愿景报告认为：未来的工程师应当具备以下的关键特征：分析能力、实践经验、创造力、沟通能力、商务与管理能力、伦理道德、终身学习能力。从大工程理念来看，21世纪高素质的工程人才应包括以下9种能力：工程知识能力、工程设计与创新能力、工程实施能力、价值判断能力、团队协作能力、交流沟通能力、考虑环境影响的能力、社会协调能力和终身学习能力。

2.2.2 工程思维

思维是宇宙中最复杂、最奇妙的现象之一。一般认为，人类有两种旨趣殊异的思维活动：一是认知，二是筹划。认知是为了弄清对象本身究竟是什么样子；筹划是为了弄清如何才能利用各种条件做成某件事情。认知的最高成果是形成理论，即用抽象概念建构起来的具有普遍性的观念体系；筹划的典型表现就是工程，即用具体材料建构起来的、具有目的性和个别性的实存。认知的结果是形成观念体系，它是客体对象的主观化；筹划的结果是形成实存，它是主体意愿的客观化。从两种思维的表现形式看，认知型思维的高级形式是理论思维；筹划型思维的高级形式则为工程思维。

理论思维适合用来解决理论认知问题，工程思维则适合用来解决工程筹划问题，尽管两种思维方式可以相互借鉴、相互印证，但不可以相互僭越，既不可顺着理论思维来设计工程，也不可用工程思维来建构理论。认知和筹划、理论和工程是分得很清楚的。例如，数学家在研究三角形时，知道自己是在研究一种道理，不会过多地考虑三角形在现实世界中会是什么样子；而工程师在建一个三角形的建筑时，则不仅要知道三角形的原理，还必须考虑三角形建筑的功能、材料、环境场地及外观与装饰等，同样他也不会过多地考虑自己所建的是否是一个纯粹的三角形。在这里，数学家和工程师分得很清楚，他们各司其职。

此外，工程思维也有别于科学思维与艺术思维。人的实践活动方式与内容直接影响着思维活动的各个方面，从而出现了与不同实践活动相应的思维方式。如科学实践、工程实践、艺术实践活动分别产生了科学思维、工程思维与艺术思维方式。科学活动、工程活动、艺术活动的任务、目的、本质、思维与现实关系的主要特征与思维特点，见表2-1。

表2-1　科学活动、工程活动、艺术活动对比一览表

项目类别	任　　务	目　　的	本　　质	思维与现实关系的特征	思维特点
科学活动	研究和发现事物规律	发现、探索、追求真理	知识创新	反映性	抽象的普遍性思维
工程活动	人工造物	追求使用价值创造价值	创造物质	创造性从无到有	具体的个别性思维
艺术活动	创造艺术作品	展现美感	创造美	想象性、虚构现实	设计个别

上述三种思维方式在思维与现实的关系上，有着异中有同、同中有异的复杂关系。然而，个人的具体思维活动是复杂的，不能笼统断定科学思维或工程思维就是科学家或工程人员的思维方式，而其他人就不运用这些思维方式。众所周知，科学家发现(discover)已经存在的世界，工程师创造(create)一个过去从没有过的世界，艺术家想象(imagine)一个过去和将来都不存在的世界。科学家在进行反映性思维活动中(如发现科学定律)，思维的对象已经存在于现实世界之中了；而工程师、艺术家在进行想象性思维活动中(如工程师设计太阳能飞机、作家写一本小说)，思维的对象是现实世界中不存在的。这就是思维与现实关系中"反映性"关系与"创造性"、"想象性"关系的根本区别。与科学思维相比，工程思维注重科学性，遵照科学规律开展创造性、构建性、设计性思维活动，消除违背科学规律的幻想。这是因为：

① 任何违背科学规律的做法都是徒劳的，"永动机"是永远做不成的；

② 科学规律指出了理论上的限度和工程活动可能追求得到的目标，不能幻想达到违背科学规律的目标；

③ 任何高新技术都是在自然科学的基础上发展的。

与艺术思维相比，工程思维也具有想象性与艺术性，既注重目标和过程的想象，也追求美与弘扬美。工程思维渗透工程理念、工程分析、工程决策、工程设计、工程构建、工程运行以及工程评价等各个环节之中，从而在很大程度上决定着工程的成败和效率。

2.3 工程的社会性与工程利益相关者

2.3.1 利益相关者理论的提出

利益相关者理论(stakeholder theory)是20世纪60年代左右在西方国家逐步发展起来的，进入20世纪80年代以后其影响迅速扩大，并开始影响英美等国的公司治理模式的选择，并促进了企业管理方式的转变。之所以会出现利益相关者理论，是有其深刻的理论背景和实践背景的。

利益相关者理论立足的关键之处在于，它认为随着时代的发展，物质资本所有者在公司中地位呈逐渐弱化的趋势(Blair, 1995a, 1995b；布莱尔, 1999)。所谓弱化物质所有者的地位，指利益相关者理论强烈地质疑"公司是由持有该公司普通股的个人和机构所有"的传统核心概念。主张利益相关者理论的学者指出，公司本质上是一种受多种市场影响的企业实体，而不应该是由股东主导的企业组织制度；考虑到债权人、管理者和员工等许多为公司贡献出特殊资源的参与者的话，股东并不是公司唯一的所有者(Donaldson & Preston, 1995)。

促使西方学术界和企业界开始重视利益相关者理论的另一个重要的原因是，全球各国企业在20世纪70年代左右开始普遍遇到了一系列的现实问题，主要包括企业伦理问题、企业社会责任问题、环境管理问题等。这些问题都与企业经营时是否考虑利益相关者的利益要求密切相关，迫切需要企业界和学术界给出令人满意的答案。

(1) 企业伦理

企业伦理(Business Ethics)问题是20世纪60年代以后管理学研究的一个热点问题。由于过分地追求所谓的利润最大化，企业经营活动中以次充好、坑蒙拐骗、行贿受贿、恃强凌弱、损人肥己等不顾相关者利益、违反商业道德的行为，在世界各国都不同程度地存在着。企业在经营活动中应该对谁遵守伦理道德、遵守哪些伦理道德、如何遵守伦理道德等问题摆在了全球学术界和企业界的面前。

(2) 企业社会责任

企业社会责任(Corporate Social Responsibility, CSR)的概念从20世纪80年代开始得到了广泛认同，其内涵也日益丰富。过去那种认为企业只是生产产品和劳务的工具的传统观点受到了普遍的谴责，人们开始意识到企业不仅仅要承担经济责任，还需要承担法律、道德和慈善等方面的社会责任(刘俊海, 1999)。随后，对企业社会责任的研究逐渐成为了利益相关者理论的一个重要组成部分，其研究的重点已从社会和道德关怀转移到诸如产品安全、广告诚信、雇员权利、环境保护、道德行为规范等问题上来。

(3) 企业环境管理

企业环境管理(Enterprise Environmental Management, EEM)问题日益成为现代企业生存和

发展中一个不容回避的问题。人类生存的自然环境正日益恶化已是一个不争的现实，全球环境问题正逐步成为人们关注的焦点。1992年11月18日，包括99位诺贝尔奖获得者在内的1 500位科学家发表了3页的《对人类的警告》。这些科学家们肯定地认为："全球环境至少在8个领域内面临着严重威胁……全球环境问题不仅仅已经影响着当代人的生活，而且还对人类后代、非人类物种的生存也构成了威胁"（福斯特·莱茵哈特，2000）。因此，已有学者开始认识到基于利益相关者共同参与的战略性环境管理模式（Strategic Environmental Management Based On Stakeholders Participation，SEMBOSP）可能是企业环境管理的最终出路。

也就是说，在20世纪60年代中期以后，企业除了要在日益激烈的竞争中获取竞争优势以外，还必须面对越来越多的与其利益相关者有关的问题，需要考虑企业伦理问题，需要承担社会责任，需要进行环境管理。这就使得许多企业陷入了迷惘之中：企业赚取利润，本是天经地义的事，怎么还需要考虑那么多的事呢？

2.3.2 工程的社会性

工程的社会性首先表现为实施工程的主体的社会性，特大型工程，像"曼哈顿工程"、"阿波罗工程"、"三峡工程"等往往会动用十几万、几十万甚至上百万的工程建设者。一名计算机程序员的单打独斗，通常不会被称为"软件工程"；但他如果是同其他的程序员一起协同工作，就有必要采用软件工程的管理、流程、规范和方法。实施工程的主体通常是一个有组织、有结构、分层次的群体，需要有分工、协调和充分的内部交流。而在这样的群体内部，又有不同的社会角色：设计师、决策者、协调者以及各种层次的执行者，各施其能。在这里，有必要进一步明确工程内部的职能分工。

① 工程决策者：确定工程的目标和约束条件，对工程的立项、方案做出决断，并把握工程起始、进展、结束或中止的时机。

② 工程设计者：即通常意义上的（总）工程师，根据工程的目标和约束条件（如资源、性能、成本等），设计和制定具有可行性的计划和行动方案。

③ 工程管理者：负责对人员和物资流动进行调度、分配和管理，保障工程的有效实施。

④ 工程实现者：即通常意义上的工人和技术人员（technicians），负责工程项目的实际建造。

借用一个军事上的类比，可能会有助于理解工程的社会组织中不同的角色分工。工程决策者相当于一支部队的最高首长（司令员），工程师相当于参谋人员，工程管理者相当于基层指挥员，而工人和技术人员则相当于普通士兵，直接在第一线上作战。

现代汉语中的"工程"一词，实际上有两种不尽相同、却又相互关联的含义。首先，"工程"通常是特指一种学问或方法论，对应于英语中的"工程（engineering）"，往往是与"科学（sciences）"、"人文（humanities）"、"商业（business）"等概念相并列的；传授这种学问并进行这种方法论训练的地方是工（程）学院。而"工程"一词的另一种含义，是"项目"或"计划"，对应于英语中的project。我们平常所说的"曼哈顿工程"、"三峡工程"，实际上指的是作为具体项目的工程。不过，工程学意义的"工程"含义同工程项目意义上的"工程"含义在概念上又是紧密相关的，因为大多数工程是通过项目的方式实施的，而所谓工程方法在很大程度上就是对工程项目的设计、组织和管理的方法。任何一个项目都是一个过程（process），这也就是说，我们总是可以在时间的维度上，确定项目的起点和终点。工程项目也不例外，因此，从概念上讲，一个工程总有它的起点和终点，不会有没完没了的工程或周而复始的工程。从项目和过程的角度来理解工程，有助于将工程同一般性的技术或生产活动区别开来。

工程社会性的另一个主要表现形式是：工程，特别是大型工程，往往对社会的经济、政治和文化的发展具有直接的、显著的影响和作用。工程是人类通过有组织的形式、以项目方式进行的成规模的建造或改造活动，如水利工程、交通工程、能源工程、环境工程等，通常会对一个地区、一个国家的社会生活产生深刻的影响，并显著地改变当地的经济、文化及生态环境。另一方面，由于工程项目的目标比较明确，工程实施的组织性、计划性比较强，相应地，社会对工程的制约和控制也比较强。一个大型工程项目的立项、实施和使用往往能反映出不同的阶层、社区和利益集团之间的冲突、较量和妥协。例如，2005 年圆明园防渗工程进入到不可行性论证的阶段，这是个社会性的过程，公众主要从生态角度掀起的反对这一工程的行为，是以一种特殊的方式书写着这一工程的不可行性，由专家、媒体、公众、政府构成的行动者网络制约了整个工程，迫使原工程整改。在工程论证过程中，所采用的标准开始发生了转移。如自然生态和环境保护成为一个主要的标准。随着法律化、制度化建设的加强，随着公众地位的提高和网络等传媒技术的发展，公众的标准也将成为论证中遇到的一个新标准，在更大程度上，公众力量的表达，或者说真正能够在论证中起到决定性作用还与其力量的增长有着极大的关系。工程论证的过程是一个社会性的网络制约的结果，也正是由于网络节点的众多使得论证过程本身呈现为多元理性的过程。网络共同体则是由工程师、媒体、政府、公众四极构成：专家为最核心的一极，从技术上提供一种支撑；媒体是另外一极，将专家的声音给予传递；政府形成第三极，政府的力量是不容忽视的，可以说，从根本上来讲，政府决定着一个项目的可行性；公众构成第四极，但是他们的标准并不是技术性的，而更多是价值性和规范性的。公众之所以会上升为其中的一极主要是来自政府的作用，政府的目标增强透明度、加强法制化建设使得公众获得了一种参与力，尽管现在公众的力量并没有完全在工程项目的决策中表现出来，但是，这已经成为一个上升性的迹象了。

重视工程的社会性有助于更明晰、更准确地把握工程这个概念，特别是有利于更好地理解工程与技术之间的区别与联系。社会性并不是一般意义上的技术概念的内在属性，一些传统技术，像家庭纺织技术、饲养技术并不要求有组织、成规模地使用。而大多数现代技术，如能源技术、运载技术、通信技术等，其发明、改进、运用和推广确实是社会化的过程，这些技术对社会的影响以及社会对它们的控制也不容忽视；然而，这些技术活动往往是通过工程化的方式实现的，对任何一个具有一定规模的工程项目而言，技术问题通常只是包括经济、制度、文化等在内的诸多要素中的一部分，在这个意义上，大多数的现代技术可以看做工程技术。

既然社会性是工程的重要属性，那么，在考察、反思工程问题的时候，就不应当只是局限于纯技术的角度，把工程问题简单地看做一般性的技术问题，而应当多视角、全方位地认识和理解工程，要考虑工程的诸多利益相关者。工程是人类有组织、有计划、按照项目管理方式进行的成规模的建造或改造活动，大型工程涉及经济、政治、文化等多方面的因素，对自然环境和社会环境会造成持久的影响。工程的社会性要求树立一种全面的工程观，不是将工程抽象地看做人与自然、社会之间简单地征服与被征服、攫取与供给的关系，而是人类以社会化的方式并以技术实现的手段与其所处的自然和社会环境之间所发生的相互作用与对话。在当代，全面协调的、可持续的发展观要求树立与之相适应的工程观，这是对新时期工程伦理研究提出的重大课题。

2.3.3 工程的利益相关者

工程是"造物"活动，它把事物从一种状态变换为另一种状态，创造出地球上从未出现过的物品或过程，乃至今天的人类生活于其中的世界。它们直接决定着人们的生存状况，长远地影响着自然环境，这是工程活动的意义所在，也是它必须受到伦理评价和导引的根据。而且，这种造物活动是社会的，它是一个汇聚了科学技术和经济、政治、法律、文化、环境等要素的系统，伦理在其中起了重要的调节作用。特别是参与工程活动的实际上有不同的利益集团——利益相关者，诸如项目的投资方，工程实施的承担者、组织者、设计者、施工者，产品的使用者，等等。公正合理地分配工程活动带来的利益、风险和代价，是今天伦理学所要解决的重要问题之一。

在工程决策中，不但要遇到知识和道德问题，而且要遇到利益问题。在工程活动中出现的并不是无差别的统一的利益主体，而是存在利益差别（甚至利益冲突）的不同的利益主体。对此，现代经济学、哲学、管理学等许多领域的学者都认为：决策应该民主化；决策不应只是少数决策者单独决定的事情，应该使众多的利益相关者（stake holders）都能够以适当方式参与决策。换言之，工程决策不应是在无知之幕后面进行的事情，在决策中应该拉开"无知之幕"，让利益相关者出场。德汶在研究决策伦理时指出，在决策过程中，究竟把什么人包括到决策中是非常重要的事情，在决策过程中，两个关键问题是："谁在决策桌旁和什么放在决策桌上？"利益相关者在"决策舞台"上的出场是一件意义重大和影响广泛的事情，它不但影响到"剧情结构和发展"，即"舞台人物"的博弈策略和博弈过程，而且势必影响到"主题思想和结局"，即应该做出"什么性质"的决策和最后究竟选择什么决策方案。

如果说，以往曾经有许多人把工程决策、企业决策仅仅看做领导者、管理者、决策者或股东的事情，那么，当前的理论潮流已经发生了深刻的变化。许多人都认识到：从理论方面看，决策应该是民主化的决策；从程序方面看，应该找到和实行某种能够使利益相关者参与决策的适当程序。应该强调指出，以适当方式吸纳利益相关者参加决策过程，不但是一件具有利益意义和必然影响决策"结局"的事情，同时也是一件具有重要的知识意义和伦理意义的事情。从信息和知识方面看，利益相关者在工程决策过程中的出场不但必然带进来不同的利益要求——特别是原来没有注意到的利益要求，而且势必带进来一些"地方性（local）的知识"和"个人的（personal）知识"。虽然这些知识可能没有什么特别的理论意义，可是由于决策活动和理论研究具有完全不同的本性，因而这些知识在决策中可以发挥重要的、特殊的、不可替代的作用，以至于我们可以肯定地说：如果少了这些知识就不可能做出"好"的决策。

从政治方面和伦理道德方面看，利益相关者在工程决策过程中的出场能明显地帮助决策工作达到更高的伦理水准。一般地说，一个决策是否达到了更高的伦理水准不应该主要由"局外"的伦理学家来判断，而应该主要或首先由"局内"的利益相关者来判断，按这一标准，利益相关者参与决策的意义就非同一般了。德汶说："把不同的利益相关者包括到决策中来会有助于扩大决策的知识基础，因为代表不同的利益相关者的人能带来影响设计过程的种种根本不同的观点和新的信息。也有证据表明在设计过程中把多种利益相关者包括进来会产生更多的创新和帮助改进跨国公司的品行。"，"最后做出的决策选择也可能并不是最好的伦理选择，但扩大选择范围则很可能会提供一个在技术上、经济上和伦理上都更好的方案。在某种程度上，设计选择的范围越广，设计过程就越合乎伦理要求。因此，在设计过程中增加利益相关者的代表，这件事本身就是具有伦理学意义的，它可能表现为影响了最后的结果和过程，也可能表现为扩大了设计的知识基础和产生了更多的选择"。

1. 工程共同体——工程的利益相关者

学界对科学共同体已进行了许多研究，而"工程共同体"问题尽管非常重要，但目前却还是一个研究上的空白。工程共同体和科学共同体是不同性质的社会共同体，它们的性质功能和结构组成都是大不相同的。从性质上看，科学活动是人类追求真理的活动，科学共同体的目标从根本上说是真理定向的，科学共同体在本性上是一个学术共同体而工程活动乃是人类为解决人与自然的关系问题和生存问题而进行的规模较大的技术、经济和社会活动。在许多情况下，工程活动是经济和生产领域的活动，在另一些情况下也有一些工程是非营利的、公益性类型的工程，但所有的工程项目都是在一定的广义价值目标指引下进行的。

工程活动的本性决定了工程共同体不是一个学术共同体，而是一个追求经济和价值目标的共同体。从组成方面来看，科学共同体基本上是由同类的科学家或曰科学工作者所组成的，而在现代工程共同体中却不可避免地包括了多类成员：资本家(投资者)、企业家、管理者、设计师、工程师、会计师、工人、社区居民等。

在现代社会中，工程共同体具有非常重要的作用，工程伦理学的一项基本内容就是研究有关工程共同体的种种问题。工程共同体主要由工人、工程师、投资人(在特定社会条件下是"资本家")、管理者和社区居民等构成。在工程活动中，这几类人员各有其特殊的、不可替代的重要作用。如果把工程共同体比喻为一支军队的话，工人就是士兵，各级管理者相当于各级司令员，工程师是参谋部和参谋长，投资人则相当于后勤部长，社区居民相当于友军或老百姓。从功能和作用上看，如果把工程活动比喻为一部坦克车或铲车，那么，投资人的作用就相当于油箱和燃料，管理者可比喻为方向盘，工程师可比喻为发动机，工人可比喻为火炮或铲斗，其中每个部分对于整部机器的功能都是不可缺少的。工程师与工人的关系是设计者、技术指导者、技术管理者与技术操作者的关系，而工程师与投资人(资本家或工程的"所有者")的关系则是"雇员"与"雇主"的关系。工人和工程师都是被雇用的劳动者，这是两者的相同之处；两者的区别在于：工程师是白领的知识劳动者，工人是蓝领的体力劳动者。工程师必须拥有专业性很强的工程知识(如设计知识)，而工人主要地只拥有操作能力(这显然是一种简略的说法，这里权且把工人所拥有的知识合并在操作能力之中)，于是，这就形成了工程师与工人之间的界限或分野。

现代的工程共同体也大不同于古代的工匠共同体。工程活动并不是现代才出现的，必须承认，古代社会就已经有大规模的工程活动了。可是，从比较严格的观点来看，我们却不宜认为古代社会中从事工程活动的人的总体已经形成了一个工程共同体，至多我们可以承认古代社会中存在一个"暂态的"工程共同体。在古代社会，工程活动不是基本的社会活动方式而只是"临时性"的社会活动方式。那时的工程项目如修建一座王陵或兴修一个水利工程都是以临时征召一批农民和工匠的方式进行的，在这项工程完成后，那些农民和工匠便要"回到"自己原来的土地或作坊继续从事自己原来的生产活动了。在古代社会，集体从事大型工程建设活动只是一种社会的暂态，而分别从事个体劳动才是社会的常态。在古代社会，虽然进行工程活动也必须进行设计，也必须有人进行工程指挥和从事管理工作，可是，那些从事这些工作的人，从社会分工、社会分层和社会分业的角度来看，其基本身份仍然是工匠或官员，他们还没有发生身份分化而成为工程师和企业家。这就是说，我们可以承认工程活动在古代社会已经存在，可以承认古代社会中存在着农民共同体和官员共同体，可是，一般地说，我们却不宜认为在古代社会中已经有工程共同体存在了。我们的确应该承认古代社会中那些从事个体手工劳动的工匠们组成了一个工匠共同体，可是，那个工匠共同体却没有而且也不可能具有进行大规模的工程活动的社会任务和社会职能，从而，我们也就不能认为这个工匠共同体组成了一个工程共同体。应该肯定工程共同体的出现和形成乃是近代社会的事情。在工业化和现代化的过程中，工程活动成为了社会中常态的活动，工程共同体的队伍越来越壮大，其社会作用也越来越重要了。

2. 工人是工程共同体的一个绝不可少的基本组成部分

虽然中国古代早就有了"百工"之称，但那时的百工并不是现代意义上的工人——他们是手工业者。工人是在近现代社会中才出现和存在的。在马克思主义理论中，无产阶级和工人阶级是同一个概念，无产者和工人也是基本相同的概念。在马克思和恩格斯的时代，人们常常使用无产者一词，但后来的人们就更多的使用工人和工人阶级这两个词汇了。恩格斯在《共产主义原理》一文中指出，无产者"不是一向就有的"。"无产阶级是由于产业革命而产生的"，无产者不但与奴隶和农奴有明显区别，而且也不可与手工业者甚至手工工场工人混为一谈。工人的主要特点是不占有生产资料，靠自己的劳动取得收入。一般来说，工人是在"现场岗位"进行直接生产操作，常常是体力劳动类型的操作的劳动者，而不是管理活动所在的"办公室"。许多学科——包括历史唯物主义、管理学、社会学、经济学、伦理学等——都在从不同的角度研究工人问题。虽然我们在研究工人问题时不可避免地要借鉴和汲取其他领域的理论、观点和研究成果，但在工程研究领域中，我们还应该有"本身"的特殊研究观点和研究思路。工程活动过程划分为三个阶段：计划设计阶段、操作实施阶段和成果使用阶段，进入实施阶段时才成为了一个"实际的工程"。根据这个分析，我们有理由说，在工程的三个阶段中"实施阶段"才是最本质、最核心的阶段，我们甚至可以说，没有实施阶段就没有真正的工程。而这个实施行动或实施操作是由工人进行的，于是，工人也就成为了工程共同体中的一个关键性的、必不可少的组成部分。

在工程共同体中，工人和工程师、企业家、投资人一样，都是不可缺少的组成部分，他们各有不可替代的作用，那种轻视工人地位和作用的观点是十分错误的。

3. 工人是工程共同体中的弱势群体

在社会学和共同体研究中，所谓"分层"问题是一个重要问题。在对工程共同体的人员进行分层时，由于工程共同体的性质十分复杂，所以，人们有可能根据不同的标准对工程共同体的人员做出不同的分层。工程共同体是一个在"内部"和"外部"关系上存在着多种复杂的经济利益和价值关系的利益共同体或价值共同体。这些经济利益和价值关系既可能是合作、共赢的关系，也可能是冲突、矛盾的关系。当冲突、矛盾的一面突出来时，在一定条件下，共同体中的弱势群体的利益就有可能受到程度不同的侵犯或侵害。应该承认在工程共同体中更一般地说是在整个社会中，工人是一个在许多方面都处于弱势地位的弱势群体。工人的弱势地位突出地表现在以下三个方面。

（1）从政治和社会地位方面看

工人的作用和地位常常由于多种原因而被以不同的方式贬低。几千年来形成的轻视和歧视体力劳动者的思想传统至今仍然在社会上有很大影响，社会学调查也表明当前工人在我国所处的"经济地位"和"社会地位"都是比较低的。

（2）从经济方面看

多数工人不但是低收入社会群体的一个组成部分，而且他们的经济利益常常会受到各种形式的侵犯。在资本主义制度下，工人受到了经济上的剥削；在社会主义制度下，工人的经济利益也是常常受到各种形式侵犯的。在我国的具体情况下，下岗工人和农民工更成了工人这个弱势群体中"更加弱势"的群体。近两年引起我国广泛注意的拖欠农民工工资问题就是严重侵犯工人经济利益的一个突出表现。

（3）从安全和工程风险方面看

工人常常承受着最大和最直接的"施工风险"，由于忽视安全生产和存在安全方面的缺陷，工人的人身安全甚至是生命安全常常缺乏应有的保障。由于任何工程活动都不可避免地存在着风险，于是，在工程伦理研究领域中风险问题就成为了一个特别重要和突出的问题。在所谓工程风险中，包括施工风险和工程后果风险两种类型。为了应对施工风险，工程共同体必须把工程安全和劳动保护措施放在头等重要的位置上。如果说，在那些唯利是图的资本家的眼中，工人的劳动安全仅仅是一个产生"累赘"或"麻烦"的问题，那么，对于以人为本的工程观来说，"安全第一"就绝不仅仅是一个"口号"，而是一个"原则"了。

与分层问题有密切联系但并不完全一致的另一个问题是共同体中的"亚团体"问题。一般地说，在一个共同体内部往往是不可避免地要存在一些"亚团体"的。于是，研究不同形式的"亚团体"的问题就成为了共同体研究中一个重要内容。在工程共同体中，由于它首先是一个经济活动的共同体，于是，就出现了工会这种以维护工人的经济利益和其他利益包括劳动保护方面的权益为宗旨的"亚团体"。在劳动经济学和劳动社会学领域中，已经有人对工会进行了许多研究，我们在研究工程共同体问题时，也应当注意把工会问题纳入研究视野才对。近几年，我国出现了史无前例的"工人短缺"现象。可以认为，"工人短缺"现象的出现实际上就是在以一种特殊的方式向人们大喝一声：工人是工程活动生产活动和工程共同体中的一个绝不可缺少的基本组成部分。在工程共同体中，工人是支撑工程大厦的"绝不可缺少"的栋梁了。如果没有工人，不是工程大厦就要坍塌的问题，而是根本就不可能有工程大厦出现的问题。已经有人指出造成这种工人短缺现象的一个重要原因，就是作为弱势群体的工人的各种权益在很长一段时期受到了严重的侵害。我们高兴地看到一些工厂正不得不以承诺增加工资的方法招收工人进厂。有学者还指出这种状况可以成为我们重新认识工人的地位和重视保护工人权益的一个有利契机。

4.工程共同体中的工程师

除了从与工人的关系中认识工程师的职业特点外，还可从他们与雇佣其服务的公司的关系中，认识工程师的职业性质、职业特征、职业自觉、职业责任问题。从社会学和社会哲学的角度看，工程师不但在整个社会的网络关系中，而且在工程共同体的内部网络关系中都处于吊诡性的关系和地位中，这就使得不但工程师自身而且使其他人在认识工程师的真正"位置"和社会作用问题时都容易陷入某种眼光迷离、左右摇摆、莫衷一是的地步。

谢帕德把工程师称为"边缘人"，因为工程师的地位部分地是作为劳动者，部分地是作为管理者；部分地是作为科学家，部分地是作为商人(businessmen)。莱顿说"工程师既是科学家又是商人。"，"科学和商业有时要把工程师拉向对立的方向"，这就使工程师在"自身定位"时难免会陷于某种"困境"。

从近现代历史上看，科学家和商人在认识自己的社会目标时都没有出现"眼光迷离"的情况。可是，工程师遇到的情况和条件就与科学家大不相同了。在现代经济和社会制度下，大多数现代工程师是受雇于不同类型公司的，这种"公司雇员"的身份和位置使工程师在接受公司薪金时"顺理成章"地"接受"和"认可"了自己要"忠诚"于受雇的公司这个"条件"和"伦理原则"，于是"忠诚于雇主"就成为了工程师群体的一个重要的"职业道德原则"。而这个职业道德原则又难以避免地使工程师在形成自己的职业自觉意识和认识自己的"独立的职业责任"和"真正的社会责任"时，出现了"眼光迷离"的现象。很显然，所谓"眼光迷离"只能是暂时的现象，作为一个群体，工程师队伍必然要深入追问自身究竟应该承担何种社会责任。

自20世纪初开始，工程师在认识自身的职业性质、职业责任和职业伦理原则方面进入了一个新阶段——工程师不但应该"忠诚"于雇主而且更应该"忠诚"于"全社会"的原则被明确地肯定下来，工程师的社会作用和社会责任的问题被空前地突出出来。1998年，出版的《新工程师》一书说道："工程职业好像到了一个转折点。它正在从一个向雇主和顾客提专业技术建议的职业演变为一种以既对社会负责又对环境负责的方式为整个社群(the community)服务的职业。工程师本身和他们的职业协会都更加渴望使工程师成为基础更广泛的职业。雇主也正在要求从他们的工程师雇员那里得到比熟练技术更多的东西。"

应该承认，关于工程师究竟应该在社会进步中发挥什么作用的问题、工程师怎样才能把忠诚于其雇主的要求与工程师对大众的责任统一起来等问题都还不是已经完全"解决"了的问题，可是，这并不妨碍我们肯定自20世纪初期以来，在工程师的社会责任和伦理自觉方面，已经在认识上和制度上取得了一些重大的、实质性的进步，虽然在这个"领域"中那种"反叛性"、"革命式"的事件也许难以再次发生，但这里将不断地出现"改良性"的进步则是完全可以预期的。

利益相关者理论要求重构工程师与雇主的关系，增强工程师在工程活动中的话语权。在工程师作为专业人员与雇主或客户之间的关系上，西方专业伦理学提出了四种模式：第一种是代理关系，工程师只是按照雇主或客户的指令办事的专家，与普通的雇员没有什么区别；第二种是平等关系，工程师与雇主或客户的关系是建立在合同基础上的，双方负有共同的义务、享有共同的权利；第三种是家长式关系，雇主或客户雇用工程师来为自己服务，工程师所采取的行动，只要他所考虑的是雇主或客户的福利，可以不管雇主或客户是否完全自愿和同意；第四种是信托关系，双方都具有做出判断的权力，并且双方都应对对方做出的判断加以考虑，在这种关系中，工程师在道德上既是自由的人又是负责任的人。很明显，目前国内工程师与雇主或客户之间的关系更多地表现为代理关系，工程师拥有的自主权不大，工程伦理难以发挥作用。为此，应重构工程师与雇主或客户之间的关系，从"代理关系"逐步转向"信托关系"，增强工程师在工程活动中的话语权。

5. 工程建设的其他利益相关者

工程伦理学对责任范畴及责任问题的研究做出了突出贡献。这是因为：不仅工程的建设目的蕴涵着丰富的伦理问题，工程决策者对工程的目的、方向和性质负有价值定向的责任，而且工程中更为独特的伦理问题是，即使出于良好动机的工程项目仍然存在造成伤害的风险，表现在对第三方、对社会公众、对子孙后代、对生态环境的负面影响。工程的实际效果错综复杂，有好有坏，因而以往简单的要么好要么坏的价值判断对现代工程不再适用。那么，一项工程到底是建设还是不建设呢？在当今民主社会里，这只能民主决策，吸收受到工程影响的有关各方——利益相关者(stake holders)参与到工程决策中来。这时，工程师的职责就不是代替社会公众做出决策，而是要把有关工程的信息传播给社会公众，以保证他们的知情权和参与权。

工程研究和实验中大量使用动物(如对新开发的药物进行试验)，工程开发、利用和改变自然的力度不断增大，对生态的影响也在加大，这些都涉及人与动物、生物及生态之间的关系问题。生态伦理学、环境伦理学等要求扩大人类道德关怀的范围，将动物、植物甚至无机物以及整个生态环境都纳入进来，这样工程就不仅有通过开发和利用自然来为人类造福的责任，还负有关爱生命、保护环境、实现可持续发展的责任。

2.4　第一产业涉及的工程

国民经济的不同行业在经济活动中涉及不同的工程。根据社会生产活动历史发展的顺序将产业结构划分为三次产业，产品直接取自自然界的部门称为第一产业；初级产品进行再加工的部门称为第二产业；为生产和消费提供各种服务的部门称为第三产业。

第一产业指以利用生物的自然生长和自我繁殖的特性，人为控制其生长和繁殖过程，生产出人类所需要的不必经过深度加工就可消费的产品或工业原料的一类行业。其范围在各国不尽相同，一般包括农业、林业、渔业、畜牧业和采集业，有的国家还包括采矿业。我国国家统计局对三次产业的划分规定，第一产业指农业、林业、牧业、渔业等。

2.4.1　农业工程

1. 概念

农业工程是工程技术在农业中的应用。一般以土壤、肥料、育种、栽培、饲养、气象、管理、经济等学科为依据，综合应用各种工程技术，为生产提供各种工具、设施和能源，以求创造最适于农业生产和农村生活的环境，改善劳动者的工作、生活条件。

农业工程主要包括育种工程、农业机械化工程、农业建筑工程、农田灌溉和排水工程、农产品加工及贮藏工程、农村能源工程、土地利用工程、农业生产环境工程和农业信息化工程等内容。

2．农业工程的作用

（1）提高农业劳动生产率

育种工程通过培育优良品种使作物的产量或品质不断提高，产生巨大的效益；农业机械化工程通过改进生产工具让农民从繁重的体力劳动中解放出来。

（2）抗御自然灾害

农业是受自然环境影响最为显著的行业，自古以来人们通过兴建大量农田水利工程来增强抗御旱、涝、洪、碱等自然灾害的能力。例如举世闻名的都江堰就是集防旱、排涝及农田灌溉于一体的水利工程，虽经历二千多年仍然为堰区所在的成都平原人民造福。

（3）农业生产的集约化

农田灌溉和排水工程、农产品加工及贮藏工程、土地利用工程和农业生产环境工程等都是从不同角度对农业生产多种要素的整合，使农业生产在更大的规模上实现集约化，从而提高生产效率、降低生产风险。

（4）保护农业自然资源

水是农业的命脉，土是农业生产的基础，能源是农业的动力。这三者均可利用工程手段对之进行合理开发、利用和保护，以利于发展农业生产、保护生态平衡。

2.4.2　林业工程

1．概念

森林是一种可再生的生物资源，具有净化空气和水源涵养、水土保持、美化环境、为工农业生产提供原材料等重要功能。林业工程是以森林资源的高效利用和可持续发展为原则，将各种工程技术应用于森林资源培育、开发利用及林产品加工的活动。

林业工程包括林区规划、森林培育、森林保护、森林开采、木制品设计加工、开采设备的设计制造、木制品加工设备的设计制造、林区防火技术和装备等。

2．我国实施的林业重点工程

（1）天然林资源保护工程

天然林资源保护工程主要解决天然林的休养生息和恢复发展问题。这项工程自1998年开展试点，2000年在全国17个省、自治区和直辖市全面启动。包括三个层次：第一，全面停止长江上游、黄河上中游地区天然林采伐；第二，大幅度调减东北、内蒙古等重点国有林区的木材产量；第三，由地方负责保护好其他地区的天然林。工程计划调减木材产量1 991万立方米，管护森林14.15亿亩，分流安置富余职工74万人。

（2）退耕还林工程

退耕还林工程主要解决重点地区的水土流失问题。1999年，按照"退耕还林，封山绿化，以粮代赈，个体承包"的政策，四川、陕西、甘肃3省率先试点，2002年在全国25个省、自治区、直辖市和新疆生产建设兵团全面启动。工程计划到2010年控制水土流失面积3.4亿亩，防风固沙控制面积4亿亩，年均减少输入长江、黄河的泥沙量2.6亿吨。

（3）京津风沙源治理工程

京津风沙源治理工程是构筑京津生态屏障的骨干工程，也是中国履行《联合国防治荒漠化公约》、改善世界生态状况的重要举措。工程自2000年6月开始实施。这是从北京所处位置的特殊性及改善这一地区生态的紧迫性出发实施的重点生态工程，主要解决首都周围地区风沙危害问题。该项工程到2010年，工程区林草覆盖率由目前的6.7%提高到21.4%。

（4）"三北"及长江流域等重点防护林体系建设工程

"三北"及长江中下游地区等重点防护林工程，主要解决东北、华北、西北和其他地区的生态问题。具体包括"三北"防护林工程，长江、沿海、珠江防护林工程和太行山、平原绿化工程。"三北"防护林工程建设范围东起黑龙江的宾县，西至新疆的乌孜别里山口，北抵国界线，东西长4480千米，南北宽560~1460千米，被誉为中国的"绿色长城"，包括13个省、自治区和直辖市的590个县，建设总面积406.9万平方千米，占总国土面积的42.4%。这是我国涵盖面最大的防护林工程。囊括了"三北"地区、沿海、珠江、淮河、太行山、平原地区和洞庭湖、鄱阳湖、长江中下游地区的防护林建设。工程计划造林3.4亿亩，并对10.78亿亩森林实行有效保护。

（5）野生动植物保护及自然保护区建设工程

野生动植物保护及自然保护区建设工程，主要解决物种保护、自然保护和湿地保护等问题。工程实施范围包括具有典型性、代表性的自然生态系统、珍稀濒危野生动植物的天然分布区、生态脆弱地区和湿地地区等。2010年前重点实施10个野生动植物拯救工程和30个重点生态系统保护工程，新建一批自然保护区。

（6）重点地区速生丰产用材林基地建设工程

重点地区速生丰产用材林基地建设工程主要解决木材供应问题，同时也减轻木材需求对天然林资源的压力。工程布局于我国400毫米等雨量线以东，地势比较平缓，土地条件较好，自然条件优越，不会对生态环境产生不利影响的18个省、自治区、直辖市，以及其他条件具备适宜发展速丰林的地区。工程完工后，每年提供木材1.3337亿立方米，约占国内需求量的40%，加上现有资源，木材供需基本平衡。

2.4.3　畜牧工程

畜牧工程是改善畜牧生产手段、建筑设施和生态环境的各种工程技术。

畜牧工程包括畜禽育种工程、畜禽饲养工艺、畜禽饲养机械设备、饲料加工机械、畜产品采集机械、畜禽舍建筑、畜禽舍内外环境控制等。

畜牧工程技术在现代畜牧生产中发挥着重要的作用，采用适用的畜牧工程技术，可以极大地提高劳动生产率，减轻劳动强度，改善畜禽的生产环境，提高畜产品的产量和质量，更好地为现代畜牧业发展服务。

2.4.4 渔业工程

1. 概念

渔业现代化的实现，不仅依靠生物生产技术，还必须有装备与工程技术。渔业工程是将各种工程技术应用于水产养殖、捕捞、加工及渔业资源修复等方面的活动。

渔业工程包括水产养殖工程、捕捞装备工程、水产品加工机械工程及渔业资源修复工程等。

2. 渔业工程的内容

（1）水产养殖工程

水产养殖工程以提高资源利用率为主导方向，重点是使养殖设施系统创造健康养殖的水环境，减少对水资源和土地、水域的占用，降低对水域环境的污染，提高生产效率。主要包括养殖场选址及规划、供排水工程精养池塘建设、人工繁殖设施建设、开放式工厂化养殖系统建设、封闭式循环水养殖系统建设、天然水域增养殖系统的规划与建设等活动。

（2）捕捞装备工程

捕捞装备工程以海洋选择性捕捞技术装备的自动化、信息化为目标，进行捕捞装备现代控制技术研究，提高作业渔船的节能减排水平，提高作业效率。

（3）水产品加工机械工程

加工机械工程以提升水产品资源利用率、加工效率、品质及安全性为目标，进行水产品精深加工、综合利用加工，以及饲料加工等装备及工程技术的研究开发。

（4）渔业资源修复工程

渔业资源修复工程是通过伏季休渔、水产种苗的增殖放流、建设人工鱼礁、建设渔业种质资源保护区、降低水体污染等措施，减缓并遏制渔业资源衰退、改善水域生态环境、提升渔业可持续发展能力的活动。

2.5　第二产业涉及的工程

第二产业是指对第一产业和本产业提供的产品（原料）进行加工的产业部门，涵盖了除第一产业之外的物质生产的其他所有行业，包括采矿业，制造业，电力、燃气及水的生产和供应业，建筑业。在第二产业的不同行业中涉及各类不同的工程，如矿业工程（本书第6章对矿业工程有详细介绍，此处不赘述）、制造工程、电力工程、燃气工程、自来水工程、土木工程（本书第4章对土木工程有详细介绍，此处不赘述）等。

2.5.1 制造工程

1. 概念

制造业是以第一产业的产品、矿产品以及制造业本身生产的初级产品作为原材料，通过机器设备及工人的加工劳动，生产出更高价值的产品的一类行业。

制造工程是通过新产品、新技术(方法、工具、机器和设备等)、新工艺的研究和开发，并通过有效的管理，用最少的费用生产出高质量的产品来满足社会需求的活动。

2. 制造工程的分类

制造工程的门类很多，冶金工程、机械工程、电子工程、化学工程、光学工程、轻工工程等。以下对几个较有代表性的行业工程进行简单介绍。

(1) 冶金工程

冶金工程领域是研究从矿石等资源中提取金属或金属化合物，并制成具有良好的使用性能和经济价值的材料的工程技术领域。它为机械、能源、化工、交通、建筑、航空航天、国防军工等各行各业提供所需的材料产品。冶金工程包括钢铁冶金、有色金属冶金两大类。

冶金工程技术的发展趋势是不断汲取相关学科和工程技术的新成就进行充实、更新和深化，在冶金热力学、金属、熔锍、熔渣、熔盐结构及物性等方面的研究会更加深入，建立智能化热力学、动力学数据库，加强冶金动力学和冶金反应工程学的研究，应用计算机逐步实现对冶金全流程进行系统最优设计和自动控制。冶金生产技术将实现生产柔性化、高速化和连续化，达到资源、能源的充分利用及生态环境的最佳保护。随着冶金新技术、新设备、新工艺的出现，冶金产品将在超纯净和超高性能等方面发展。

(2) 机械工程

机械工程是以有关的科学技术为理论基础，结合生产实践中的技术经验，研究和解决在开发、设计、制造、安装、运用和修理各种机械中的全部理论和实际问题的应用学科。

机械工程的学科内容，按工作性质可分为以下几个方面：

① 建立和发展可实际和直接应用于机械工程的工程理论基础，如工程力学、流体力学、工程材料学、材料力学、燃烧学、传热学、热力学、摩擦学、机构学、机械原理、金属工艺学和非金属工艺学等。

② 研究、设计和发展新机械产品，改进现有机械产品和生产新一代机械产品，以适应当前和未来的需要。

③ 机械产品的生产，如生产设施的规划和实现、生产计划的制订和生产调度、编制和贯彻制造工艺、设计和制造工艺装备、确定劳动定额和材料定额以及加工、装配、包装和检验等。

④ 机械制造企业的经营和管理，如确定生产方式、产品销售以及生产运行管理等。

⑤ 机械产品的应用，如选择、订购、验收、安装、调整、操作、维修和改造各产业所使用的机械产品和成套机械设备。

⑥ 研究机械产品在制造和使用过程中所产生的环境污染和自然资源过度耗费问题及处理措施。

(3) 化学工程

化学工程是研究化学工业和其他工业生产过程中所发生的化学过程和物理过程的共同规律，并应用于生产过程和装置的开发、设计、操作，以达到优化和提高效率目的的一门工程学科。这些工业包括石油化工、冶金、建材、食品、造纸等。它们从石油、煤、天然气、盐、石灰石、其他矿石和粮食、木材、水、空气等基本的原料出发，借助化学过程或物理过程，改变物质的组成、性质和状态，使之成为多种价值较高的产品，如化肥、汽油、润滑油、合成纤维、合成橡胶、塑料、烧碱、纯碱、水泥、玻璃、钢铁、铝、纸浆等。

化学工程的研究内容包括以下几个方面：

① 单元操作。构成多种化工产品生产的物理过程都可归纳为有限的几种基本过程，如流体输送、换热(加热和冷却)、蒸馏、吸收、蒸发、萃取、结晶、干燥等。这些基本过程称为单元操作。对单元操作的研究得到具有共性的结果，可以用来指导各类产品的生产和化工设备的设计。

② 化学反应工程。化学反应是化工生产的核心部分，它决定着产品的收率，对生产成本有着重要影响。工程技术人员在各种反应过程中，如氧化、还原、硝化、磺化等中发现了若干具有共性的问题，如反应器内的返混、反应相内传质和传热、反应相外传质和传热、反应器的稳定性等。对于这些问题的研究，以及它们对反应动力学的各种效应的研究，构成了一个新的学科分支即化学反应工程，从而使化学工程的内容和方法得到了充实和发展。

③ 传递过程。传递过程是单元操作和反应工程的共同基础。在各种单元操作设备和反应装置中进行的物理过程不外乎三种传递：动量传递、热量传递和质量传递。例如，以动量传递为基础的流体输送、反应器中的气流分布；以热量传递为基础的换热操作，聚合釜中聚合热的移出；以质量传递为基础的吸收操作，反应物和产物在催化剂内部的扩散等。有些过程有两种或两种以上的传递现象同时存在，如气体增减湿等。传递过程着重研究上述三种传递的速率及相互关系。

④ 化工热力学。化工热力学是单元操作和反应工程的理论基础，研究传递过程的方向和极限，提供过程分析和设计所需的有关基础数据。

2.5.2 电力工程

1.概念

电能因易于转换、传输、控制，并且还有便于使用、洁净和经济等许多优点，成为现代化社会的重要支撑。

电力工程是指与电能的生产、输送、分配有关的工程，另外还包括把电作为动力和能源在多种领域中应用的工程。

2.电力工程的分类

按电能的生产、输送、分配等环节，电力工程可分为发电工程和输变电工程两类。

(1)发电工程

按一次能源介质划分为火力发电、水力发电、核电、太阳能发电、风力发电、地热发电和潮汐发电等。正在研究的发电工程技术还有磁流体发电和燃料电池等。

(2)输变电工程

电流在从电厂到用户的输送过程中会因线路发热造成损耗，所以在电厂端需要通过变电升高电压，让电流变小以减少发热损耗。在用户端需要通过变电降低电压。由于在电流输送的过程中需要多次的变电，所以把电流的输送称为输变电。

2.5.3 燃气工程及自来水工程

我国在城镇化发展过程中不仅需要不断增长的电力供应，而且对燃气和自来水的需要也与日俱增。城镇管理部门通过实施燃气工程及自来水工程来实现对城镇居民的燃气和自来水的供应。

燃气工程包括燃气供应规划的编制、燃气的生产与净化厂站建设、燃气的供需工况及调节、燃气输配管网系统建设、燃气的储存与压送设施建设、节能环保的新型燃烧技术与装置研发、燃气系统施工与运行管理等内容。涵盖了从气源、管网到用户的各个环节。

自来水工程是指通过自来水处理厂净化、消毒后生产出来的符合国家饮用水标准的供人们生活、生产使用的水。它主要通过水厂的取水泵站汲取江河湖泊及地下水、地表水，并经过沉淀、消毒、过滤等工艺流程，最后通过配水泵站输送到各个用户。由自来水厂按照《国家生活饮用水相关卫生标准》处理后，用机泵通过输配水管道供给用户使用。

2.6 第三产业涉及的工程

第三产业是指除第一、二产业以外的其他行业。第三产业包括：交通运输、仓储和邮政业，信息传输、计算机服务和软件业，批发和零售业，住宿和餐饮业，金融业，房地产业，租赁和商务服务业，科学研究、技术服务和地质勘查业，水利、环境和公共设施管理业，居民服务和其他服务业，教育，卫生、社会保障和社会福利业，文化、体育和娱乐业，公共管理和社会组织和国际组织等。

第三产业与第一、二产业最显著和不同地就是它不是物质生产部门，它的产品是无形的。但第三产业也涉及形形色色的工程，例如电子商务工程、物流工程、信息系统工程、软件工程、金融工程、水利工程、环境工程、医学工程，等等。因第三产业工程种类繁多，不能面面俱到，下面仅就几种工程进行介绍。

2.6.1 电子商务工程

1. 概念

顾名思义，电子商务是以电子信息技术（包括计算机技术、网络通信技术和其他电子信息技术）作为手段从事商务活动，以达到提高业务效率、降低经营成本、增加商业机会、提高管理水平等目的。电子商务的表现形式很多，如网上商店、网络银行、电视广告、无纸贸易、电子数据交换（Electronic Data Interchange，EDI）、管理信息系统（Management Information System，MIS）、企业资源计划（Enterprise Resource Planning，ERP）、决策支持系统（Decision Support System，DSS）、办公自动化（Office Automation，OA）等。总之电子商务就是使企业无论是外部交易还是内部管理都实现电子化。电子商务活动需要在相应的电子商务系统上进行。

电子商务工程就是按照工程学原理建立电子商务系统的过程。包括系统规划、系统分析、系统软硬件平台的建立、业务流程重组、商务模式创新等方面内容。

2. 电子商务工程的分类

电子商务工程按其应用层次可划分为电子商务基础设施工程、电子商务应用系统工程和电子商务模式创新工程。

(1)电子商务基础设施工程

电子商务基础设施工程是指为保障各电子商务活动能够顺利进行的、大范围的(一个地区、一个国家甚至全世界范围)基础信息系统工程。包括广播电视系统工程、通信网络工程、网络互联协议和标准技术工程、大型开放式数据库工程、信息安全保密技术开发工程等。例如美国的"信息高速公路"和我国的"三金工程"。

① "信息高速公路"。美国政府1993年实施的一项新的高科技计划——"国家信息基础设施"(National Information Infrastructure, NII),工程计划用时20年,耗资2 000~4 000亿美元。有人将其形象地比喻为"信息高速公路"。它是以光缆作为信息传输的主干线,采用支线光纤和多媒体终端,用交互方式传输数据、电视、话音、图像等多种形式信息的千兆比特的高速数据网。在政府机构、各大学、研究机构、企业以至普通家庭之间建成计算机联网。

信息高速公路将改变人们的生活、工作和相互沟通方式,加快科技交流,提高工作质量和效率,享受影视娱乐,遥控医疗,实施远程教育,举行视频会议,实现网上购物,享受交互式电视等。截至2007年信息高速公路建成之际,美国国民生产总值因信息高速公路建成而增加3 210亿美元;实现家庭办公等减少了铁路公路和航运工作量的40%,也相应减少了能源消耗和污染,仅汽车的废气排放量每年减少1 800万吨;通过远距离教学和医疗诊断,节省大量时间和资金;劳动生产率将提高20%~40%。

② 三金工程。继美国提出信息高速公路计划之后,世界各地掀起信息高速公路建设的热潮。中国政府也不甘落后,于1993年底启动了"三金工程",即金桥、金关、金卡工程。

- 金桥工程。金桥工程是中国信息高速公路的主体。金桥网是国家经济信息网,它以光纤、微波、程控、卫星、无线移动等多种方式形成空、地一体的网络结构,建立起国家公用信息平台。其目标是:覆盖全国,与国务院部委专用网相联,并与31个省、市、自治区及500个中心城市、1.2万个大中型企业、100个计划单列的重要企业集团以及国家重点工程联结,最终形成电子信息高速公路大干线,并与全球信息高速公路互联。

- 金关工程。金关工程即国家经济贸易信息网络工程,可延伸到用计算机对整个国家的物资市场流动实施高效管理。它还将对外贸企业的信息系统实行联网,推广电子数据交换(EDI)业务,通过网络交换信息取代磁介质信息,消除进出口统计不及时、不准确,以及在许可证、产地证、税额、收汇结汇、出口退税等方面存在的弊端,达到减少损失,实现通关自动化,并与国际EDI通关业务接轨的目的。

- 金卡工程。金卡工程即从电子货币工程起步,计划用10多年的时间,在城市3亿人口中推广普及金融交易卡,实现支付手段的革命性变化,从而跨入电子货币时代,并逐步将信用卡发展成为个人与社会的全面信息凭证,如个人身份、经历、储蓄记录、刑事记录等。

（2）电子商务应用系统工程

电子商务应用系统工程是建立在电子商务基础设施之上为支持电子商务业务流程、管理控制、战略决策等企业活动而对电子商务系统进行规划、设计、建造的过程。

商务活动的参与方包括厂商、消费者、银行、认证中心、物流部门、政府部门（工商、税务、质检、海关等）。任何一次商务活动都要在上述参与方的双方或多方之间进行信息流、资金流、物流和商流的运动。电子商务应用系统工程就是在商务活动的各个参与方之间架设电子桥梁，以促进信息流、资金流、物流和商流的运动速度和降低成本。例如用于企业内部管理的 ERP 系统的建设和实施工程、用于企业与企业或企业与个人之间进行贸易活动的商务网站建设工程等。

（3）电子商务模式创新工程

随着信息技术、互联网的发展，新的商务模式和企业管理模式不断涌现。例如：网上商店的出现就是对传统商店模式的创新，网络银行的出现是对现金支付和信用卡支付模式的创新，供应链管理是对单个企业管理模式的创新。

每种新的商务模式的出现都是在相应的技术、经济、社会环境下产生的，科学技术的发展为商务模式创新提供了可能性，社会需要为商务模式创新提供了动力，但这并不等于说商务模式创新是水到渠成的事，商务模式创新凝结着商务人士和工程技术人员的智慧和汗水。一般要经过构思、设计、实施、评价等阶段，还要对上述各阶段进行若干轮的迭代。一种新的商务模式是否有生命力，最终要经过市场的检验才能知道。电子商务是一个崭新的领域，新技术飞快发展，各行各业都要探索和创新电子商务模式。电子商务模式创新工程必将出现暴发性增长。

2.6.2　金融工程

1. 概念

金融工程的概念有狭义和广义两种。狭义的金融工程主要是指利用先进的数学及通信工具，在各种现有基本金融产品的基础上，进行不同形式的分解组合，设计出符合客户需要的新的金融产品。而广义的金融工程则是指一切利用工程化手段来解决金融问题的技术开发，它不仅包括金融产品设计，还包括金融产品定价、交易策略设计、金融风险管理等各个方面。

2. 金融工程的内容

金融工程包括创新型金融工具与金融手段的设计、开发与实施，以及对金融问题给予创造性的解决。其核心在于对金融产品或业务的开发设计，其实质在于提高资源配置效率，其内容包括：

（1）新型金融工具的创造。如信用卡系统的构思与建立、家庭理财产品的设计等。

（2）已有工具的发展应用。如把期货交易应用于新的领域，发展出众多的期权及互换的品种等。

（3）把已有的金融工具和手段运用组合分解技术，复合出新的金融产品。如远期互换、期货期权、新的财务结构的构造等。

3. 金融工程的运作程序

金融工程的运作具有规范化的程序：诊断—分析—开发—定价—交付使用。

其中从项目的可行性分析，产品的性能目标确定、方案的优化设计、产品的开发、定价模型的确定、仿真的模拟试验、小批量的应用和反馈修正，直到大批量的销售、推广应用，各个环节紧密有序。大部分的被创新的新金融产品，成为运用金融工程创造性解决其他相关金融财务问题的工具，即组合性产品中的基本单元。

2.6.3 医学工程

1. 概念

医学工程是运用现代自然科学和工程技术的原理和方法，从工程学的角度，在多层次上研究人体的结构、功能及其相互关系，揭示其生命现象，为疾病的预防、诊断、治疗和康复服务提供新的技术手段的一门综合性、高技术的学科。

2. 医学工程的内容

医学工程是一门新兴的边缘学科，它综合了医学、生命科学、化学、电子、光学、材料、机械、信息技术等学科在以下领域进行工程化开发与研究。这些领域包括脑科学和医疗技术、认知神经科学与技术、光生物学与技术、超声影像与诊断、医疗电子技术、人工器官和生物医用材料、生物信息与控制、生物力学、医学仪器，医药工程、临床工程、生物组织研究、干细胞研究、医学植入物研究、器官移植研究、数字化医学研究、康复工程研究、基因工程、分子设计与纳米科学技术、医学物理与医学测量等。

2.7 大科学工程

2.7.1 概述

科学技术是第一生产力，纵观人类历史，科学技术的每次重大突破都带来生产方式的重大变革，从而推动经济增长甚至影响到社会的变革。蒸汽机的出现引发了工业革命，相对论改变了人类的时空观念，计算机和通信技术加速了工业经济向信息经济的转变。科学技术的研究和探索过程需要相应的设施、设备和工具来进行实验或验证，而这些设施、设备和工具的建造活动就是科学工程，当然科学技术的研究和探索活动本身也属于科学工程。

所谓大科学工程，就是为了进行基础性和前沿性科学研究，大规模集中人、财、物等各种资源建造大型研究设施，或者多学科、多机构协作的科学研究项目。大科学工程是科学技术高度发展的综合体现，是一个国家科技和经济实力的重要标志。

2.7.2 分类

根据交付物的不同，我们可以将大科学工程分为两类。

1. 需要巨额投资建造、运行和维护的大型研究设备或设施

其中包括预研、设计、建设、运行、维护等一系列研究开发活动。其交付物是设备或设

施等实物。如国际空间站计划、欧洲核子研究中心的大型强子对撞机计划（LHC）、Cassini 卫星探测计划、Gemini 望远镜计划等，这些大型设备和设施是许多学科领域开展创新研究不可缺少的技术和手段支撑。

2. 需要跨学科合作的大规模、大尺度的前沿性科学研究项目

通常是围绕一个总体研究目标，由众多科学家有组织、有分工、有协作、相对分散地开展研究。其交付物为知识或技术等信息。如人类基因图谱研究、全球变化研究等即属于这类"分布式"的大科学研究。

2.7.3　我国的大科学工程

1. 上海光源（简称 SSRF）工程

SSRF 位于上海市张江高科技园区，总投资为 12 亿元，建设周期 52 个月，2009 年投入使用。它是中国科学院和上海市人民政府联合申请的国家重大科学工程建设项目，由中国科学院上海应用物理研究所承建。该工程建设内容包括一台能量为 150 MeV 的电子直线加速器，一台周长为 180 m、能量为 3.5 GeV 的增强器，一台周长为 432 m、能量为 3.5 GeV 的电子储存环，首批建设的 7 条同步辐射光束线和实验站，公用设施以及主体建筑和辅助建筑。

上海光源是世界上同能区正在建造或设计中性能指标最先进的第三代同步辐射光源之一，是综合性的大科学装置和大科学平台，在科学界和工业界有着广泛的应用价值。它具有建设 60 多条光束线的能力，可以同时向上百个实验站提供从红外光到硬 X 射线的各种同步辐射光，具有波长范围宽、高强度、高耀度、高准直性、高偏振与准相干性、可准确计算、高稳定性等一系列比其他人工光源更优异的特性，可用以从事生命科学、材料科学、环境科学、信息科学、凝聚态物理、原子分子物理、团簇物理、化学、医学、药学、地质学等多学科的前沿基础研究，以及微电子、医药、石油、化工、生物工程、医疗诊断和微加工等高技术的开发应用的实验研究。

2. 大天区面积多目标光纤光谱天文望远镜（简称 LAMOST）工程

LAMOST 是由中国科学院国家天文台承担的国家重大科学工程项目，于 2001 年 9 月正式开工，于 2008 年 10 月落成，总投资 2.35 亿元。LAMOST 是我国自主设计和研制的大型光谱巡天望远镜，座落在中国科学院国家天文台兴隆观测站，作为国家设备向天文界开放。

LAMOST 是一台横卧于南北方向的中星仪式反射施密特望远镜。它由在北端的反射施密特改正板 MA、在南端的球面主镜 MB 和在中间的焦面构成。球面主镜及焦面固定在地基上，反射施密特改正板作为定天镜跟踪天体的运动，望远镜在天体经过中天前后时进行观测。天体的光经 MA 反射到 MB，再经 MB 反射后成像在焦面上。焦面上放置的光纤，将天体的光分别传输到光谱仪的狭缝上，通过光谱仪分光后由 CCD 探测器同时获得大量天体的光谱。

通过巧妙的构思和设计，解决了大视场的施密特望远镜透射改正板很难做大、大口径反射望远镜视场较小的问题，使 LAMOST 成为大口径兼大视场光学望远镜的世界之最。由于它的 4 m 口径，在 1.5 h 曝光时间内以 1 nm 的光谱分辨率可以观测到 20.5 等的暗弱天体的光谱；由于它相应于 5 度视场的 1.75 m 焦面上可以放置数千根光纤，连接到多台光谱仪上，同时获得 4 000 个天体的光谱，成为世界上光谱获取率最高的望远镜。

光学光谱包含着遥远天体丰富的物理信息，大量天体光学光谱的获取是涉及天文和天体物理学诸多前沿问题的大视场、大样本天文学研究的关键。但是，迄今由成像巡天记录下来的数以百亿计的各类天体中，只有很小的一部分(约万分之一)进行过光谱观测。LAMOST作为天体光谱获取率最高的望远镜，将突破天文研究中光谱观测的这一"瓶颈"，成为最具威力的光谱巡天望远镜，是进行大视场、大样本天文学研究的有力工具。

LAMOST对上千万个星系、类星体等河外天体的光谱巡天，将在河外天体物理和宇宙学的研究上，诸如星系、类星体和宇宙大尺度结构等的研究上做出重大贡献。对大量恒星等河内天体的光谱巡天将在河内天体物理和银河系的研究上，诸如恒星、星族和银河系的结构、运动学及化学等的研究上做出重大贡献。结合红外、射电、X射线、γ射线巡天的大量天体的光谱观测将在各类天体多波段交叉证认上做出重大贡献。

3. 北京正负电子对撞机重大改造工程(简称BEPCⅡ)

BEPCⅡ是在北京正负电子对撞机(简称BEPC，1988年建成)基础上进行的重大技术改造项目。BEPCⅡ总投资6.4亿元，历时5年，于2009年完成。

北京电子正负对撞机从工作原理上与欧洲大型强子对撞机(LHC)类似，但前者对撞的是正负电子，而后者用的是质子。目前，科学家们认为，构成物质世界的最基本单元是夸克和轻子。北京正负电子对撞机的主要研究对象就是夸克、轻子家族中的两个成员——c夸克和τ轻子。

改造工程最初计划采用单环方案，使用麻花轨道实现多束团对撞，亮度提高一个数量级左右。但是，国际上在该领域的竞争很激烈。中国科学家为了取得领先地位，提出了新的改造方案：采用最先进的双环交叉对撞技术改造对撞机，设计对撞亮度比原来的对撞机高30～100倍。另外科研人员还在参考国际先进的双环方案的基础上，根据"一机两用"的设计原则，巧妙利用外环提供同步辐射光，并将硬X光的强度提高了10倍，满足广大同步辐射用户的需求。

BEPCⅡ挑战了加速器建设和调试的难度极限。BEPC隧道周长短、空间小、对撞区短，BEPCⅡ建设难度极大。国际上成功的双环电子对撞机的周长一般在2千米以上，而BEPC储存环的周长短，只有240m。隧道原来是给单环设计的，空间狭小，现在要在隧道内给正负电子束流各做一个储存环，设备十分拥挤。国外成功的双环对撞机是在80m距离内实现正负电子对撞再分开，我们的对撞区非常短，必须在28m内实现。

BEPCⅡ多项先进技术为首次应用。例如加速器建造中的横向反馈系统、超导高频系统、超导磁铁、全环轨道慢反馈、束团流强检测控制，探测器建造中的高分辨率晶体量能器、小单元氦基气体漂移室、大型螺线管超导磁体、无油阻性板室(RPC)等等。

BEPCⅡ的调束达到国际先进水平。BEPCⅡ创造性地采用"内外桥"联接两个正负电子外半环形成同步辐射环和大交叉角正负电子双环的"三环方案"，实现了"一机两用"，并保持原有光束线出口基本不变，最大限度地利用BEPC原有的设施。在1.89 GeV能量下，BEPCⅡ的对撞亮度达到$3.3 \times 10^{32}\ cm^{-2}s^{-1}$，是改造前BEPC亮度的33倍，超过美国同类设施的4倍。探测器采用了一系列先进设计、技术和工艺，总体和各系统的性能全面达到设计要求，主要技术指标达到了同类装置的国际先进水平。BEPCⅡ的调束达到国际先进水平，以国际一流的速度实现了同步辐射高质量开放运行和高能物理高亮度取数。BEPC II 用40天的时间获取了 1.12 亿 ψ(2S) 事例，超过此前世界上数据量最大的 CESRc 的 4 倍。

BEPC II 以十分有限的投资，按进度、按指标、按预算、高质量地完成了各项建设任务，成为国际同类装置建设的一个范例。

2.7.4 国际大科学工程

1. 高能物理实验研究

高能物理是研究物质的最小组元构成及其相互作用规律的最前沿学科，并在宇宙的起源和进化、天体的形成和演化的研究中起着重要的作用。高能物理实验是国际上基础科学研究的最前沿和知识创新的热点。

(1) 高能物理研究的国际合作

高能物理实验，包括基于加速器的物理实验和非基于加速器的物理实验。基于加速器的物理实验主要依托大型加速器和大型探测器。非基于加速器的物理实验主要以寻找稀有事例为研究目标，因此使用的探测器规模也非常巨大。因此，粒子物理实验装置是典型的大科学装置。粒子物理实验装置对资金、技术和人力的需求往往超过了世界上任何一个国家的能力，因此，国际合作是世界各国发展粒子物理实验研究的基本方式。

欧洲核子研究中心是体现这种国际合作的典型范例。欧洲核子研究中心 (CERN) 位于瑞士日内瓦，跨越法国和瑞士两国，目前有26个成员国，来自包括中国在内的世界80多个国家的6 000多名物理学家曾在此工作过，目前世界上的高能物理实验约有一半是在 CERN 完成的。

目前 CERN 正在建造世界上能量最高的大型强子对撞机 LHC。LHC 利用最先进的超导磁铁和加速器技术，以获得高能量和高性能束流。该对撞机主要用于开展模拟宇宙大爆炸的实验。LHC 上的四个对撞点分别装有探测器 CMS、ATLAS、ALICE 和 LHCb。仅参加 CMS 合作的就有30个国家，144个研究组，1 700多人；参加 ATLAS 合作的有33个国家，150个研究组，1 700多人。

跟 LHC 一样，目前世界上正在计划建造的高能物理实验装置也都准备以国际合作的方式来进行，如正负电子直线对撞机、TeV 的 m 子对撞机等。

(2) 中国高能物理研究的国际合作

中国高能物理实验研究是在与国际高能物理界的密切合作中发展起来的。北京正负电子对撞机的建造得益于国际上许多优秀加速器和探测器专家的参与。近十年来，来自美国、日本、英国、韩国等国的科学家参加了北京谱仪的"τ-粲物理研究"的合作研究，取得了许多重大成果，包括两项国家自然科学二等奖：τ 质量精确测量和 y 衰变性质、2~5 GeV 强子 R 值精确测量等。

中国的科学技术人员也参加了 LHC 的国际合作。根据合作协议，以高能所为牵头单位的两个中方组正式参加 CMS 合作组和 ATLAS 合作组，分别承担了部分探测器的研制，并参加了 LHC 实验数据分析。

中国科学家还参与了建造阿尔法磁谱仪（AMS）的国际合作。AMS 是丁肇中教授领导的大型国际合作科学实验的新型探测器，这是人类历史上第一台送入太空的磁谱仪，将在宇宙空间对带电粒子进行直接观测。其科学目标是寻找宇宙中的反物质和暗物质，并精确测量同位素的丰度和高能 γ 光子。1995 年中国科学院电工研究所、高能物理研究所和中国运载火箭技术研究院承担此项目中大型永磁体系统的设计、研制、测试和空间环境模拟实验。1998 年 6 月 2 日 –12 日，阿尔法磁谱仪搭载美国"发现号"航天飞机成功地进行了首次飞行，取得了许多重大物理成果。阿尔法磁谱仪二期工程中高能所参加了电磁量能器的研制，电工所参加了超导磁体的研制。改进后的阿尔法磁谱仪于 2005 年送到国际空间站运行。

世界屋脊上的西藏羊八井国际宇宙线观测站的建设是以我国为主的高层次的国际合作。西藏羊八井具有得天独厚的地理条件，是开展宇宙线观测的理想场所。1988 年起高能物理所与日本东京大学宇宙线研究所等单位合作建造了广延大气簇射阵列，取得了许多重要成果。1999 年中国与意大利国家核科学院进行大规模合作，开展羊八井 – ARGO 实验，中方投入 3 400 万人民币，意方投入 450 万美元。该实验是在海拔 4 300 m 的西藏羊八井建造 10 000 平米阻性板室（RPC）全覆盖式"地毯"阵列，以实现对宇宙线大气簇射的低阈能、高灵敏度和高精度观测，从而以全天候、宽视场的阵列技术统一覆盖 10 GeV ~ 100 TeV 的宽广能区，开展多项宇宙线和天体粒子物理前沿课题研究。

2. 天文学大科学装置

由于大型天文科学装置的日趋庞大，建造成本高到一个国家的科学团体乃至少数国家的投入都难以实现。因此，国际合作建造大型天文科学装置并且联合运行和共享这些装置成为二十世纪后期开始出现的国际趋势。例如，九十年代开始，我国天文口以上海和乌鲁木齐两个 25 m 望远镜参加了国际甚长基线（VLBI），在测地应用基础研究和天体物理前沿研究方面做出了重要贡献。

进入二十一世纪，天文学重大装置的国际化更成为一种整体趋势。国际化的大观测设备，例如大射电望远镜（LT）、国际毫米波与亚毫米波阵（ALMA）等超级设备的建造被称为射电天文的"联合国"。这些设备技术要素之复杂，造价之昂贵需要国家间的联合。在昂贵的空间探测卫星的发射中，中国天文学家已经成为国际 LT 工作组的核心成员之一，提出了 LT 中国解决方案——五百米口径望远镜（FAST），完成了科技部下达的预研工作。在此过程中，发明了主动镜面技术，解决了项目可能遇到的关键技术难题。国际毫米波与亚毫米波阵（ALMA）包括 45 台 10 ~ 12 m 口径的亚毫米波天线组成的干涉阵，将放置在海拔 4 500 m 的南美国际基地。国际主要天文研究国家均有意愿参加该装置的建设工程。项目建设在"十五"期间完成一期工程项目。2002 年国家天文台与日本国立天文台签订协议，双方共同努力寻求加入该项目。

3. 受控热核聚变装置

作为一种清洁、安全、无限的理想新能源，受控热核聚变被许多国家视为解决长期替代能源问题的上佳和现实的途径，托克马克装置是发展这一战略高技术必不可少的平台。托克马克装置的中央是一个环形的真空室，外面缠绕着线圈。在通电的时候托克马克的内部会产生巨大的螺旋型磁场，将其中的等离子体加热到很高的温度，以达到核聚变的目的。由于托克马克装置的建造和受控热核聚变研究需要的投入特别巨大，各国在开展这一研究的过程中认识到这一技术的最终实现必须走国际合作的道路。

1985年，在美、苏首脑的倡议和国际原子能机构（International Atomic Energy Agency，IAEA）的赞同下，一项重大国际科技合作计划——"国际热核试验堆（International Thermonuclear Experimental Reactor，ITER）"得以确立，其目标是要建造一个可自持燃烧的托卡马克聚变实验堆。它是将受控热核聚变走向实用化和商业化的重大步骤。1988年开始实验堆的研究设计工作。经过十三年努力，耗资十五亿美元，在集成世界聚变研究主要成果基础上，ITER工程设计于2001年完成。此后经过五年谈判，ITER计划七方（欧盟、中国、韩国、俄罗斯、日本、印度和美国）2006年正式签署联合实施协定，启动实施ITER计划。ITER计划将历时35年，其中建造阶段10年、运行和开发利用阶段20年、去活化阶段5年。

作为聚变能实验堆，ITER要把上亿度、由氘氚组成的高温等离子体约束在体积达837立方米的"磁笼"中，产生50万千瓦的聚变功率，持续时间达500秒。50万千瓦热功率已经相当于一个小型热电站的水平。这将是人类第一次在地球上获得持续的、有大量核聚变反应的高温等离子体，产生接近电站规模的受控聚变能。

ITER开展的研究工作将揭示这种带有氘氚核聚变反应的高温等离子体的特性，探索它的约束、加热和能量损失机制，等离子体边界的行为以及最佳的控制条件，从而为今后建设商用的核聚变反应堆奠定坚实的科学基础。对ITER装置工程整体及各部件在50万千瓦聚变功率长时间持续过程中产生的变化及可能出现问题的研究，不仅将验证受控热核聚变能的工程可行性，而且还将对今后如何设计和建造聚变反应堆提供必不可少的信息。

ITER的建设、运行和实验研究是人类发展聚变能的必要一步，有可能直接决定真正聚变示范电站的设计和建设，并进而促进商用聚变电站的更快实现。

ITER装置不仅反映了国际聚变能研究的最新成果，而且综合了当今世界各领域的一些顶尖技术，如：大型超导磁体技术，中能高流强加速器技术，连续、大功率毫米波技术，复杂的远程控制技术，等等。

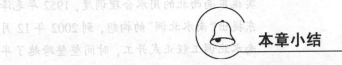

本章小结

工程是人类以利用和改造客观世界为目标的实践活动。它有两层基本含义：第一，它是将科学知识和技术成果转化为现实生产力的活动；第二，它是一种有计划、有组织的生产性活动，目的在于向社会提供有用的产品。世界分为自然界和人类社会，所以工程也可分为自然工程和社会工程，前者不妨称为"硬工程"，后者不妨称为"软工程"。大工程理念，是一种面向工程实际的理念。从工程层面来讲，大工程理念是思维整体性与实践可行性的统一，是工程与科学、艺术、管理、经济、环境、文化的融汇。工程思维为筹划型思维的高级形式。工程思维注重科学性，遵照科学规律开展创造性、构建性、设计性思维活动，消除违背科学规律的幻想。工程的社会性首先表现为实施工程的主体的社会性，其次表现为工程对社会的经济、政治和文化的发展具有直接的、显著的影响和作用。

本章还对三次产业中所涉及的各类工程以及对人类社会有重大影响的大科学工程选择较有代表性的部分工程进行了简单介绍。如第一产业的农业工程、林业工程、牧业工程、渔业工程；第二产业的制造工程、电力工程、燃气及自来水工程；第三产业的电子商务工程、金融工程、医学工程等。大科学工程包括两大类，第一类是需要巨额投资建造、运行和维护的大型研究设备或设施。第二类是需要跨学科或跨国合作的大规模、大尺度的前沿性科学研究项目。文中介绍了中国及国际上部分大科学工程。

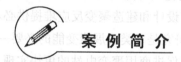

❓ 复习思考题

1. 请简述工程的特点。
2. 试分析工程与科学、技术、艺术的关系。
3. 什么是工程理念与工程思维？
4. 试简述利益相关者理论的主要内容。
5. 试论述工程的社会性。
6. 试分析工程的主要利益相关者。
7. 第一产业所涉及的工程与第二产业所涉及的工程有何共同点和不同点？
8. 国防工程、企业信息化工程各属于哪个产业？为什么？
9. 关于大科学工程，除了书中介绍几个项目外，你还知道哪些？它们各有什么特点？

✏️ 案例简介

南水北调中线直奔京城，两年完成 35 万人大迁移

为解决包括北京在内的城市缺水问题，实施东南西北的用水合理调度，1952 年毛泽东提出"南水北调"的构想，到 2002 年 12 月南水北调工程正式开工，时间整整跨越了半个世纪。

按照南水北调工程总体规划，工程分为东线、中线和西线三条线路。东线工程主要从扬州江都抽引长江水，利用京杭大运河及其平行的河道逐级提水北送，一路向北输水到天津，另一路向东经济南输水到烟台、威海。中线工程的起点是丹江口水库，终点是北京颐和园的团城湖，将通过从丹江口水库

陶岔渠首闸引水，经河南、河北，到达北京、天津。主要解决北京、天津、河北和河南四省市的缺水问题。西线工程目前尚在论证。

南水北调中线一期工程2013年主体工程完工，2014年汛后通水，是最早通水的工程项目，届时将实现"长江水"补给京津地区。如果说东线工程的主要压力在于治污，那么中线工程的主要难题在于移民。为保证丹江口水库具备足够的容量和高度，顺利流入京城，降低因落差不够引起的更多投入和更多技术难题，中线工程的重要内容就是对丹江口水库的大坝进行加高，由原来的162 m加高到176.6 m，水位要从157 m提高到170 m。为此，丹江口水库上游地区需要淹没面积144平方千米，移民34.5万人。

移民作为世界性难题，不言而喻。日本一位官员曾经在参观中国南水北调移民工程时称，他们修建一个用于灌溉的水利项目，为了搬迁260户，前后用了11年。而按照2008年10月31日国务院南水北调建委会第三次全体会议研究确定的工期，移民搬迁安置工作必须集中在2010、2011年完成，其中2011年要完成近19万人的搬迁安置，这在世界水利移民史上都是绝无仅有的。

（资料来源：摘编自京华时报，2011年8月20日）

案例思考

1. 试以南水北调中线工程为例分析工程的社会性。
2. 试以南水北调中线工程为例说明现代工程的特点。
3. 南水北调中线工程的利益相关者有哪些？

第3章
信息技术和信息产业

【学习目标】

通过本章的学习，理解信息与信息技术的基本概念，了解信息产业及其行业的概况，掌握电子信息工程学科的概况，了解信息技术和信息产业在社会发展中的作用，了解信息技术和信息产业的发展趋势。

3.1 信息产业及其行业概述

信息产业，是21世纪的朝阳产业和支柱产业之一。它直接关系工业、交通、环保、生物医学、军事及第三产业等各行业的发展，具有巨大的市场潜力。信息技术和信息产业的快速发展，对世界经济、科技和社会的发展产生了巨大的影响。

目前，我国正处于新型工业化的建设时期，要求工业化和信息化共同发展，以信息化带动工业化，以工业化促进信息化。若要实现信息化带动工业化，首先必须保证信息产业迅速发展；同时，要利用信息产业的高成长性、高渗透性和高关联性带动传统企业升级，进而催生出一批"新兴企业"，例如计算机软件企业、通信行业、光机电一体化企业和光学电子企业等。

3.1.1 信息与信息技术

1. 信息

任何一门科学都有自己的基本概念，准确把握基本概念是驾驭一门科学的基础。信息产业的基本概念就是信息。人们接收信息和利用信息就是认识世界和改造世界的过程，信息已经成为人们生产和生活中极为重要的基本要素。

要给信息一个准确的定义不是一件容易的事情，事实上，半个多世纪以来，科学文献中提出过的信息定义数以百计。实际上，我们所说的信息，就是指人类能够接受和使用的那部分信息。

从马克思主义认识论来看，客观世界中的任何事物都呈现出不同的状态和特征，都在不停地运动和变化之中。客观世界中各种事物都在一定条件下相互联系、相互作用、相互依存、相互转化。所谓信息就是客观世界各种事物特征和变化的反映，信息的范围极其广泛，任何运动着的事物都存储着信息。

2.信息技术

信息技术是指完成信息的获取、加工、传递和利用等技术的总和。现代信息技术是以计算机与通信技术为核心，对各种信息进行收集、存储、处理、检索、传递、分析与显示的高技术群。

信息技术还可以理解为"扩展人的信息功能"的手段和方法。人的信息功能是指人同信息打交道的本领。信息技术是机械的，也可能是激光的；可能是电子的，也可能是生物的。信息技术主要包括传感技术、通信技术、存储技术和计算机技术等。传感技术的任务是延长人的感觉器官收集信息的功能；通信技术的任务是延长人的神经系统传递信息的功能；存储技术是延长人的记忆器官存储信息的功能；计算机和人工智能技术则是延长人的思维器官处理信息的功能。因此信息技术能够延长或扩展人的信息功能。

3.1.2　信息产业及其行业

关于信息产业的定义，世界上并没有统一的说法。一般来说，信息产业是从事信息技术和产品的开发、生产以及提供信息服务的产业的统称。下面介绍几个国家的不同定义。

美国定义：美国在商务部的资助下研究提出的一种流行的和比较统一的说法是，信息产业是提供信息产品和服务的产业。美国将信息产业划分为两大部门。第一信息部门，是向市场提供信息产品和服务的部门，其中包括 8 大类 116 个小类；第二信息部门，是向政府、组织、企业内部提供信息产品和服务的部门，其中包括 5 大类 190 个小类。

日本定义：信息产业是一切与各种信息的生产、采集、加工、存储、流通、传播与服务等有关的产业。日本将信息产业划分为两大产业：一是信息技术产业群，包括信息机器产业、信息媒介产业、软件产业等；二是信息服务产业群，包括数据库产业、咨询产业、报道产业、出版产业、代理人型产业、文化产业、教育产业等。

我国对信息产业也没有统一的定义，大致有狭义和广义的不同提法。狭义的提法认为信息产业一般是指电子信息产业，包括了电子工业（含电子信息产品制造业与软件业）和电信业；广义的提法认为信息产业除了包括电子工业、电信业外，还包括印刷出版业、广播电视业、咨询服务业、金融保险业等。有的专家认为还应包括文教业、科技服务业，以及政府内部信息服务部分。目前在国内，比较流行的观点还是将信息产业同义为电子信息产业，但是从严格意义来讲，这种观点下，狭义的信息产业称为电子信息技术产业，而广义的电子信息产业才称为电子信息产业。

根据本书的研究目的和需要，将信息产业分为信息产品制造业和信息服务业。信息产品制造业包括以下的一些行业：计算机技术、光电子技术、微电子技术、通信技术、广播电视设备制造业、多媒体技术、雷达制造业、日用电子器具制造业等。实际上，信息产品制造业也可以说是为信息服务业提供硬件的部门。信息服务业是指软件服务业、数据库业、计算机信息处理业、网络服务业、咨询业、保险业、金融业、广播电视业、邮电通信业、教育业、图书馆、专利、博物馆、国家机关等信息服务行业。

3.2 电子信息工程

3.2.1 电子信息工程概述

现在，电子信息工程已经涵盖了社会的诸多方面，像电话交换局里怎么处理各种电话信号？手机是怎样传递我们的声音甚至图像？我们周围的网络怎样传递数据？甚至信息化时代军队的信息在传递中如何保密等，都要涉及电子信息工程的应用技术。我们可以通过一些基础知识的学习认识这些现象，并能够应用更先进的技术进行新产品的研究和开发，电子信息工程主要研究信息的获取与处理，电子设备与信息系统的设计、开发、应用和集成。

3.2.2 电子信息工程相关技术简介

电子信息工程是集现代电子技术、计算机技术、通信技术于一体的一门学科。

1. 微电子技术

微电子技术是现代电子信息技术的直接基础。美国贝尔研究所的三位科学家因研制成功第一个结晶体三极管，获得 1956 年诺贝尔物理学奖。晶体管成为集成电路技术发展的基础，现代微电子技术就是建立在以集成电路为核心的各种半导体器件基础上的高新电子技术。集成电路的生产始于 1959 年，其特点是体积小、重量轻、可靠性高、工作速度快。衡量微电子技术进步的标志主要体现在三个方面：一是缩小芯片中器件结构的尺寸，即缩小加工线条的宽度；二是增加芯片中所包含的元器件的数量，即扩大集成规模；三是开拓有针对性的设计应用。

大规模集成电路，是指每一单晶硅片上可以集成制作一千个以上元器件的集成电路。集成度在一万至十万以上元器件的为超大规模集成电路。国际上 80 年代大规模和超大规模集成电路光刻标准线条宽度为 $0.7 \sim 0.8 \ \mu m$，集成度为 108。90 年代的标准线条宽度为 $0.3 \sim 0.5 \ \mu m$，集成度为 109。集成电路有专用电路(如钟表、照相机、洗衣机等电路)和通用电路。通用电路中最典型的是存储器和处理器，应用极为广泛。计算机的换代就取决于这两项集成电路的集成规模。

存储器是具有信息存储能力的器件。随着集成电路的发展，半导体存储器已大范围地取代过去使用的磁性存储器，成为计算机进行数字运算和信息处理过程中的信息存储器件。存储器的大小(或称容量)常以字节为单位，字节则以大写字母 B 表示，存储器芯片的集成度已以百万位(MB)为单位。目前，实验室已做出 8MB 的动态存储器芯片。一个汉字占用 2 个字节，也就是说，400 万汉字可以放入指甲大小的一块硅片上。动态存储器的集成度以每三年翻两番的速度发展。

中央处理器(CPU)是集成电路技术的另一重要方面，其主要功能是执行"指令"进行运算或数据处理。现代计算机的 CPU 通常由数十万到数百万晶体管组成。20 世纪 60 年代初，最快的 CPU 每秒能执行 100 万条指令(常缩写成 MIPS)。70 年代，随着微电子技术的发展，促使一个完整的 CPU 可以制作在一块指甲大小的硅片上。1991 年，高档微处理器的速度已达 5 000 万～8 000 万次/秒。度量 CPU 性能最重要的指标是"速度"，即看它每秒钟能执行多少条指令。现在继续提高 CPU 速度的精简指令系统技术（即将复杂指令精减、减少）以及并行运算技术（同时并行地执行若干指令）正在发展中。在这个领域，美国硅谷的英特尔公司一直处于领先地位。

此外，光学与电子学的结合，成为光电子技术，被称为尖端中的尖端，为微电子技术的进一步发展找到了新的出路。

2. 计算机技术

计算机技术具有明显的综合特性，它与电子工程、应用物理、机械工程、现代通信技术和数学等紧密结合，发展很快。

第一台通用电子计算机 ENIAC 就是以当时雷达脉冲技术、核物理电子计数技术、通信技术等为基础的。电子技术，特别是微电子技术的发展，对计算机技术产生重大影响，二者相互渗透，密切结合。应用物理方面的成就，为计算机技术的发展提供了条件，真空电子技术、磁记录技术、光学和激光技术、超导技术、光导纤维技术、热敏和光敏技术等，均在计算机中得到广泛应用。机械工程技术，尤其是精密机械及其工艺和计量技术，是计算机外部设备的技术支柱。随着计算机技术和通信技术各自的进步，以及社会对于将计算机结成网络以实现资源共享的要求日益增长，计算机技术与通信技术也已紧密地结合起来，将成为社会的强大物质技术基础。离散数学、算法论、语言理论、控制论、信息论等，为计算机技术的发展提供了重要的理论基础。计算机技术在许多学科和工业技术的基础上产生和发展，又在几乎所有科学技术和国民经济领域中得到广泛应用。

3. 通信技术

通信技术和通信产业是 20 世纪 80 年代以来发展最快的领域之一，不论是在国际还是在国内都是如此，这是人类进入信息社会的重要标志之一。通信就是互通信息。从这个意义上来说，通信在远古的时代就已存在。人之间的对话是通信，用手势表达情绪也可算是通信。以后用烽火传递战事情况是通信，快马与驿站传送文件当然也可是通信。现代的通信一般是指电信，国际上称为远程通信。

纵观通信的发展分为以下三个阶段：第一阶段是语言和文字通信阶段。在这一阶段，通信方式简单，内容单一。第二阶段是电通信阶段。1837 年，莫尔斯发明电报机，并设计莫尔斯电报码。1876 年，贝尔发明电话机。这样，利用电磁波不仅可以传输文字，还可以传输语音，由此大大加快了通信的发展进程。1895 年，马可尼发明无线电设备，从而开创了无线电通信发展的道路。第三阶段是电子信息通信阶段。从总体上看，通信技术实际上就是通信系统和通信网的技术。通信系统是用以完成信息传输过程的技术系统，而通信网是由许多通信系统组成的多点之间能相互通信的全部设施。而现代的主要通信技术有数字通信技术、程控交换技术、信息传输技术、通信网络技术、数据通信与数据网、ISDN 与 ATM 技术、宽带 IP 技术、接入网与接入技术。

3.3　信息技术和信息产业在社会发展中的作用

3.3.1　加快全球信息化的进程

信息技术的飞速发展和广泛应用能够使生产要素在全球范围内实现高速高效的配置，极大地推动了世界经济的全球化发展。信息技术以强大的创新性和渗透性改变了传统产业的组成结构、增长方式、管理体制和全球格局。

信息资源已经成为重要的生产要素，被认为是继物资、能源之后决定国民财富积累的主要资源。推进信息化就是在工业、农业、国防、科技和社会生活各个方面应用现代电子信息技术，通过现代化高速、宽带网络，深入开发和广泛利用信息资源，加快实现国家信息化进程。

如果说工业化是农业主导型经济向工业主导型经济的演进，它推动了社会经济结构从农业社会向工业社会的升级，那么信息化则是传统产业主导型经济向信息产业主导型经济的演进，它将推动社会经济结构从工业社会向信息社会的升级。国际形势表明，全球化与信息化的互动将成为世界经济持续发展的主要推动力。

面对信息化发展的巨大动力和市场需求的强大拉力，世界许多国家纷纷投入巨资，大力发展信息技术和信息产业，加快信息化建设。西方发达国家普遍寄希望于通过实现高速信息化，扩大市场需求，刺激经济增长，并继续保持领先地位；一些新兴工业化国家则希望通过加快信息化建设，跻身于世界先进行列；众多发展中国家则希望通过发展信息产业和推进信息化，缩小与发达国家之间的差距，实现跨越式发展。因此，发展信息技术和信息产业、推进信息化已成为 21 世纪各国进行综合国力较量的焦点。

3.3.2　促进社会文明进步

信息技术的扩散和信息产业的拓展，不仅加快了全球信息化的进展，同时，也深刻地影响着社会文化和文明。全球将从物质经济走向知识经济，工业社会将进入信息社会，在这个历史进程中，信息技术及信息产业将在教育、环境、人们工作方式和生活方式等重要领域，担当促进社会文明进步和世界文化发展的角色。

1. 教育领域

由于信息技术的不断发展和广泛应用，教育将呈现出现代化的特征和发展趋势。

首先，多媒体教学正在走向普及。多媒体（Multimedia）是指文字、声音、图形、动画、视频等多种信息的组合，使多种信息建立逻辑关系，集成一个系统且具有交互性。多媒体技术的应用，使教材的思想性、科学性、艺术性充分结合，为各学科教学提供了更为丰富的视听环境，给受教育者以全方位的、多维的信息，提高了形象视觉和听觉的传递信息比率，缩短了教学时间，扩大了教学规模。使教师可以利用现成的程序组织教学，也可以对教学内容进行动态组织与修改，因人而异的调节教学进度，促进学生更加踊跃参与训练，充分激发他们求知的欲望以及想象力，充分培养他们的思维创造力，以达到全面提高学生素质的目的。

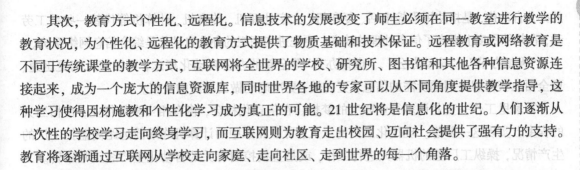

其次，教育方式个性化、远程化。信息技术的发展改变了师生必须在同一教室进行教学的教育状况，为个性化、远程化的教育方式提供了物质基础和技术保证。远程教育或网络教育是不同于传统课堂的教学方式，互联网将全世界的学校、研究所、图书馆和其他各种信息资源连接起来，成为一个庞大的信息资源库，同时世界各地的专家可以从不同角度提供教学指导，这种学习使得因材施教和个性化学习成为真正的可能。21世纪将是信息化的世纪。人们逐渐从一次性的学校学习走向终身学习，而互联网则为教育走出校园、迈向社会提供了强有力的支持。教育将逐渐通过互联网从学校走向家庭、走向社区、走到世界的每一个角落。

2.环境领域

信息技术已成为人类认识自身所处星球及周边环境最有力的手段。利用数字化技术、可视化技术获取的真实地球的地理信息及相关事物的三维显示图像及数据，提高了人类理解地球、管理地球资源、监测地球生态环境及周边环境的能力。通过机载、星载遥感系统获得的数据，经处理、传输和显示，可以构造出一个与真实地球相吻合的"数字地球"。用数字化表示的地球空间信息，在全球变化、可持续发展、减灾防灾、精细农业、国土开发、城市规划等方面已经或将要获得广泛应用。随着计算机与仿真、海量信息存储、高分辨率卫星图像、自动解释、宽带网络、可视化和虚拟现实技术等的进一步发展和大规模应用，可望逐步建成能描述地球上每一点全部信息的巨大复杂系统。

3.工作方式领域

随着信息技术深入渗透到各行各业之中，一方面是生产过程的信息化使得越来越多的生产过程实现了自动化；另一方面是管理过程自动化，实现了办公自动化。

越来越多的行业都广泛地应用了现代化的自动测量设备、自动计算设备、自动控制设备、自动化生产线、计算机辅助设计技术、计算机辅助制造技术，甚至各种机器人。各种各样的机床都为数控机床所代替。这样大大提高了产品质量、减轻了劳动强度，降低了材料、能源消耗，全面提高了劳动生产率。生产过程自动化的同时对劳动者的素质也提出了更高的要求，要求他们具有更高的文化水平和技术水平。还要不断地进行技术和业务培训，使他们不断地学习和掌握新的技能，只有这样才有可能发挥出各种现代化设备的优势和特点。

信息化对企业影响更大的方面在于管理的信息化。信息化社会企业竞争的环境发生了巨大的变化。急剧更新的技术、瞬息万变的市场、成倍增长的信息，对企业的创新能力和应变能力，特别是管理过程提出了更高的要求。传统的宝塔式管理结构转向扁平化；风靡一时的制造需求计划系统(MRP - Ⅱ)、企业管理信息系统(MIS)无不受到Internet冲击波的影响。企业内部的Intranet适应了信息社会企业运行的内在需求，可以明显改善企业内部信息的流通，可以将企业内部到处设置的计算机、软件和数据库集成一个整体。例如，一个企业，依托于Internet/Intranet的支持，遍布100多个国家的几百个部门均可以有效地联系和管理。无所不包的信息流可以为决策者提供包括背景分析、理论分析、定量分析在内的各类信息。而一名普通员工也可以凭借一台计算机直接访问企业主管的主页，提出自己的想法和建议，从而使人的主观能动性和创造性得到充分的发挥。

办公自动化还包括处理企业内外问题的机构和人类生活的公用设施与场所的自动化。初级的办公自动化，是指使用程控电话、复印机、文字处理机、传真机、计算机等代替一些手工劳动，在某种程度上提高了信息处理的效率。更先进和理想的办公自动化是综合信息网络系统。

"无纸办公"、"流动办公"、"虚拟办公"等全新的办公自动化概念，可以使人们更迅速、更全面地获得解决问题所需的信息，更高效、更准确地做出相应的决策。

在家里工作一直是许多行业职工的梦想。在信息化社会，将有相当多的行业，在相当大的程度上实现这一梦想。现代化工厂的工人，可以在家中的计算机终端前远距离监控工厂的生产情况，操纵工厂里的机器人进行工作，或是直接控制有关的自动化生产线正常运转。工人将使用虚拟实景管理自动操作过程，只需控制需要修理机器部件的图像，通过遥控机器人和设备就会执行工人的指令。现代农场的农民将在能获得信息的办公室里工作，可以在家中通过计算机管理全自动化的农场。有关的传感设备将土壤信息、肥料信息、水量信息、作物生长信息、成熟度信息以及杂草、虫害信息传送给计算机，然后根据对上述信息的分析处理结果自动实施浇水、施肥、除草、收割等操作。科学研究人员可以直接在家里进行研究工作，需要什么资料，均可以通过联网的计算机到单位或是直接到图书馆查询、索取，还可以通过计算机网络与全世界各地的其他研究人员研讨有关的专题，其研究成果可以通过计算机网络提交各单位或是部门领导，也可以向世界其他同行发表。

4．生活方式领域

信息社会中医疗保健系统、邮政通信系统、金融保险系统、商业服务系统等与人民大众生活密切相关的社会系统将更为有效地运行。

保健系统的信息化可以为病人提供更为方便、可靠的服务。磁卡中记录了病人全面的医疗信息，随时为医生提供诊断的依据；通过各种监测系统，病人有可能在家中将有关身体的各种检查信息送入医院；世界各地的数十位医学专家可以同时为某个疑难病人进行全程会诊。

邮政通信系统的信息化可以为人们提供更加方便、快捷、高效、可靠、多样的通信手段。传真机、移动电话、可视电话、电子信箱、电视会议等各种技术使远隔千山万水的人们也能够方便地交流。

金融保险系统的信息化将为人们提供更方便、安全的服务。使用信用卡，免去人们随身携带过多的现金；通存通兑业务将使人们可以方便地随时随地存取货币；电话银行、电子汇兑可使人们快捷、安全地结算资金。

商业服务系统的信息化带给人们的是花样繁多的购物方式。超级市场、连锁店、电子收款机为人们购物带来方便；邮政购物、电话购物、电视购物、网上购物等新颖的购物方式层出不穷；"虚拟商场"更可实现人们在家逛商场、选商品的梦想。

3.4 信息技术和信息产业的发展趋势

3.4.1 信息技术的发展趋势

总的来看，21世纪前30年的信息技术将由电子信息向光子和生物信息技术方向发展，信息的收集和存储技术将向更全、更广、海量发展；信息的加工、处理技术向智能化、快速、自动化发展；信息的传输、交流技术向宽带化、多媒体发展；信息的应用技术向综合化、数字化、智能化发展。因此，21世纪上半叶信息技术仍然是高新技术的主角，是人类技术发展的助推器。

1. 三网融合的问题

随着电信与信息技术的飞速发展，国际上出现了"三网融合的潮流"，即原先独立设计运营的传统电信网、因特网和有线电视网正通过各种方式趋于相互渗透和融合。一方面，目前三网最重要的技术基础包括光纤技术、软件技术等都有着长足的发展；另一方面，数据业务的迅速增长和顾客对语音、数据、图像业务融合的需求也促使三网走向融合。

具体而言，在数字技术上，由于数字技术的迅速发展和全面采用，使语音、数据和图像信号都可以通过统一的编码进行传输和交换。所有业务在数字网中都将成为统一的0/1比特流，而无任何区别。因此在信息的传输、交换、选路和处理过程中已经实现了融合。在光通信技术上，具有巨大可持续发展容量的光纤传输网为综合传送各种业务信息提供了必要的传输质量保障，同时光通信的发展也使传输成本大幅度下降，通信成本最终成为与传输距离几乎无关的事情。因而从传输平台上也已经具备了融合的技术条件。在软件技术上，现代通信设备已成为高度智能化和软件化的产品，三大网络及其终端都能通过软件变更最终支持各种用户所需的特性、功能和业务。在传输协议上，由于TCP/IP协议的普遍采用，使得各种以IP为基础的业务都能在不同的网上实现互通，具体下层基础网络是什么已无关紧要。

在这样的现实基础上，我们认为三网融合主要指高层业务应用的融合。表现为技术上趋向一致，网络层上可以实现互联互通，业务层上互相渗透和交叉，应用层上趋向统一的TCP/IP通信协议。但由于历史的原因及竞争的需要，三网融合并不等于三网合一，更不是简单地以一种网替代另一种网，且三网融合的概念也是在不断发展的。

2. 新兴信息材料

电子信息材料及产品支撑着现代通信、计算机、信息网络技术、微机械智能系统、工业自动化和家电等现代高技术产业。电子信息材料产业的发展规模和技术水平，已经成为衡量一个国家经济发展、科技进步和国防实力的重要标志，在国民经济中具有重要战略地位，是科技创新和国际竞争最为激烈的材料领域。

随着电子学向光电子学、光子学迈进，微电子材料在未来10～15年仍是最基本的信息材料，光电子材料、光子材料将成为发展最快和最有前途的信息材料。电子、光电子功能单晶将向着大尺寸、高均匀性、晶格高完整性以及元器件向薄膜化、多功能化、片式化、超高集成度和低能耗方向发展。

3. 智能信息系统

信息系统是一个非常广泛的概念，小到个人手机通信录、个人计算机系统，大到一个国家的基础地理信息系统乃至全球互联网系统，都可以认为是信息系统。信息系统已经成为人们日常生活中不可分割的一部分。例如，出行时买票，人们要借助各类交通工具的订票信息系统；进行交易活动时要利用银行信息系统，越来越多的人们在使用电子商务系统进行这些活动。在工作中也越来越多的借助各类办公信息系统、制造信息系统、电子政务系统等。

一般认为，信息系统是指集计算机技术、网络互联技术、现代通信技术和各种软件技术的理论和方法于一体，提供信息服务的人机系统。依据其具体提供的服务类型，可以有管理信息系统、办公自动化系统、地理信息系统、交通管理信息系统、银行信息系统、电子商务系统、指挥信息系统、医学信息系统、科技文献检索系统等。可以说，在当前的信息时代，各行各业的各种服务，随着计算机技术和网络技术的广泛应用，大多都可以直接或间接地以信息系统的方式来提供这些服务。

为了提高这些信息系统提供信息服务的能力，信息处理器的智能化是一个重要的发展方向。通过采用智能信息技术，信息系统不仅能帮助人们完成收集、整理以及简单处理信息的工作，更进一步能辅助人们分析、运用各类信息和知识应对实际问题，这就是智能信息系统。由于不同信息系统的信息内容、系统结构、服务目标等多方面的差异，其采用智能技术的途径也各不相同。

3.4.2　信息产业的发展趋势

未来我国信息产业的发展要把推进国民经济和社会信息化放在优先位置，以信息化带动工业化，努力实现我国信息产业的跨越式发展。

从通信业来看，总体上要从产业的规模增长逐步转向效益的增长，营造鼓励创新和有效竞争的产业环境。要敦促企业着眼于加强内部管理、降低成本、提高效率、提高竞争的层次和手段。通信业务网方面，固定电话网的发展重点主要在农村和中西部地区。同时充分利用现有网络资源，积极发展增值业务，提供数据接入服务。由于通信业是资金、技术和人才密集的高新产业，其发展规模、速度和效益与资金要素密切关联。能否形成良性的资金循环机制，直接关系到电信业的发展目标能否顺利实现。为此，必须不断改进产业投融资体系的运作效率，建立投资主体多元化、权责对等的新型投融资体系。

邮政业方面要适应市场需求，在保证传统邮政业务发展的同时，大力开发、积极发展物流业务和以电子邮政为代表的电子信息类业务。邮政经营范围将由传统的邮政业务扩大到商贸、货运、仓储、社区服务等领域，利用邮政终端服务网、实物传递网和邮政计算机网的优势逐步形成以实物传递类、电子信息类、商品营销类、金融服务类等综合业务为一体的全国性邮政业务体系，为社会提供全方位、多功能的邮政业务。

电子信息产品制造业的发展重点是要加强先进信息技术的引进、消化、吸收和创新，大力开发核心技术，大力开展集成电路和软件产业，增强计算机与网络产品、通信产品、数字视听产品和新型元器件等产品的制造能力，提高信息化装备和系统集成与信息服务能力，满足市场对各类信息产品的需求。

软件业方面以市场为导向，以国民经济发展需要和信息安全为出发点，实施软件产业化专项工程，建成我国软件产业体系。重点支持自主的、安全的中文操作系统软件开发，大力支持技术开发平台、数据库管理系统、中文处理系统和网络管理系统等支撑软件的开发与生产。大力开发嵌入式软件与系统。大力鼓励软件国际化和软件出口。积极推广具有自主知识产权和品牌的软件，扩大国产软件的市场占有份额。要抓住人才这个关键，建立吸引、稳定优秀软件人才的机制，充分发挥软件人才的创造性和积极性。按照市场经济规律，实行社会各有关方面多元化共同投资方式，加大软件业的投资力度。借助市场的力量，发展我国的风险投资业，造就一批能够把资金、技术、人才组织起来的风险投资家，真正带动我国软件业的快速发展。同时，鼓励大型企业集团、高校和科研院所向软件业投资，以充分调动各方面力量共同发展我国的软件业。

本章小结

信息产业是 21 世纪的朝阳产业和支柱产业之一，直接关系到工业、交通、环保、生物医学、军事及第三产业等各行业的发展，具有巨大的市场潜力。信息技术和信息产业的快速发展，对世界经济、科技和社会的发展产生了巨大的影响。现代信息技术是以计算机与通信技术为核心，对各种信息进行收集、存储、处理、检索、传递、分析与显示的高技术群。电子信息工程是集现代电子技术、计算机技术、通信技术于一体的一门学科，主要研究信息的获取与处理，电子设备与信息系统的设计、开发、应用和集成。

信息技术的扩散和信息产业的拓展，不仅加快了全球信息化的进展，同时，也深刻地影响着社会文化和文明。全球将从物质经济走向知识经济，工业社会将进入信息社会，在这个历史进程中，信息技术及信息产业将在教育、环境、人们工作方式和生活方式等重要领域，担当促进社会文明进步和世界文化发展的角色。21 世纪上半叶信息技术仍然是高新技术的主角，是人类技术发展的助推器。未来我国信息产业的发展要把推进国民经济和社会信息化放在优先位置，以信息化带动工业化，努力实现我国信息产业的跨越式发展。

? 复习思考题

1. 试分析信息产业的定义。
2. 电子信息工程主要研究的内容有哪些？
3. 信息技术和信息产业在社会发展中的作用有哪些？

✏ 案例简介

309 医院依托信息化建设，探索医疗服务新模式

近年来，309 医院以信息先导、系统集成、协作共享、创新无限理念为引导，加强医疗卫勤信息化建设，有力提高了保障效益。

移动医疗让医疗信息随手可得

"主任，22 床病人呼吸困难！"这天，正在机关开会的 309 医院结核病研究所王仲元教授接到报告。王仲元立即取出电脑，登录到移动医护工作站，从影像库调阅了这名病人最新的胸部 CT，立即在工作站上下达医嘱。医护人员迅速实施抢救，病人病情缓解。

"以往我必须返回病房收集、查阅病人资料，再做出合理处置，至少需要 40 分钟。"王仲元说，现在通过移动医护工作站可

以查阅所有临床信息，医生不在现场，也能完成遥控指挥。

医院研发使用的移动中央监护设备，能将监护设备送到每名需要特别看护的病人床旁，通过无线网络，病人在睡梦中生命体征有细微波动，中央监护器也会将报警信息传递到移动工作站上，提示医护人员前来巡视处置。

医院院长刘希华介绍说，以移动医护工作站和移动中央监护设备为龙头的移动医疗模式，可以实现不同区域同一时间多方协作远程医疗，让医患双方都能享受到移动医疗带来的实惠和便利。

数字化医疗让看病变得轻松

"在这儿看病不用早起排队！"一位患者在 309 医院就诊后，发出这样的感慨。这缘于医院研制了一套简单实用的数字化挂号分诊系统，10 个挂号窗口同时工作，即使门诊高峰期也不会让患者大量积压排队。医院数字化服务系统还会将"用药提示"以短信的形式发到患者手机上。

"经过几年研发，医院整合各类资源，形成了一体化协同服务医疗保障集成平台、医疗数据中心、数字化医院和总参基层医疗服务系统。"医院副院长卜海兵说。近年来，这个医院面向部队官兵及老干部成立了远程医疗和健康管理中心，通过先进的无线网络技术和科学的管理理念，进行健康评估和疾病风险预测，使执行特殊任务的官兵和老干部们足不出户即可享受专家远程健康监护、健康管家服务和就医咨询，实现健康跟踪、预警、教育和自主管理。

"我们把数字医疗的末端延伸到老干部家里、基层部队和机关办公室，让更多的官兵享受到数字化医疗带来的快捷服务。"医院政委马凡说。

智能化管理带来医疗高效益

自动感光装置下达亮灯指令，医院楼道、院区内的灯光随即亮起；办公室里，每台与医院局域网移动终端相连的电脑，开机即可完成自动更新；智能工作系统实现无纸化办公，让工作请示、信息传递更加及时。

"医院将微机工作站、医疗设备等各种不同的信息资源通过高性能的网络设备相互连接起来，形成医院区域内部的网络系统，对外通过路由设备接入广域网，形成了医院信息文化体系。"医院信息科主任杨宏桥介绍说。

2010 年投入使用的医院整形美容烧伤修复中心大楼，实现了专业监控大屏、IT 运行维护管理、网络基线管理、桌面终端等智能化服务。"医院对楼体的外形、色彩、内部功能、布局及空间环境进行了精心设计，可同时满足病患在心理和生理上的需求。"医院院长刘希华介绍说，病房内部采用的弱电系统、集中供热系统、视频监视系统等设备，可通过信息技术集成平台进行管理，以移动医疗支撑的医疗服务完全实现网络化和自动化。

（资料来源：新华网，2011 年 11 月 2 日）

案例思考

1. 试分析信息化建设如何提高了医院的保障效益。
2. 试分析医疗系统信息化的发展趋势。

第4章
土木工程

【学习目标】

　　通过本章的学习，了解土木工程基本知识及土木工程的发展历史及其展望，了解土木工程分类的基本内容，掌握土木工程施工步骤，了解土木工程项目管理的基本知识。

4.1　土木工程的性质和特点

4.1.1　土木工程的概念

　　土木工程是建造各类工程设施的科学技术的统称。它既指所应用的材料、设备和所进行的勘测、设计、施工、保养维修等技术活动；也指工程建设的对象，即建造在地上或地下、陆上或水中，直接或间接为人类生活、生产、军事、科研服务的各种工程设施，例如房屋、道路、铁路、运输管道、隧道、桥梁、运河、堤坝、港口、电站、飞机场、海洋平台、给水和排水以及防护工程等。

　　土木工程既是一种工程分科，也是一门学科。说它是工程分科，是指其是用石材、砖、砂浆、水泥、混凝土、钢材、钢筋混凝土、木材、建筑塑料、铝合金、钢化玻璃、沥青等建筑材料修建房屋、铁路、道路、隧道、运河、堤坝、港口、地铁等工程的生产活动和工程技术。工程人员在做各种工程时，需要勘测、设计、开发、施工、保养、维修等活动及其相应的工程技术。说它是一门学科，常称为土木工程学，是指其是利用数学、物理、化学等基础科学知识，力学、材料学等技术科学知识以及土木工程方面的工程技术知识来研究、设计、修建各种建筑物的一门科学。

4.1.2　土木工程的基本属性

　　土木工程有下述三个基本属性。

1. 综合性

　　建造一项工程设施一般要经过勘察、设计和施工三个阶段，需要运用工程地质勘察、水文地质勘察、工程测量、土力学、工程力学、工程设计、建筑材料、建筑设备、工程机械、建筑经济等学科和施工技术、施工组织等知识以及电子计算机和力学测试等技术。因而土木工程是一门综合性学科。

2. 社会性

土木工程是伴随着人类社会的发展而发展起来的。它所建造的工程设施反映出各个历史时期社会经济、文化、科学、技术发展的面貌。远古时代，人们就开始修筑简陋的房舍、道路、桥梁，以满足简单的生活和生产需要。后来，人们为了适应战争、生产和生活以及宗教传播的需要，兴建了城池、运河、宫殿、寺庙以及其他各种建筑物。许多著名的工程设施显示出人类在这个历史时期的创造力。例如，中国的长城、都江堰、大运河、赵州桥、应县木塔、埃及的金字塔、希腊的巴台农神庙、罗马的给水工程、科洛西姆圆形竞技场(罗马大斗兽场)以及其他许多著名的教堂、宫殿等。

产业革命以后，特别是进入 20 世纪以来，一方面社会向土木工程提出了新的需求；另一方面社会各个领域为土木工程的发展创造了良好的条件。世界各地出现了现代化的、规模宏大的工业厂房、摩天大厦、核电站、高速公路和铁路、大跨度桥梁、大直径运输管道、长隧道、大堤坝、大飞机场、大海港以及海洋工程，等等。现代土木工程不断地为人类社会创造崭新的物质环境，成为人类社会现代文明的重要组成部分。

3. 实践性

土木工程是具有很强实践性的学科。早期，土木工程是通过工程实践，总结成功的经验，尤其是吸取失败的教训发展起来的。从 17 世纪开始，以伽利略和牛顿为先导的近代力学同土木工程实践结合起来，逐渐形成材料力学、结构力学、流体力学、岩体力学，作为土木工程的基础理论学科，土木工程才逐渐从经验发展成为科学。在土木工程的发展过程中，工程实践经验常先行于理论，工程事故常显示出未能预见的新因素，触发新理论的研究和发展。至今不少工程问题的处理，在很大程度上仍然依靠实践经验。

4.1.3　土木工程的培养目标

土木工程专业培养掌握工程力学、流体力学、岩土力学和市政工程学科的基本理论和基本知识，具备从事土木工程的项目规划、设计、研究开发、施工及管理的能力，能在房屋建筑、地下建筑、隧道、道路、桥梁、矿井等的设计、研究、施工、教育、管理、投资、开发部门从事技术或管理工作的高级工程技术人才。

4.2　土木工程的发展历史及其展望

4.2.1　土木工程发展历史概述

自人类出现以来，为了满足住行以及生产活动的需要，从构木为巢、掘土为穴的原始操作开始，到今天能建造摩天大厦、万米长桥以至移山填海的宏伟工程，经历了漫长的发展过程。

土木工程的发展贯通古今，它同社会、经济，特别是与科学、技术的发展有密切联系。土木工程内涵丰富，而就其本身而言，则主要是围绕着材料、施工、理论三个方面的演变而不断发展的。土木工程发展史可划分为古代土木工程、近代土木工程和现代土木工程三个时代。以17世纪工程结构开始有定量分析，作为近代土木工程时代的开端；把第二次世界大战后科学技术的突飞猛进，作为现代土木工程时代的起点。

人类最初居无定所，利用天然掩蔽物作为居处，随着农业的不断发展出现了原始村落，土木工程开始了它的萌芽时期。随着古代文明的发展和社会进步，古代土木工程经历了形成时期和发达时期两个阶段，不过因为受到社会经济条件的制约，发展颇不平衡。古代无数伟大的工程建设，是灿烂古代文明的重要组成部分。古代土木工程最初完全采用天然材料，后来出现人工烧制的瓦和砖，这是土木工程发展史上的一件大事。

4.2.2 古代土木工程

土木工程的古代时期是从新石器时代（大约公元前5000年起）开始至17世纪中叶。随着人类文明的进步和生产经验的积累，古代土木工程的发展可分为萌芽时期、形成时期和发达时期。

1. 萌芽时期

大致在新石器时代，原始人为避风雨、防兽害，利用天然的掩蔽物，例如山洞和森林作为住处。当人们学会播种收获、驯养动物以后，天然的山洞和森林已不能满足需要，于是使用简单的木、石、骨制工具，伐木采石，以粘土、木材和石头等，模仿天然掩蔽物建造居住场所，开始了人类最早的土木工程活动。

2. 形成时期

随着生产力的发展，农业、手工业开始分工。大约自公元前3000年，在材料方面开始出现经过烧制加工的瓦和砖；在构造方面，形成木构架、石梁柱、券拱等结构体系；在工程内容方面，有宫室、陵墓、庙堂，还有许多较大型的道路、桥梁、水利等工程；在工具方面，美索不达米亚（两河流域）和埃及在公元前3000年，中国在商代（公元前16—11世纪），开始使用青铜制的斧、凿、钻、锯、刀、铲等工具。后来铁制工具逐步推广，并有简单的施工机械，也有了经验总结及形象描述的土木工程著作。公元前5世纪成书的《考工记》记述了木工、金工等工艺，以及城市、宫殿、房屋建筑规范，对后世的宫殿、城池及祭祀建筑的布局有很大影响。在一些国家或地区已形成早期的土木工程。

中国在公元前21世纪，传说中的夏代部落领袖禹用疏导方法治理洪水，挖掘沟渠进行灌溉。公元前5—4世纪，在今河北临漳，西门豹主持修筑引漳灌邺工程，是中国最早的多首制灌溉工程。公元前3世纪中叶，在今四川灌县，李冰父子主持修建都江堰工程，解决了围堰、防洪、灌溉以及水陆交通等问题，是世界上最早的综合性大型水利工程。

3. 发达时期

由于铁制工具的普遍使用，提高了工效；工程材料中开始逐渐使用复合材料；随着社会的发展，道路、桥梁、水利、排水等工程日益增加；营建了大规模的宫殿、寺庙，因而专业分工日益细致，施工技术日益精湛，从设计到施工已有一整套成熟的经验。

① 运用标准化的配件方法加速了设计进度，多数构件都可以按"材"或"斗口"、"柱径"的模数进行加工；

② 用预制构件，现场安装，以缩短工期；

③ 统一筹划，提高效益，如中国北宋的汴京宫殿，施工时先挖河引水，为施工运料和供水提供方便，竣工时用渣土填河；

④ 改进当时的吊装方法，用木材制成"戥"和绞磨等起重工具，可以吊起三百多吨重的巨材，如北京故宫三台的雕龙御路石以及罗马圣彼得大教堂前的方尖碑等。

4.2.3　近代土木工程

从 17 世纪中叶到 20 世纪中叶的 300 年间，是土木工程发展迅猛的阶段。这个时期土木工程的主要特征是：在材料方面，由木材、石料、砖瓦为主到开始广泛地使用铸铁、钢材、混凝土、钢筋混凝土，直至早期的预应力混凝土；在理论方面，材料力学、理论力学、结构力学、岩土力学、工程结构设计理论等学科逐步形成，设计理论的发展保证了工程结构的安全和人力物力的节约；在施工方面，由于不断出现新工艺和新机械，使施工技术进步，建造规模扩大，建造速度加快。在这种情况下，土木工程逐渐发展到包括房屋、道路、桥梁、铁路、隧道、港口、市政、卫生等工程建筑和工程设施，不仅能够在地面，而且还能在地下或水域内修建。

土木工程在这一时期的发展可分为奠基时期、进步时期和成熟时期三个阶段。

1. 奠基时期

17 世纪到 18 世纪下半叶是近代科学的奠基时期，也是近代土木工程的奠基时期。伽利略、牛顿等所阐述的力学原理是近代土木工程发展的起点。1687 年牛顿总结的力学运动三大定律是自然科学发展史的一个里程碑，直到现在还是土木工程设计理论的基础。瑞士数学家 L·欧拉的《曲线的变分法》、法国工程师库仑撰写的著名论文《建筑静力学各种问题极大极小法则的应用》等，书中的理论突破了以现象描述、经验总结为主的古代科学的框框，创造出比较严密的逻辑理论体系，加之对工程实践有指导意义的复形理论、振动理论、弹性稳定理论等在 18 世纪相继产生，这就促使土木工程向深度和广度发展。法国在这方面是先驱。1716 年法国成立道桥部队，1720 年法国政府成立交通工程队，1747 年创立巴黎桥路学校，培养建造道路、河渠和桥梁的工程师。所有这些，表明土木工程学科已经形成。

2. 进步时期

18 世纪下半叶，J·瓦特对蒸汽机做了根本性的改进。蒸汽机的使用加快了产业革命的进程，规模宏大的产业革命对土木工程也提出了新的需求，如提供了多种性能优良的建筑材料和施工机具，从而使土木工程得到了空前的发展。随着土木工程的新材料、新设备的不断问世，新型建筑物也纷纷出现。1856 年，大规模炼钢方法-贝塞麦转炉炼钢法发明后，钢材越来越多地应用于土木工程。

土木工程的施工方法在这个时期开始了机械化和电气化的进程。蒸汽机逐步应用于抽水、打桩、挖土、轧石、压路、起重等作业。19 世纪 60 年代内燃机问世和 70 年代电机出现后，很快研制出各种各样的起重运输、材料加工、现场施工用的专用机械和配套机械，使一些难度较大的工程得以顺利完工。产业革命还从交通方面推动了土木工程的发展。在航运方面，有了蒸汽机为动力的轮船，使航运事业面貌一新，同时对修筑港口工程、开凿通航的运河提出了要求。从19世纪上半叶开始，英国、美国大规模开挖运河，1869年苏伊士运河通航和1914年巴拿马运河的凿成，使海上交通已完全连成一体。在铁路方面，1825年G·斯蒂芬森建成了从斯托克顿到达灵顿、长21千米的第一条铁路，并用他自己设计的蒸汽机车行驶取得成功。

工程实践经验的积累促进了工程理论的发展。19世纪，土木工程逐渐需要有定量化的设计方法。对房屋和桥梁设计，要求实现规范化；另一方面由于材料力学、静力学、运动学、动力学逐步形成，各种静定和超静定桁架内力分析方法和图解法得到很快的发展。1825年C.L.M.-H纳维建立了结构设计的容许应力分析法；19世纪末，里特尔等人提出钢筋混凝土理论，应用了极限平衡的概念；1900年前后钢筋混凝土弹性方法被普遍采用，各国还制定了各种类型的设计规范；1818年英国不列颠土木工程师会的成立是工程师结社的创举，其他各国和国际性的学术团体也相继成立。理论上的突破反过来极大地促进了工程实践的发展，促进了近代土木工程这一工程学科日臻成熟。

3. 成熟时期

第一次世界大战以后，近代土木工程发展到成熟阶段。这个时期的标志之一是道路、桥梁、房屋建设大规模地出现。

在交通运输方面，由于汽车在陆路交通中具有快速和机动灵活的特点，道路工程的地位日益重要。沥青和混凝土开始用于铺筑高级路面。20世纪初出现了飞机，飞机场工程迅速发展起来。钢铁质量的提高和产量的上升，使建造大跨度桥梁成为现实。1918年加拿大建成魁北克悬臂桥，跨度548.6 m；1937年美国旧金山建成金门悬索桥，跨度1 280 m，全长2 825 m，是公路桥的代表性工程；1932年，澳大利亚建成悉尼港桥，为双铰钢拱结构，跨度503 m。

工业的发达，城市人口的集中，使工业厂房向大跨度发展，民用建筑向高层次发展。日益增多的电影院、摄影场、体育馆、飞机库等都要求采用大跨度结构。1925—1933年在法国、苏联和美国分别建成了跨度达60 m的圆壳、扁壳和圆形悬索屋盖。中世纪的石砌拱终于被近代的壳体结构和悬索结构所取代。1931年美国纽约的帝国大厦落成，共102层，高378 m，有效面积16万平方米，结构用钢约5万吨，内装电梯67部，还有各种复杂的管网系统，可谓集当时技术成就之大成，该建筑保持世界房屋最高纪录达40年之久。

近代土木工程发展到成熟阶段的另一个标志是预应力钢筋混凝土的广泛应用。1886年美国人P·H·杰克逊首次应用预应力混凝土制作建筑构件，后又用于制作楼板。1930年法国工程师E·弗雷西内把高强钢丝用于预应力混凝土，弗雷西内于1939年、比利时工程师G·马涅尔于1940年改进了张拉和锚固方法，于是预应力混凝土广泛地进入工程领域，加快了土木工程技术的发展速度。

4.2.4 现代土木工程

现代土木工程以社会生产力的现代发展为动力，以现代科学技术为背景，以现代工程材料为基础，以现代工艺与机具为手段高速度地向前发展。

第二次世界大战结束后，社会生产力出现了新的飞跃。现代科学技术突飞猛进，土木工程进入一个新时代。在近 40 年中，前 20 年土木工程的特点是大规模工业化，而后 20 年的特点则是现代科学技术对土木工程的进一步渗透。

从世界范围来看，现代土木工程为了适应社会经济发展的需求，具有以下一些特征：

1. 工程功能化

现代土木工程的特征之一，是工程设施同它的使用功能或生产工艺紧密地结合。复杂的现代生产过程和日益上升的生活水平，对土木工程提出了各种专门的要求。

现代土木工程为了适应不同工业的发展，有的工程规模极为宏大，如大型水坝混凝土用量达数千万立方米，大型高炉的基础也达数千立方米；有的则要求十分精密，如电子工业和精密仪器工业要求能防微振。现代公用建筑和住宅建筑不再仅仅是传统意义上徒具四壁的房屋，而要求具有采暖、通风、给水、排水、供电、供燃气等种种现代技术设备。

对土木工程有特殊功能要求的各类特种工程结构也发展起来。例如，核工业的发展带来了新的工程类型。20 世纪 80 年代初世界上已有 23 个国家拥有核电站 277 座，在建的还有 613 座，分布在 40 个国家。中国也已开始核电站建设，核电站的安全壳工程要求很高。又如为研究微观世界，许多国家都建造了加速器。中国从 50 年代以来建成了 60 余座加速器工程，目前正在兴建 3 座大规模的加速器工程，这些工程的要求也非常严格。海洋工程已成为土木工程的新分支，80 年代初海底石油的产量已占世界石油总产量的 23%，海上钻井已达 3 000 多口，固定式钻井平台已有 300 多座。中国在渤海、南海等处已开采海底石油。

现代土木工程的功能化问题日益突出，为了满足专门和多样的功能需要，土木工程更多地需要与各种现代科学技术相互渗透。

2. 城市立体化

随着经济的发展、人口的增长，城市用地更加紧张，交通更加拥挤，这就迫使房屋建筑和道路交通向高空和地下发展。

高层建筑成了现代化城市的象征。1974 年芝加哥建成高达 433 m 的西尔斯大厦，超过 1931 年建造的纽约帝国大厦的高度。现代高层建筑由于设计理论的进步和材料的改进，出现了新的结构体系，如剪力墙、筒中筒结构等。美国在 1968—1974 年间建造的三幢超过百层的高层建筑，自重比帝国大厦减轻 20%，用钢量减少 30%。高层建筑的设计和施工是对现代土木工程成就的一个总检阅。

城市道路和铁路很多已采用高架结构，同时又向地层深处发展。地下铁道在近几十年得到进一步发展，地铁早已电气化，并与建筑物地下室连接，形成地下商业街。北京地下铁道在 1969 年通车后，1984 年又建成新的环形线。地下停车库、地下油库日益增多。城市道路下面密布着电缆、给水、排水、供热、供燃气的管道，构成城市的脉络。现代城市建设已经成为一个立体的、有机的系统，对土木工程各个分支以及他们之间的协作提出了更高的要求。

3. 交通高速化

现代世界是开放的世界，人、物和信息的交流都要求更高的速度。高速公路虽然 1934

年就在德国出现，但在世界各地较大规模的修建是第二次世界大战之后的事情。1983年，世界高速公路已达11万千米，很大程度上取代了铁路的职能。高速公路的里程数已成为衡量一个国家现代化程度的标志之一。铁路也出现了电气化和高速化的趋势。日本的"新干线"铁路行车时速达210千米以上，法国巴黎到里昂的高速铁路运行时速达260千米。从工程角度来看，高速公路、铁路在坡度、曲线半径、路基质量和精度方面都有严格的限制。交通高速化直接推动了桥梁、隧道技术的发展。不仅穿山越江的隧道日益增多，而且出现长距离的海底隧道。日本从青森至函馆越过津轻海峡的青函海底隧道长达53.85千米。

航空事业在现代得到飞速发展，航空港遍布世界各地。航海业也有很大发展，世界上的国际贸易港口超过2 000个，并出现了大型集装箱码头。中国的塘沽、上海、北仑、广州、湛江等港口也已逐步实现现代化，其中一些还建成了集装箱码头泊位。

在现代土木工程出现上述特征的情况下，构成土木工程的三个要素(材料、施工和理论)也出现了新的趋势。

4.材料轻质高强化

现代土木工程的材料进一步轻质化和高强化。工程用钢的发展趋势是采用低合金钢。中国从60年代起普遍推广了锰硅系列和其他系列的低合金钢，大大节约了钢材用量并改善了结构性能。高强钢丝、钢绞线和粗钢筋的大量生产，使预应力混凝土结构在桥梁、房屋等工程中得以推广。铝合金、镀膜玻璃、石膏板、建筑塑料、玻璃钢等工程材料发展迅速。新材料的出现与传统材料的改进是以现代科学技术的进步为背景的。

5.施工过程工业化

大规模现代化建设使中国和苏联、东欧的建筑标准化达到了很高的程度。人们力求推行工业化生产方式，在工厂中成批地生产房屋、桥梁的种种构配件、组合体等。预制装配化的潮流在50年代后席卷了以建筑工程为代表的土木工程领域。中国建设规模在绝对数字上是巨大的，城市工业与民用建筑面积达23亿多平方米，其中住宅10亿平方米，若不广泛推行标准化，是难以完成的。从60年代开始采用与推广装配化，在中国桥梁建设中引出装配式轻型拱桥，对解决农村交通起了一定的作用。

在标准化向纵深发展的同时，种种现场机械化施工方法在70年代以后发展得特别快。采用了同步液压千斤顶的滑升模板广泛用于高耸结构。近10年来中国用这种方法建造了约300万平方米房屋。此外，钢制大型模板、大型吊装设备与混凝土自动化搅拌楼、混凝土搅拌输送车、输送泵等相结合，形成了一套现场机械化施工工艺，使传统的现场灌筑混凝土方法获得了新生命，在高层、多层房屋和桥梁中部分地取代了装配化，成为一种发展很快的新方法。

4.2.5 土木工程的未来展望

土木工程与环境关系更加密切，在使用功能上让它造福人类的同时，还要注意它与环境的协调问题。现代生产和生活时刻排放大量废水、废气、废渣和噪音，污染着环境。环境工程，如废水处理等又为土木工程增添了新内容。核电站和海洋工程的快速发展，又产生了新的引起人们极为关心的环境问题。现代土木工程规模日益扩大，例如：在世界水利工程中，库容300亿立方米以上的水库为28座，高于200 m的大坝有25座。乌干达欧文瀑布水库库容达2 040亿立方米，苏联罗贡土石坝高325 m；中国葛洲坝截断了世界最长河流之一的长江，并又开始筹建三峡高坝；巴基斯坦引印度河水的西水东调工程规模很大；中国在1983年完成了引滦入津工程。这些大水坝的建设和水系调整还会引起对自然环境的另一影响，即干扰自然和生态平衡，而且现代土木工程规模越大，它对自然环境的影响也越大。因此，伴随着大规模现代土木工程的建设，带来一个保持自然界生态平衡的课题，有待综合研究解决。

面临上述新事物，土木工程工作者必须在材料、设计、建造的技术和管理方面以及怎样为人类生产生活需要服务的观念方面有较大的变化，才能适应世界发展的节奏和步伐。展望未来，土木工程需要在以下几方面大力发展。

1. 高性能材料的发展

钢材将朝着高强、具有良好的塑性、韧性和可焊性方向发展。如何合理利用高强度钢也是一个重要的研究课题。高性能混凝土及其他复合材料也将向着轻质、高强、良好的韧性和工作性方面发展。

2. 计算机应用

随着计算机的应用普及和结构计算理论日益完善，计算结果将更能反映实际情况，从而更能充分发挥材料的性能并保证结构的安全。人们将会设计出更为优化的方案进行土木工程建设，以缩短工期，提高经济效益。

3. 环境工程

环境问题特别是气候变异的影响将越来越受到重视，土木工程与环境工程融为一体。城市综合症、海水上升、水污染、沙漠化等问题与人类的生存发展密切相关，又无一不与土木工程有关。较大工程建成后对环境的影响乃至建设过程中的振动、噪音等都将成为土木工程师必须考虑的问题。

4. 建筑工业化

建筑长期以来停留在以手工操作为主的小生产方式上。解放后大规模的经济建设推动了建筑业机械化的进程，特别是在重点工程建设和大城市中有一定程度的发展，但是总的来说落后于其他工业部门，所以建筑业的工业化是我国建筑业发展的必然趋势。要正确理解建筑产品标准化和多样化的关系，尽量实现标准化生产；要建立适应社会化大生产方式的科学管理体制，采用专业化、联合化、区域化的施工组织形式，同时还要不断推进新材料、新工艺的使用。

5. 空间站、海底建筑、地下建筑

早在1984年，美籍华裔林铜柱博士就提出了一个大胆的设想，即在月球上利用它上面的岩石生产水泥并预制混凝土构件来组装太空试验站。这也表明土木工程的活动场所在不久的将来可能超出地球的范围。随着地上空间的减少，人类把注意力也越来越多地转移到地下空

间，21 世纪的土木工程将包括海底的世界。实际上东京地铁已达地下三层：除在青函海底隧道的中部设置了车站外，还建设了博物馆。

6. 结构形式

计算理论和计算手段的进步以及新材料新工艺的出现，为结构形式的革新提供了有利条件。空间结构将得到更广泛的应用，不同受力形式的结构融为一体，结构形式将更趋于合理和安全。

7. 新能源和能源多极化

能源问题是当前世界各国极为关注的问题，寻找新的替代能源和能源多极化的要求是 21 世纪人类必须解决的重大课题。这也对土木工程提出了新的要求，应当予以足够的重视。

4.3 土木工程分类

4.3.1 建筑工程

1. 建筑工程的定义

建筑是人们用土、石、木、钢、玻璃、芦苇、塑料、冰块等一切可以利用的材料，建造的构筑物。建筑的本身不是目的，建筑的目的是获得建筑所形成的"空间"。人类最初的建筑只是为了躲避风雨和防止野兽而建造。随着社会生产力的不断发展进步，人类对建筑物的要求也日趋复杂和多样，建筑物的类型也日益丰富和美观，其布局更加合理，设施更加完善，结构更加安全，造价更加经济，并且在环保、节能方面有了巨大的突破，取得了辉煌的成就。

建筑工程，指通过对各类房屋建筑及其附属设施的建造和与其配套的线路、管道、设备的安装活动所形成的工程实体。其中"房屋建筑"指有顶盖、梁柱、墙壁、基础以及能够形成内部空间，满足人们生产、居住、学习、公共活动等的需要。

2. 建筑工程的分类

(1)民用建筑

民用建筑指非生产性建筑，如住宅、学校、商业建筑等。

(2)工业建筑

工业建筑指生产性建筑，如主要生产厂房、辅助生产厂房等。

(3)农业建筑

农业建筑指农副业生产建筑，如粮仓、养殖场、种子库等。

3. 建筑工程结构基本构件

每一栋建筑都是由基础、墙、柱、梁、板等基本构件组成的。

（1）基础

基础指建筑物底部与地基接触的承重构件，它的作用是把建筑上部的荷载传给地基，因此，地基必须坚固、稳定可靠。基础是所有建筑物的重要组成部分。

（2）墙

墙是建筑物竖直方向的主要构件，起分隔、围护和承重等作用，还有隔热、保温、隔声等功能。墙有多种分类方法：

① 按墙在建筑物中的位置可分为外墙和内墙，分隔房间的内墙又称隔墙。

② 按墙在建筑物中的受力情况分为承重墙和非承重墙。例如在骨架结构中非承重墙有填充在框架内的填充墙，支承在本身的基础或基础梁上的自承重墙，悬挂在排架或框架上的悬挂墙。剪力墙则是建筑物抵抗水平力的承重墙。

③ 按墙体的施工方式分，有现场砌筑的砖墙、砌块墙等，在现场浇注的混凝土或钢筋混凝土板式墙，在工厂预制、现场装配的板材墙、组合墙等。此外，墙还可按墙体的材料、构造形式等分类。

（3）柱

柱指工程结构中主要承受压力，有时也同时承受弯矩的竖向杆件，用以支承梁、桁架、楼板等。按截面形式分有方柱、圆柱、矩形柱、工字形柱、H形柱、T形柱、L形柱、十字形柱、双肢柱、格构柱。按材料分有石柱、砖柱、木柱、钢柱、钢筋混凝土柱、钢管混凝土柱和各种组合柱。柱是结构中极为重要的部分，柱的破坏将导致整个结构的损坏与倒坍。按柱的破坏特征或长细比分为短柱、长柱及中长柱。短柱在轴心荷载作用下的破坏是材料强度破坏，长柱在同样荷载作用下的破坏是屈曲，丧失稳定。

（4）梁

梁由支座支承，承受的外力以横向力和剪力为主，以弯曲为主要变形的构件称为梁。从功能上分，有结构梁，如基础地梁、框架梁等，与柱、承重墙等竖向构件共同构成空间结构体系；有构造梁，如圈梁、过梁、连系梁等，起到抗裂、抗震、稳定等构造性作用。梁按照结构工程属性可分为框架梁、剪力墙支承的框架梁、内框架梁、砌体墙梁、砌体过梁、剪力墙连梁、剪力墙暗梁、剪力墙边框梁。从施工工艺分，有现浇梁、预制梁等。从材料上分，工程中常用的有型钢梁、钢筋混凝土梁、木梁等。梁依据截面形式可分为矩形截面梁、T形截面梁、十字形截面梁、工字形截面梁、不规则截面梁。梁按照其在房屋的不同部位可分为屋面梁、楼面梁、地下框架梁、基础梁。

（5）板

板指主要用来承受垂直于板面的荷载，厚度远小于平面尺度的平面构件。通常水平放置，但有时也斜向设置或竖向设置。板在建筑工程中一般应用于楼板、屋面板、基础板、墙板等。板按平面形式可分为方形板、短形板、圆形版及三角形板，按截面形式可分为实心板、空心板、槽形板，按所用材料可分为木板、钢板、钢筋混凝土板、预应力板等。

4.建筑结构类型

建筑结构是指建筑物中由承重构件（基础、墙体、柱、梁、楼板、屋架等）组成的体系。

（1）砖木结构建筑

这类建筑物的主要承重构件是用砖木做成的，其中竖向承重构件的墙体和柱采用砖砌，水平承重构件的楼板、屋架采用。木材这类建筑物的层数一般较低，通常在3层以下。古代建筑和20世纪五六十年代的建筑多为此种结构。

（2）砖混结构建筑

这类建筑物的竖向承重构件采用砖墙或砖柱，水平承重构件采用钢筋混凝土楼板、屋顶板，其中也包括少量的屋顶采用木屋架，这类建筑物的层数一般在六层以下，造价低、抗震性差，开间、进深及层高都受限制。

（3）钢筋混凝土结构建筑

这类建筑物的承重构件如梁、板、柱、墙、屋架等，是由钢筋和混凝土两大材料构成。其围护构件如外墙、隔墙等是由轻质砖或其他砌体做成的。特点是结构适应性强，抗震性好，耐久年限长。钢筋混凝土结构房屋的种类有框架结构、框架剪力墙结构、剪力墙结构、筒体结构、框架筒体结构和筒中筒结构。

（4）钢结构建筑

这类建筑物的主要承重构件均是用钢材构成，其建筑成本高，多用于多层公共建筑或跨度大的建筑。

4.3.2 地下工程

1. 地下工程概述

地下工程是指深入地面以下，为开发利用地下空间资源所建造的地下土木工程。它包括地下房屋和地下构筑物、地下铁道、公路隧道、水下隧道和过街地下通道等。地下空间是岩石圈空间的一部分，它具有致密性和构造单元的长期稳定性，因此地下工程受地震的破坏作用要比地面建筑轻得多。

按地下工程的用途分类有：地下交通工程、地下人防工程、地下国防工程、地下商业工程、地下居住工程、地下旅游工程、地下市政管线工程等。按地下工程的存在环境及建造方式分类有：岩石中的地下工程和土中地下工程。

2. 地下工程的发展趋势

由于世界范围内能源及其他原材料的短缺，尤其是人类居住、交通、环境的矛盾日益突出，使人们对于土地的开发逐渐由地面转入对地下空间的开发和利用。因此，国际上一种普遍流行的观点就是"19世纪是桥梁的世纪，20世纪是高层建筑的世纪，21世纪则是地下空间的世纪"。

合理的开发和利用地下空间是解决城市有限土地资源和改善城市生态环境的有效途径。目前城市地下空间的开发深度已达30 m左右，有人曾大胆地估计，即使只开发相当于城市总容积1/3的地下空间，实际等于全部城市地面建筑的容积。这足以说明地下空间资源的潜力是很大的。所以，地下工程的发展不仅可为人类的生存开拓广阔的空间，还具有良好的热稳定性和密封性及抗灾和防护性能，其社会、经济、环境等多方面的综合效益良好，对节省城市占地、节约能源、克服地面各种障碍、改善城市交通、减少环境污染、扩大城市空间容量、节省时间、提高工作效率和提高城市生活质量等方面，都起到了积极的作用，是现代化城市建设的必由之路。

3.城市地下综合体

城市地下综合体定义为考虑地面与地下协调发展，合理利用地下空间，结合交通、商业、娱乐、市政等多种用途的地下公共建筑的有机集合体。当城市中的若干个地下综合体通过地下铁道等地下交通系统连接在一起时，形成更大规模的地下综合体群。

（1）地下街道

修建在城市中心区、商业区繁华街道或客流集散量较大的车站广场下的地下综合性建筑称为地下街道。

地下街道的规划原则：

① 地下街道各组成部分应以公用通道为主的合理化比例原则；

② 与地面建筑、道路、广场和交通枢纽密切配合原则；

③ 以防止火灾、爆炸、水淹为主的防灾设计原则；

④ 经济效益、社会效益、环境效益相结合的原则；

⑤ 空间形状和尺度与使用功能和美学感受的协调性原则。

（2）地下商场

作为商业建筑，地下商场与地面商场的功能没有本质的区别。但由于地下空间的特殊性，地下商场的修建比地表相对要复杂，成本也高，但很有发展前景。

（3）地下停车场

地下停车场指建筑在地下用来停放各种大小机动车辆的建筑物，也称地下(停)车库。

停车空间与城市用地不足的矛盾日渐突出，我国一些大城市停车困难的问题已相当严重。国外大城市停车问题的解决经历了几个阶段。从最初的路边停车到开辟专用露天停车场；到20世纪60—70年代大量建造多层停车场，后又发展了机械式多层停车场。与此同时，利用地下空间解决停车问题逐渐受到重视，地下公共停车场有了很大发展。在我国，地面的停车场少，地下更少。从我国大城市用地紧张，而地下空间开发利用较少的实际情况出发，建设地下停车场是解决停车问题的主要途径。

4.3.3 道路与铁道工程

1.道路工程

道路通常是指为陆地交通运输服务，通行各种机动车、人畜力车、驮骑牲畜及行人的各种路的统称。

（1）道路分类

道路按使用性质分为城市道路、公路、厂矿道路、农村道路、林区道路等。城市高速干道和高速公路则是交通出入受到控制的、高速行驶的汽车专用道路。按服务范围及其在国家道路网中所处的地位和作用分为：

① 国道（全国性公路），包括高速公路和主要干线；

② 省道（区域性公路）；

③ 县、乡道（地方性公路）；

④ 城市道路。

前三种统称公路，按年平均昼夜汽车交通量及使用任务、性质，又可划分为五个技术等级。不同等级的公路使用不同的技术指标来体现。这些指标主要有计算车速、行车道数及宽度、路基宽度、最小平曲线半径、最大纵坡、视距、路面等级、桥涵设计荷载等。

（2）道路结构组成

路基既是路线的主体，又是路面的基础并与路面共同承受车辆荷载。路基按其断面的填挖情况分为路堤式、路堑式、半填半挖式三类。路肩是路面两侧路基边缘以内地带，用以支护路面、供临时停靠车辆或行人步行之用。路基土石方工程按开挖的难易分为土方工程与石方工程。

为保证路基、路面和其他构筑物的稳固及交通安全。沿路基可修筑：

① 路基坡面防护。铺种草皮、植树、抹面、灌浆沟缝、砌石护坡和护面墙等。

② 冲刷防护。有直接防护的构筑物，如抛石防护、石笼防护、梢料防护、驳岸、浸水挡墙等；有间接防护的调治构筑物，如丁坝、顺水坝、格坝等。

③ 支挡构筑物。主要是挡土墙等构筑物。

为减少行车作用和自然因素的影响，在路基上行车道范围内，用各种筑路材料修筑多层次的坚固、稳定、平整和一定粗糙度的路面。其构造一般由面层、基层（承重层）、垫层组成，表面应做成路拱以利排水。路面按其使用特性分为四级：

① 高级路面；

② 次高级路面；

③ 中级路面；

④ 低级路面。

按其在荷载作用下的力学特性，路面可分为刚性路面和柔性路面。

2. 铁道工程

世界铁路的发展已有100多年的历史，世界上第一条行驶蒸汽机车的永久性公用运输铁路，是1825年通车的英国斯托克顿-达灵顿铁路。此后，铁路主要是依靠牵引动力的发展而发展。牵引机车从最初的蒸汽机车发展成内燃机车、电力机车。运行速度也随着牵引动力的发展而加快。20世纪60年代开始出现了高速铁路，速度从120 km/h提高到450 km/h左右，以后又打破了传统的轮轨相互接触的粘着铁路，发展了轮轨相互脱离的磁悬浮铁路。而后者的试验运行速度，已经达到500 km/h以上。

（1）铁路的组成

铁路由线路、路基，以及线路上部建筑等组成。

铁路线路是铁路横断面中心线在铁路平面中的位置，以及沿铁路横断面中心线所作的纵断面状况。铁路线路在平面上由直线和曲线组成，而曲线则采用圆曲线，并在圆曲线和直线之间插入缓和曲线，使作用在列车上的离心力平稳过渡。

路基，顾名思义就是铁路线路的基础，是为了满足轨道铺设和运营条件而修建的土工构筑物。它承受来自轨道、机车车辆及其荷载的压力，所以必须填筑坚实，经常保持干燥、稳固和完好状态，并尽可能保证路基面的平顺，使列车能在允许的弹性变形范围内，平稳安全运行。所谓"坚实"，是指路基土石方要有足够的密实度；而"稳固"则指路基边坡、基床和基底要长期保持固定。

轨道是铁路线路的组成部分，这里所指的轨道包括钢轨、轨枕、连接零件、道床、防爬设备和道岔等。作为一个整体性工程结构，轨道铺设在路基之上，起着列车运行的导向作用，直接承受机车车辆及其荷载的巨大压力。在列车运行的动力作用下，它的各个组成部分必须具有足够的强度和稳定性，保证列车按照规定的最高速度，安全、平稳和不间断地运行。

钢轨的作用是直接承受车轮传递的列车及其荷载的重量，并引导列车的运行方向。上部列车巨大的压力首先落在钢轨的双肩上，钢轨必须具备足够的强度、稳定性和耐磨性。轨枕既要支承钢轨，又要保持钢轨的位置，还要把钢轨传递来的巨大压力再传递给道床。它必须具备一定的柔韧性和弹性，硬了不行，软了也不行。列车经过时，它可以适当变形以缓冲压力，但列车过后还得尽可能恢复原状。道床通常指的是轨枕下面，路基面上铺设的石碴（道碴）垫层。其主要作用是支承轨枕，把来自轨枕上部的巨大荷载，均匀地分布到路基面上，大大减少了路基的变形。

(2) 高速铁路

人们对火车速度的追求，自打有铁路起就一直没有停止。在蒸汽机车的鼎盛时代，1938年蒸汽机车的最高速度创造了 202 km/h 的记录，但也达到了极限。1972 年，内燃机车的最高速度达到 318 km/h 后就此止步。1955 年，法国电力机车首创最高速度 331 km/h 的世界记录，法、德、日电力机车高速试验的比赛就此展开。1981 年，法国将这个记录提高为 380 km/h。1988 年，德国创造新的世界记录，最高速度突破 400 km/h 大关，达到 406.9 km/h。法国紧追不舍，第二年就将新记录打破，达到 482.4 km/h。第三年，也就是 1990 年，法国又不可思议地创造了迄今为止轮轨铁路速度的最高世界记录，515.3 km/h。日本也不甘落后，接连在1993 年、1996 年把本国的电力机车最高速度提升到 425 km/h 和 443 km/h。虽然，日本在这场比赛中屈居老三，不过他们在另一方面却荣获冠军——建成世界上第一条高速铁路，拉开了全球高速铁路的建设序幕。

一般认为列车运行的最高速度在 200 km/h 以上的铁路，就可以做高速铁路。高速铁路有几个基本要求：首先，线路多为复线。其次，站间距离不能短。第三，线路曲线半径和坡度的大小，决定了这条线路的最高速度，因此，高速铁路的线路尽可能平直。第四，高速铁路不仅行车速度高，而且行车密度也大。为了避免干扰，保证安全，高速铁路的道口都是采用立交，而且铁路两侧用栅栏防护，以防人、畜上路。第五，高速旅客列车一般采用电动车组。第六，高速列车应设计为流线型，而且整个列车构成一个流线型整体。第七，高速列车要有强大的制动能力，确保在一定的制动距离内能够停下来。第八，列车是根据信号的显示来运行的，脱离了信号，安全毫无保证。一般的色灯信号显示距离在1 000 m左右，如遇大雾等不良天气，则能见度更差，而且行车速度高时，确认地面信号很困难，因而不能适应高速行车的要求。为了保证行车的安全，高速列车均需安装列车自动控制装置，以电脑来代替人脑，自动控制列车的运行速度和停车、起动。

(3)磁悬浮铁路

磁悬浮铁路是一种新型的交通运输系统，它是利用电磁系统产生的排斥力将车辆托起，使整个列车悬浮在导轨上，利用电磁力进行导向，利用直线电机将电能直接转换成推动列车前进的动力。它消除了轮轨之间的接触，无摩擦阻力，线路垂直负荷小，时速高，无污染，安全，可靠，舒适。

磁悬浮列车从严格意义上说，是介乎于火车和飞机之间的一种特别的运输工具。说它是火车，它不靠车轮在地上跑；说它是飞机，它不靠翅膀在空中飞。它是依靠磁体的吸引力或排斥力浮在轨道上运行的列车，因此，人们习惯把它纳入陆上有轨交通系统。

目前世界上的磁悬浮列车大致分为两种：一种以德国为代表，利用磁体吸引力的电磁悬浮；一种以日本为代表，利用磁体排斥力的电动悬浮。相吸式是把电磁铁安装在车体上，通电后产生电磁力与导轨道相吸引而使列车悬浮，再用直线电动机牵引列车前进。相斥式则是在列车上安装超导磁体，轨道上安装悬浮线圈，超导磁体与地面线圈之间感应产生强大磁力使列车悬浮，再用直线电动机牵引列车前进。

4.3.4 桥梁与隧道工程

1.桥梁工程

桥梁指的是为道路跨越天然或人工障碍物而修建的建筑物。桥梁一般由五大部件和五小部件组成，五大部件是指桥梁承受汽车或其他车辆运输荷载的桥跨上部结构与下部结构，是桥梁结构安全的保证。包括桥跨结构或称桥孔结构上部结构、支座系统、桥墩、桥台、墩台基础。五小部件是指直接与桥梁服务功能有关的部件，过去称为桥面构造，包括桥面铺装、防排水系统、栏杆、伸缩缝、灯光照明。

桥梁工程指桥梁勘测、设计、施工、养护和检定等的工作过程，以及研究这一过程的科学和工程技术，它是土木工程的一个分支。桥梁工程学的发展主要取决于交通运输对它的需要。古代桥梁以通行人、畜为主，载重不大，桥面纵坡可以较陡，甚至可以铺设台阶。自从有了铁路以后，桥梁所承受的载重逐倍增加，线路的坡度和曲线标准要求又高，且需要建成铁路网以增大经济效益，因此，为要跨越更大更深的江河、峡谷，迫使桥梁向大跨度发展。石材、木材、铸铁、锻铁等桥梁材料，显然不合要求，而钢材的大量生产正好满足这一要求。

(1)桥梁的分类

桥梁按用途分为公路桥、公铁两用桥、人行桥、机耕桥、过水桥。按跨径大小和多跨总长分为小桥、中桥、大桥、特大桥。按结构分为梁式桥、拱桥、钢架桥、缆索承重桥(斜拉桥和悬索桥)四种基本体系,此外还有组合体系桥。按行车道位置分为上承式桥、中承式桥、下承式桥。按使用年限可分为永久性桥、半永久性桥、临时桥。按材料类型分为木桥、钢筋砼桥、预应力桥、钢桥。

(2)桥梁的构造形式及特点

① 梁式桥

包括简支板梁桥、悬臂梁桥、连续梁桥,其中简支板梁桥跨越能力最小,一般跨径在8~20 m。连续梁桥,国内最大跨径在200 m以下,国外已达240 m。目前世界上最大跨径梁桥跨度是330 m,是位于中国重庆的石板坡长江大桥复线桥。

② 拱桥

在竖向荷载作用下,两端支承处产生竖向反力和水平推力,正是水平推力大大减小了跨中弯矩,使跨越能力增大。理论推算,混凝土拱极限跨度在500 m左右,钢拱可达1 200 m。正是这个推力的存在,修建拱桥时需要良好的地质条件。

③ 钢架桥

有T形刚架桥和连续刚构桥。T形刚架桥主要缺点是桥面伸缩缝较多,不利于高速行车。连续刚构主梁连续无缝,行车平顺,施工时无体系转换。我国的虎门大桥辅航道桥最大跨径已达270 m。

④ 桁梁式桥

有坚固的横梁,横梁的每一端都有支撑。最早的桥梁就是根据这种构想建成的,但他们不过是横跨在河流两岸之间的树干或石块。现代的桁梁式桥,通常是以钢铁或混凝土制成的长型中空桁架为横梁,这使桥梁轻而坚固。利用这种方法建造的桥梁叫做箱式梁桥。

⑤ 悬臂桥

桥身分成长而坚固的数段,类似桁梁式桥,不过每段都在中间而非两端支承。

⑥ 吊桥

是建造跨度非常大的桥梁最好的设计。道路或铁路桥面靠钢缆吊在半空,钢缆牢牢地悬挂在桥塔之间。较古老的吊桥有的使用铁链,有的甚至使用绳索而不是用钢缆。

⑦ 拉索桥

有系到桥柱的钢缆。钢缆支撑桥面的重量,并将重量转移到桥柱上,使桥柱承受巨大的压力。

2. 隧道工程

隧道是修建在地下或水下并铺设铁路供机车动车辆通行的建筑物。根据其所在位置可分为山岭隧道、水下隧道和城市隧道三大类。为缩短距离和避免大坡道而从山岭或丘陵下穿越的称为山岭隧道;为穿越河流或海峡而从河下或海底通过的称为水下隧道;为适应铁路通过大城市的需要而在城市地下穿越的称为城市隧道。

(1)隧道分类

按照隧道所处的地质条件分为土质隧道和石质隧道。按照隧道的长度分为短隧道(铁路隧道规定：$L \leqslant 500$ m；公路隧道规定：$L \leqslant 500$ m）、中长隧道（铁路隧道规定：500 m $< L \leqslant 3\,000$ m；公路隧道规定 500 m $< L \leqslant 1\,000$ m）、长隧道（铁路隧道规定：$3\,000$ m $< L \leqslant 10\,000$ m；公路隧道规定 $1\,000$ m $< L \leqslant 3\,000$ m）和特长隧道（铁路隧道规定：$L > 10\,000$ m；公路隧道规定：$L > 3\,000$ m）。按照国际隧道协会（ITA）定义的隧道的横断面积的大小划分标准分为极小断面隧道（$2 \sim 3$ m^2）、小断面隧道（$3 \sim 10$ m^2）、中等断面隧道（$10 \sim 50$ m^2）、大断面隧道（$50 \sim 100$ m^2）和特大断面隧道（大于 100 m^2）。按照隧道所在的位置分为山岭隧道、水底隧道和城市隧道。按照隧道埋置的深度分为浅埋隧道和深埋隧道。按照隧道的用途分为交通隧道、水工隧道、市政隧道和矿山隧道。

（2）隧道设计

隧道设计包括隧道选线、纵断面设计、横断面设计、辅助坑道设计等。

① 选线

根据线路标准、地形、地质等条件选定隧道位置和长度。选线应作多种方案的比较，长隧道要考虑辅助坑道和运营通风的设置，洞口位置的选择要依据地质情况，考虑边坡和仰坡的稳定，避免塌方。

② 纵断面设计

沿隧道中线的纵向坡度要服从线路设计的限制坡度。因隧道内湿度大，轮轨间粘着系数减小，列车空气阻力增大，因此在较长隧道内纵向坡度应加以折减。纵坡形状以单坡和人字坡居多，单坡有利于争取高程，人字坡便于施工排水和出碴。为利于排水，最小纵坡一般为 $2‰ \sim 3‰$。

③ 横断面设计

隧道横断面即衬砌内轮廓，是根据不侵入隧道建筑限界而制定的。中国隧道建筑限界分为蒸汽及内燃机车牵引区段、电力机车牵引区段两种，这两种又各分为单线断面和双线断面。衬砌内轮廓一般由单心圆或三心圆形成的拱部和直边墙或曲边墙所组成，在地质松软地带另加仰拱。单线隧道轨面以上内轮廓面积约为 $27 \sim 32$ m^2，双线约为 $58 \sim 67$ m^2。在曲线地段由于外轨超高车辆倾斜等因素，断面须适当加大，电气化铁路隧道因悬挂接触网等应提高内轮廓高度。中、美、俄三国所用轮廓尺寸为：单线隧道高度约为 $6.6 \sim 7.0$ m、宽度约为 $4.9 \sim 5.6$ m；双线隧道高度约为 $7.2 \sim 8.0$ m，宽度约为 $8.8 \sim 10.6$ m。在双线铁路修建两座单线隧道时，其中线间距离须考虑地层压力分布的影响，石质隧道约为 $20 \sim 25$ m，土质隧道应适当加宽。

④ 辅助坑道设计

辅助坑道有斜井、竖井、平行导坑及横洞四种。斜井是在中线附近的山上有利地点开凿的斜向正洞的坑道。斜井倾角一般在 $18° \sim 27°$ 之间，采用卷扬机提升。斜井断面一般为长方形，面积约为 $8 \sim 14$ m^2。竖井是由山顶中线附近垂直开挖的坑道，通向正洞。其平面位置可在铁路中线上或在中线的一侧（距中线约 20 m）。竖井断面多为圆形，内径约为 $4.5 \sim 6.0$ m。平行导坑是距隧道中线 $17 \sim 25$ m 开挖的平行小坑道，以斜向通道与隧道连接，亦可作将来扩建为第二线的导洞。中国自 1957 年修建川黔铁路凉风垭铁路隧道采用平行导坑以来，在 58

座长 3 km 以上的隧道中约有 80% 修建了平行导坑。横洞是在傍山隧道靠河谷一侧地形有利之处开辟的小断面坑道。

此外，隧道设计还包括洞门设计，以及开挖方法和衬砌类型的选择等。

4.4 土木工程施工

土木工程施工一般包括施工技术和施工组织两大部分，其中施工技术部分包括土方工程、桩基工程、砌筑工程、混凝土结构工程、预应力混凝土工程、结构安装工程、防水工程，等。施工组织部分包括建筑施工组织概论、流水施工原理、网络计划技术、单位工程施工组织设计、施工组织总设计等。

4.4.1 基础工程施工

1.土方工程施工

（1）概述

土方工程是土木工程施工中首先进行的一项重要内容，主要包括：场地清理、场地平整、基坑沟槽开挖、边坡开挖、路基填筑和基坑沟槽回填等主要工作；同时还包括排水、降水、边坡维护、基础支护等辅助工作。

土方施工特点是：面广量大，劳动繁重，机械施工，或机械和人工共同；施工条件复杂，露天作业，受自然环境影响大，地质情况不好探明；施工空间狭小，管线密集，周边建筑物高耸林立，对施工安全要求高。

土方施工一般要求：

① 在施工前做好调查研究工作，如土的性质，地下水位情况，管线情况，气象水文等资料；

② 根据工期、现场情况等制订详细的施工方案；

③ 做好土方的协调调配，尽量少占农田，缩短运距，避免二次倒运；

④ 尽可能采用机械化施工，降低劳动强度，提高生产效率。

（2）场地平整

场地平整就是通过挖高填低，将原始地面改造成满足人们生产、生活需要的场地平面。因此必须确定场地平整的设计标高，作为计算挖填土方工程量、进行土方平衡调配、选择施工机械、制定施工方案的依据。

场地平整设计标高的基本原则：应满足建筑功能、生产工艺和运输的要求；尽可能充分利用地形，减少挖方量；场地内挖填方量力求平衡，土方运输最少；有一定的排水坡度，考虑最高洪水水位的影响等。

土方调配是指对场地挖土的利用、堆弃和填土之间的关系进行综合协调处理，确定挖、填方区的调配方向和数量，使得土方工程施工最少、工期短，施工方便。土方调配步骤包括：划分土方调配区；计算调配区之间的平均运距；确定土方的初始调配方案、确定土方的最优调配方案；绘制土方调配图表。

场地平整土方工程量较大，为减轻劳动强度，提高劳动生存率、加快工程进度、降低工程成本，在组织土方工程施工时，应尽量采用机械化施工。常用的土方施工机械为推土机、铲运机，有时也使用挖掘机及装载机。

(3) 基坑工程

在土木工程有较深的地下管线、地下室和其他建筑物时，在结构施工时一般都须进行基坑开挖，为保证基坑开挖的顺利，在施工前需要进行基坑土壁稳定验算或支护结构的设计与施工。

为了施工安全，防止塌方，比较经济简单的土方施工方法是对挖方或填方的边缘，均应制成一定坡度的边坡。土方边坡的大小，应根据土质条件、挖方深度或填方高度、地下水位、排水情况、施工方法、边坡留置时间的长短、边坡上部的载荷情况等因素综合考虑确定。

开挖基坑时，深入坑内的地下水和流入的地面水如不及时排走，不但会使施工条件恶化，造成土壁塌方，还会影响地基的承载力。因此，做好施工排水和人工降低地下水位是配合基坑开挖的一项安全措施。地面水一般采取基坑周围设置排水沟、截水沟或修筑土堤等措施，基坑降水方法主要有集水井和井点降水法。

2. 路基与软土地基施工

(1) 路基工程施工

路基是按照路线位置和一定技术要求修筑的带状构造物，主要是路面以下的天然地层或填筑起来的压实土层。路基作为公路与铁路工程的基础，承受由路面传递下来的行车荷载，应该具有足够的强度、稳定性和耐久性。

路基施工按其技术特点分为：机械化施工法和爆破施工法，前者适用于一般土方工程，后者是石质路基开挖的基本方法。路基施工机械包括铲土运输机械(推土机、铲运机、平地机)、挖掘与装载机械(挖掘机、装载机)、工程运输车辆和压实机械。

(2) 软土地基施工

从广义上说，软土就是强度低、压缩性高的软弱土层，在我国滨海平原、河口三角洲、湖盆地周围都有广泛分布。一般可将软土划分为软黏性土、淤泥质土、淤泥、泥炭质土及泥炭五种类型。

软弱地基系指主要由淤泥、淤泥质土、冲填土、杂填土或其他高压缩性土层构成的地基。若天然地基不能满足建(构)筑物对地基的要求，就必须采用措施对软弱地基进行处理。在考虑地基处理方案时，应将上部结构、基础和地基统一考虑，重视它们的共同作用。地基处理的好坏将直接关系到基础的选择和造价。

3. 深基础施工

当天然地基土质不良，无法满足建筑物对地基变形和强度方面的要求时，可按前面讲述的方法进行地基处理；也可利用地基下部较坚硬的土层作为地基的持力层而设计成深基础。常用的深基础有桩基础、沉井及地下连续墙等。

（1）桩基

桩基础是用承台把沉入土中的若干个基桩的顶部联系起来的承担上部荷载的一种基础。按桩的施工方法分为预制桩和灌注桩。

① 预制桩

预制桩就是在打桩现场或者附近就地预制，较短的桩也可以在预制厂生产。特点是能承受较大的荷载、坚固耐久、施工速度快，对周围环境影响较大。施工程序为预制、运输、堆放、沉桩。

② 灌注桩

灌注桩就是直接在桩位上钻孔或冲孔，然后灌注混凝土或钢筋混凝土而成。与预制桩相比，灌注桩具有不受地层变化限制，不需要接桩和截桩，节约钢材、振动小、噪音小等优点。但存在操作要求较严，易发生颈缩、断裂现象；技术间歇时间较长，不能立即承受荷载；冬季施工困难较多等缺点。灌注桩按成孔方法分为干作业钻孔灌注桩、泥浆护壁成孔灌注桩、沉管灌注桩、爆扩成孔灌注桩、人工挖孔灌注桩等。

（2）地下连续墙施工

在拟建地下建筑的地面上，用专门的成槽机械沿着设计部位，在泥浆护壁的条件下，分段开挖一条狭长的深槽、清基，在槽内沉放钢筋笼并浇灌水下混凝土，筑成一段钢筋混凝土墙幅。将若干墙幅连接成整体，形成一条连续的地下墙。可应用于地下铁道、地下停车场、船坞、港口驳岸、桥梁基础、水坝、大型基础支护、高楼地下室、地下油罐、竖井、深路堑和深开挖边坡的挡土墙等。地下连续墙主要工序有修筑导墙、挖槽、清底、钢筋笼的加工和吊放、地下连续墙的接头、混凝土浇注等。

（3）沉井基础施工

沉井是井筒状的结构物，它是以井内挖土，依靠自身重力克服井壁摩阻力后下沉到设计标高，然后经过混凝土封底并填塞井孔，使其成为桥梁墩台或其他结构物的基础。它广泛应用于桥梁、烟囱、水塔的基础；水泵房、地下油库、水池竖井等深井构筑物和盾构或顶管的工作井。技术上比较稳妥可靠，挖土量少，对邻近建筑物的影响比较小，沉井基础埋置较深，稳定性好，能支承较大的荷载。

沉井施工工艺的优点是：埋置深度可以很大，整体性强、稳定性好，有较大的承载面积，能承受较大的垂直荷载和水平荷载；沉井既是基础，又是施工时的挡土和挡水结构物，下沉过程中无需设置坑壁支撑或板桩围壁，简化了施工；沉井施工时对邻近建筑物影响较小。

4.4.2　结构工程施工

1.砌筑工程施工

砌体工程是指在建筑工程中使用普通黏土砖、承重黏土空心砖、蒸压灰砂砖、粉煤灰砖、各种中小型砌块和石材等材料进行砌筑的工程。

（1）砌筑材料

砌体主要由块材和砂浆组成，其中，砂浆作为胶结材料将块材结合成整体，以满足正常使用要求及承受结构的各种荷载。因此，块材和砂浆的质量是影响砌体质量的首要因素。

砌筑砂浆是由无机胶凝材料、细骨料和水拌制而成；常用的砌筑砂浆有水泥砂浆、石灰砂浆、水泥石灰混合砂浆等。水泥砂浆适用于潮湿环境及水中的砌体工程；石灰砂浆仅用于强度要求低、干燥环境中的砌体工程；混合砂浆不仅和易性好，而且可配制成各种强度等级的砌筑砂浆，除对耐水性有较高要求的砌体外，可广泛用于各种砌体工程中。

砌块按外观形状可以分为实心砌块和空心砌块。空心砌块有单排方孔、单排圆孔和多排扁孔三种形式，其中多排扁孔对保温较有利。按砌块在组砌中的位置与作用可以分为主砌块和各种辅助砌块。根据材料不同，常用的砌块有普通混凝土与装饰混凝土小型空心砌块、轻集料混凝土小型空心砌块、粉煤灰小型空心砌块、蒸汽加气混凝土砌块、免蒸加气混凝土砌块(又称环保轻质混凝土砌块)和石膏砌块。吸水率较大的砌块不能用于长期浸水、经常受干湿交替或冻融循环的建筑部位。

(2)砖砌体施工

普通烧结砖砌筑工序包括：抄平→放线→摆砖样→立皮数杆→立头角→挂线→立头角→铺灰→砌砖→勾缝等工序。

施工工艺：当采用铺浆法砌筑时，铺浆长度不得超过 750 mm，当采用铺浆法砌筑时，施工期间气温超过 300 ℃时，铺浆长度不得超过 500 mm。

常用的砌砖工程施工方法有：挤浆法、刮浆法和满口灰法。目前建筑业流行的砌砖方法是"三一砌砖法"。"三一砌砖法"是刮浆法的一种，其操作口诀是："一铲(刀)灰、一口砖、一挤揉"。为提高砌体的整体性、稳定性和承载力，砖块排列应遵循上下错缝的原则，避免垂直通缝出现。砌筑工程质量的基本要求是：横平竖直、砂浆饱满、灰缝均匀、上下错缝、内外搭砌、接槎牢固。

(3)脚手架工程

脚手架是施工现场为工人操作并解决垂直和水平运输而搭设的各种支架，是指建筑工地上用在外墙、内部装修或层高较高无法直接施工的地方，主要为了施工人员上下、干活或外围安全网维护及高空安装构件等，说白了就是搭架子，脚手架制作材料通常有竹、木、钢管或合成材料等。有些工程也用脚手架当模板使用，此外在广告业、市政、交通路桥、矿山等部门也广泛被使用。中国现在使用的钢管材料制作的脚手架有扣件式钢管脚手架、碗扣式钢管脚手架、承插式钢管脚手架、门式脚手架，还有各式各样的里脚手架、挂挑脚手架以及其他钢管材料脚手架。

2.钢筋混凝土工程施工

钢筋混凝土工程是由模板工程、钢筋工程和混凝土工程组成的，在施工中三者之间要紧密配合，合理组织施工，才能保证工程质量。

(1)模板工程

模板是使钢筋混凝土构件成型的模型。模板工程占钢筋混凝土工程总价的20% ~30%，占劳动量的30% ~40%，占工期的50%左右，决定着施工方法和施工机械的选择，直接影响着工期和造价。

① 模板系统的组成

模板系统由模型板、支撑系统、紧固件等组成。模型板：主要是使结构构件形成一定的形状和承受一定的荷载；支撑系统：保证结构构件的空间布置，同时也承受和传递各种荷载，并与紧固件一起保证整个模板系统的整体性和稳定性；紧固件：保证整个模板系统的整体性和稳定性。

② 模板系统的基本要求

应保证结构和构件各部分形状、尺寸和相互位置正确。要有足够的强度、刚度和稳定性，并能可靠地承受新浇筑混凝土的自重荷载、侧压力及施工荷载，不致发生不允许的下沉与变形。构造要简单，装拆方便，并便于钢筋的绑扎与安装，有利于混凝土的浇筑及养护。模板接缝严密，不漏浆。能多次周转使用，节约材料。

③ 模板的拆除

现浇结构的模板及其支架拆除时，混凝土的强度应符合设计要求；当设计无具体要求时，侧模可在混凝土强度能保证其表面及棱角不因拆除模板而受损伤后拆除；底模拆除时所需的混凝土强度应符合一定的要求。

(2) 钢筋工程

① 钢筋的验收

钢筋进场时应有出厂质量证明书或实验报告单，并按品种、批号及直径分批验收。验收内容包括查对标牌，外观检查，机械性能试验，如在加工过程中发现脆断、焊接性能不良或机械性质显著不正常时，应进行化学成分检验或其他专项检验。

② 钢筋的冷加工

在常温下，对钢筋进行机械加工，产生塑性变形，使其内部结晶发生变化，从而改变金属的物理、力学性质。冷加工方法有冷拉、冷拔、冷轧扭、绞结。冷拉、冷拔的目的是提高钢筋的设计强度，节约钢材，满足力学的需要，检验焊接接头质量。

③ 钢筋的连接

常见的钢筋连接方法有绑扎连接、焊接连接、机械连接。

绑扎连接：其工艺简单，工效高；不需要连接设备；当钢筋较粗时，相应地需增加接头钢筋长度，浪费钢材，且绑扎接头的刚度不如焊接接头。

焊接连接：分为压焊和熔焊，压焊：闪光对焊、电阻对焊、气压焊；熔焊：电弧焊、电渣压力焊。用电焊代替钢筋绑扎，可以节约大量钢材，而且连接牢固、工效高、成本低。

机械连接：将需连接的变形钢筋插入特制钢套筒内，利用液压驱动的挤压机进行径向或轴向挤压，使钢套筒产生塑性变形，使它紧紧咬住变形钢筋实现连接。它适用于竖向、横向及其他方向的较大直径变形钢筋的连接。

④ 钢筋的配料

根据结构施工图，先绘出各种形状和规格的单根钢筋简图并加以编号，然后分别计算钢筋下料长度、根数及质量，填写配料单，申请加工。

⑤ 钢筋的代换

当施工中遇到钢筋品种或规格与设计要求不符时，可进行钢筋代换，以满足原结构设计的要求。

⑥ 钢筋的加工

钢筋加工包括钢筋的调直、除锈下料剪切、接长、弯曲等工作。

(3) 混凝土工程

混凝土工程施工包括配料、搅拌、运输、浇筑、养护等施工过程。在整个施工工艺中，各个施工过程紧密联系又相互影响，任一施工过程处理不当都会影响混凝土的最终质量。

① 混凝土的配料

合理的混凝土配合比应能满足两个基本要求：既能保证混凝土的设计强度，又要满足施工所需的和易性。对于有抗冻、抗渗等要求的混凝土，还应符合相关规定。

② 混凝土的搅拌

目前施工现场主要有强制式搅拌机与自落式搅拌机。强制式搅拌机与自落式搅拌机相比，具有搅拌作用强烈、搅拌时间短、生产效率高的特点。强制式搅拌机适宜于搅拌坍落度在 3 cm 以下的普通混凝土和轻骨料混凝土。

③ 混凝土的运输

对混凝土拌合物运输的基本要求是：不产生离析现象；保证浇筑时规定的坍落度；在混凝土初凝之前能有充分时间进行浇筑和捣实。常用的运输方式：水平运输、垂直运输、楼面水平运输。

④ 混凝土的浇筑

混凝土浇筑质量的好坏，对混凝土的密实性、耐久性、结构整体性及外形的正确性有决定性作用。浇筑前的准备工作包括以下几个方面：

- 对模板及其支架进行检查，应确保标高、位置、尺寸正确，强度、刚度、稳定性及严密性满足要求；模板中的垃圾、泥土和钢筋上的油污应加以清除；木模板应浇水润湿，但不允许留有积水；
- 对钢筋及预埋件应请工程监理人员共同检查钢筋的级别、直径、排放位置及保护层厚度是否符合设计和规范要求，并认真作好工程记录；
- 准备和检查材料、机具等，注意在雨雪天气不宜浇筑混凝土；
- 做好施工组织工作和技术、安全交底工作。

浇筑工作的一般要求：必须保证混凝土均匀密实，填满模板整个空间；新旧混凝土结合良好（即施工缝）；拆模后，混凝土表面平整光滑；混凝土中钢筋及预埋件的位置正确。

⑤ 混凝土的养护

养护的目的是为混凝土硬化创造必需的湿度、温度条件，防止水分过早蒸发或冻结，防止混凝土强度降低和出现收缩裂缝、剥皮、起砂等现象。

⑥ 混凝土冬季施工

混凝土能凝结、硬化并获得强度，是由于水泥和水进行水化作用的结果。水化作用的速度在一定湿度条件下主要取决于温度，温度越高，强度增长也越快；反之则慢。当温度在0 ℃以下时，水化作用基本停止；当温度在 −2 ~ −4 ℃时，混凝土内的水开始结冰，水结冰后体积增大8% ~9%，产生裂纹，减弱水泥与砂石和钢筋之间的粘结力，从而使混凝土强度降低。

混凝土冬期养护方法有以下三种：

① 混凝土养护期间不加热方法：蓄热法、掺化学外加剂法。

② 混凝土养护期间加热方法：蒸汽加热法、电极加热法、暖棚法、电器加热法、感应加热法。

③ 综合方法：综合蓄热法。

选择混凝土冬期施工方法，要考虑自然气温、结构类型和特点、原材料、工期限制、能源情况和经济指标。

3.结构安装工程施工

结构安装工程是用起重设备将预制成形的各种结构构件安装到设计位置的施工过程。结构安装工程中常用的起重机械有桅杆式起重机、自行杆式起重机和塔式起重机三大类。桅杆式起重机是将桅杆式的起重支杆设立于地面上进行起吊构件的起重机械。它具有制作简单、装拆方便、起重量较大(可达100吨以上)、受地形限制小，能用于其他起重机械不能安装的一些特殊结构设备等优点；但它的灵活性差，服务半径小，移动困难，需要拉设较多的缆风绳，一般只适用于安装工程量比较集中的工程，或无电源的地方及无大型设备的施工企业。自行杆式起重机可分为履带式起重机、汽车式起重机与轮胎式起重机。塔式起重机的类型较多，按结构与性能特点分为两大类：一般式塔式起重机与自升式塔式起重机。

4.4.3 施工组织

施工组织是以科学编制一个工程的施工组织设计为研究对象，编制出指导施工的技术纲领性文件，合理地使用人力物力、空间和时间，着眼于工程施工中关键工序的安排，使之有组织、有秩序地施工。

1.施工准备

施工准备是为拟建工程的施工创造必要的技术、物资条件，动员安排施工力量，部署施工现场，确保施工顺利进行。施工准备工作要有计划、有步骤、分期和分阶段进行，贯穿于整个施工过程的始终，包括技术准备、现场准备、物资准备、人员准备和季节准备。

2.施工组织设计

施工组织设计是指导整个施工活动从施工准备到竣工验收的组织、技术、经济的、综合性的技术文件，是编制工程建设计划，组织施工力量，规划物质资源，制定施工技术方案的依据。

3.施工组织设计分类

施工组织总设计、单位工程施工组织设计、分部分项工程施工组织设计。

4.施工组织设计应具备的基本内容

工程概况：建设项目特征、施工条件；工程开展的程序，涉及整个建设项目能否迅速投产或使用的战略意图；

施工方案：施工组织设计的核心，合理与否将直接关系施工效率、质量、工期和技术经济效果。

施工程序和流程：选择施工技术方案和施工机械，制定技术组织措施。

5.施工总平面图

按照施工部署、施工方案和施工进度的要求对施工场地的道路系统、材料仓库、附属设施、临时房屋、临时水电管线等做出合理规划布置。

4.5 土木工程项目管理

4.5.1 项目管理的发展历史及基本概念

1.项目管理的发展历史

（1）传统项目管理阶段

从20世纪40年代中期到60年代，主要是应用于国防工程建设和工民建工程建设。传统项目管理方法是致力于项目预算、规划和为达到特定目标而借用的一些运营管理的方法，在相对较小的范围内所开展的一种管理活动。从60年代起，建立起两大国际性项目管理协会，即以欧洲为主的国际项目管理协会（International Project Management Association，IPMA）和以美国为首的美国项目管理协会（Project Management Institute，PMI）以及各国相继成立的项目管理协会，为推动项目管理的发展发挥了积极的作用，做出了卓越的贡献。

（2）现代项目管理阶段

80年代之后，项目管理进入现代项目管理阶段，项目管理的应用领域在这一阶段也迅速扩展到社会生产与生活的各个领域和各行各业，并且在企业的战略发展和日常经营中的作用越来越重要。今天，项目已经成为社会创造精神财富、物质财富和社会福利的主要方式，所以现代项目管理也成为发展最快和使用最为广泛的管理领域之一。

（3）两种项目管理范式的区别

现代项目管理范式在管理思想的适用性、管理方法的科学性和应用领域的宽广性等方面更加适应信息社会和知识经济的需要。

2.项目的基本概念

项目管理是通过项目经理和项目组织的努力，运用系统理论和方法对项目及其资源进行计划、组织、协调、控制，以实现项目的特定目标的管理方法体系。

（1）项目管理的根本目的

项目管理的根本目的是需要满足或超越建设项目相关利益主体的要求与期望。

两层含义：项目管理者必须按照建设项目相关利益主体的要求和期望去开展建设项目的管理；项目管理者必须充分识别和管理好建设项目相关利益主体的各种要求与期望。

(2)项目管理的特点

项目管理的对象是项目或被看做项目来处理的运作。项目管理的全过程都贯穿着系统工程的思想。项目管理的组织具有特殊性。项目管理的体制是一种基于团队管理的个人负责制。项目管理的方式是目标管理。项目管理的要点是创造和保持一种使项目顺利进行的环境。项目管理的方法、工具和手段具有先进性、开放性。

4.5.2 项目管理的知识体系和项目管理过程

1.项目管理知识体系

美国项目管理学会(Project Management Institution，PMI)从1984年开始致力于项目管理的研究和推广，并将项目管理方法逐步制定并修订为项目管理知识体系(Project Management Body of Knowledge，PMBOK)。PMBOK于1996年推出并投入使用，2000年新版修订，国际标准化组织(ISO)以此为蓝本制定了ISO10006标准。PMBOK已被世界项目管理界公认为一个全球性标准。该标准是现代项目管理中所要开展的各种管理活动所使用的理论、方法和工具等一系列内容的总称。

PMI将项目管理知识体系分为9大知识领域：项目集成管理、项目范围管理、项目时间管理、项目成本管理、项目质量管理、项目人力资源管理、项目沟通管理、项目风险管理、项目采购管理。

2.项目管理过程

一个项目的全过程或项目阶段都需要有一个相对应的项目管理过程。根据PMBOK 2000，项目管理分为9个知识领域，总共包含了39个项目管理过程。这些管理过程可以被分为5个项目管理过程组：启动过程、计划过程、实施(执行)过程、控制过程和收尾过程。每个管理过程组可以包含一个或多个项目管理过程。

启动过程：包括开始或结束项目及项目的相关活动。

计划过程：包括拟定、编制和修订一个项目或项目阶段的工作目标、工作计划方案、资源供应计划、成本预算、计划应急措施等方面的工作。

实施(执行)过程：包括协调人力资源和其他资源来执行项目计划，并产生项目产品或者项目可交付成果的相关活动。

控制过程：包括按照项目计划测量项目进度，并在需要时采取纠正措施来确保项目目标能被满足的相关活动。

收尾过程：包括阶段或者项目最终能被接受的相关活动。

3.项目管理过程组之间的联系

项目管理过程组与他们所产生的结果相联系。一个过程的结果或输出通常是另一个过程的输入。在计划过程组、实施过程组和控制过程组之间，这种联系是迭代。计划过程先提供给实施过程文档化的项目计划；实施过程执行项目计划，并有可能向控制过程发出变更请求；控制过程按照项目计划监控并测量执行结果，检查是否产生了偏差，如果偏差比较明显，控制过程将随着项目的进展向计划过程发出文档化的计划更新，向实施过程发出纠正措施。

4.5.3 项目组织管理与项目经理

1. 项目的组织系统

组织对于项目成功的影响是很重要的，组织的系统、结构、文化和风格都可能对项目产生影响。以项目为基础的组织，是通过为其他组织承担项目来获取收入的组织，例如建筑设计公司、工程设计公司、咨询公司、建筑施工单位、政府分包商等；不以项目为基础的组织，缺乏以项目为导向的组织，通常是持续运作型的组织，例如生产型企业、金融服务公司等。这种组织常常不重视项目管理系统，会使项目管理的实施难度加大。

2. 项目的组织结构

任何一个组织都是为完成一定的使命和实现一定的目标而设立的，由于每个组织的使命、目标、资源、条件和所处的环境不同，导致他们的组织结构也会不同。组织的结构会对取得项目资源的可能性有所影响，从而确定有多少高级管理权限能够分配给项目经理。组织结构从大类上可以按照从面向功能到面向项目的程度划分为直线职能型、矩阵型、项目型和组合型四类。

3. 项目团队

(1) 项目团队的定义

项目团队是由一组个体成员为实现一个具体项目的目标而组建的协同工作队伍。

(2) 项目团队的特性

项目团队是为完成特定的项目而设立的专门组织，具有很强的目的性。项目团队是一次性临时组织，项目团队强调的是团队精神和团队合作，项目团队具有渐进性和灵活性等方面的特性，项目团队的成员有时同时接受双重领导。

4. 项目经理

(1) 项目经理的角色与职责

项目经理是项目的领导者/决策人，项目经理是项目的计划者/分析师，项目经理是项目的组织者/合作者，项目经理是项目的控制者/评价者，项目经理是项目利益的协调人/促进者。

(2) 项目经理的素质要求

项目经理要有勇于承担责任、积极创新的精神，要有实事求是、任劳任怨和积极肯干的作风。

(3) 项目经理技能要求

项目经理的概念性技能，项目经理的人际关系能力，项目经理的专业技能。

 本章小结

土木工程是建造各类工程设施的科学技术的统称。它既指所应用的材料、设备和所进行的勘测、设计、施工、保养维修等技术活动；也指工程建设的对象，即建造在地上或地下、陆上或水中，直接或间接为人类生活、生产、军事、科研服务的各种工程设施。

自人类出现以来，为了满足住行以及生产活动的需要，从构木为巢、掘土为穴的原始操作开始，到今天能建造摩天大厦、万米长桥，再到移山填海的宏伟工程，经历了漫长的发展过程。

土木工程施工一般包括施工技术和施工组织两大部分，其中施工技术部分包括土方工程、桩基工程、砌筑工程、混凝土结构工程、预应力混凝土工程、结构安装工程、防水工程，等。施工组织部分包括建筑施工组织概论、流水施工原理、网络计划技术、单位工程施工组织设计、施工组织总设计等。

? 复习思考题

1. 土木工程的性质和特点是什么？
2. 试述土木工程的历史及展望。
3. 土木工程有哪些分类及特点？
4. 基础工程施工和结构工程施工都包括哪些内容？
5. 试述项目管理的发展历史。

 案例简介

铁路隧道施工安全事故类型及案例

2006年1月21日，宜万铁路马鹿菁隧道出口段平导开挖至 DK255+978 时发生突水、突泥，突水总量约18万方，在抢险抽水时又多次发生突水。马鹿菁隧道全长7 879 m，最大埋深约660 m，隧道自进口至出口为连续15.3‰上坡。在线路左侧30 m预留二线位置设置贯通平导，平导全长7 850 m。隧道穿越地层中灰岩地层为7 408 m，占隧道总长的94%，隧道区域漏斗、落水洞、暗河十分普遍，岩溶强烈发育，管道岩溶水系极为复杂。这次事故除多人逃生外，造成10人死亡，1人失踪。

2007年4月30日15时30分太中银铁路吴堡隧道3#斜井掌子面左侧拱脚部位发生坍方，坍方量约8 m³，造成当场死亡4人，1人受轻伤。

2007年8月5日凌晨1:00时左右，宜万铁路野三关隧道Ⅰ线斜井向进口方向

DK124+602 掌子面右侧下部发生突水、突泥，总突水量约 15 万方，突泥量 5.4 万方。斜井工区 Ⅰ 线距掌子面约 220 m 填满淤泥和石块，其他地段淤泥厚 1~4 m 不等。野三关隧道 Ⅰ 线全长 13 846 m，隧道最大埋深 695 m，设计为人字坡。Ⅰ 线左侧 30 m 设置 Ⅱ 线。隧道穿越石马坝背斜及二溪河向斜，发育有 5 条暗河及管道流。突水后，5 个掌子面人员受困，共计 52 人被困。43 人获救，其中 1 人医治无效死亡；9 人中有 2 人在隧道内死亡，7 人失踪。

2007 年 8 月 6 日 18 点 30 分左右，石太客专南庄隧道出口 DIK151+603 掌子面处上导坑开挖刚完成，在准备架设拱架过程中，上导坑 DIK151+603~610 段已完成的初期支护突然发生整体坍塌。造成 1 人死亡，1 人失踪。

（资料来源：根据 http://wenku. baidu. com/view/57b276205901020207409c71. html 相关内容改编）

案例思考

1. 隧道安全施工存在哪些问题？
2. 施工作业规范的欠缺有哪些？

第5章 水利水电工程

5.1 水利水电工程概述

5.1.1 我国水资源的现状和基本特点

1.水资源与水环境

水是大自然的重要组成物质，是经济社会可持续发展的基础，是人们赖以生存和生活的一种重要资源。水资源主要是指某一地区可逐年天然恢复和更新的淡水资源。水资源用途十分广泛且不可替代，需要人们去研究、开发、控制、利用和保护。

水既是重要资源又是环境要素。无论是自然因素还是人为影响致使水环境退化或恶化，都将引发生态问题，如水体污染、地下水衰竭、水土流失等。实践证明，人类在对自然进行开发利用的同时，必须重视保护环境，学会与自然和谐相处，否则人类将会受到自然界的惩罚。

2.我国水资源的现状和基本特点

地球表面积的70.8%被水所覆盖，藏水总量为13.8亿立方千米，但绝大部分是海水，淡水资源很少，约为0.35亿立方千米，占地球藏水总量的2.53%。大部分淡水资源又被储藏在极地冰盖和高山冰川之中，可供人们使用的淡水资源不足总量的1%。目前，世界上已经有一些国家和地区出现水资源短缺，例如中东地区，虽然石油资源非常丰富，但水资源却很少，匮乏的水资源对中东各国的生产以及人们的生活影响很大。可以预计，随着人口的增长和社会的发展，未来的水资源形势将十分严峻，水资源的重要性也就不言而喻了。

我国水资源的现状和基本特点主要体现在以下几个方面：

（1）水资源总量多，人均占有量少

我国水资源总量仅次于巴西、俄罗斯、加拿大，居世界第四位，但由于中国人口众多，人均水资源占有量很低。按国际上现行标准，人均年拥有水资源量在1 000～2 000 m³时，会出现缺水现象；少于1 000 m³时，会出现严重缺水的现象。预计到2030年，我国人均水资源占有量为1 760 m³。

（2）河川径流量年际、年内变化大

例如，北方主要河流曾出现连续丰水年和连续枯水年的现象，这种现象是造成水旱灾害频繁、农业生产不稳的重要原因；降雨量年内分配也极不均匀，主要集中在汛期。随着对自然资源的过度开采和使用，人力作用影响气候变化的力度将会越来越大，河川径流年际、年内变化大和不均衡的现象会更加突出。

（3）水资源地区分布与其他重要资源布局不匹配

我国水资源的地区分布不均匀，南多北少，东多西少，相差悬殊，与人口、耕地、矿产和经济的分布不匹配。

我国水利资源丰富，居世界第一，但开发程度远低于发达国家的水平。因此我国水利资源的开发利用潜力相当巨大，任重而道远。

5.1.2 水利工程概述

1. 水利工程的概念

人类需要适时适量的水，水量偏多偏少往往造成洪涝、干旱等灾害；水资源受气候的影响，在时间上、空间上分布不均匀，出现了来水和用水之间不相适应的问题。为了实现水资源在时间上、地区上的重新分配，需要因地制宜地修建蓄水、引水、跨流域调水等工程，以使水资源得到合理地开发、利用和保护。

对自然界的地表水和地下水进行控制和调配，以达到兴水利除水害的目的而修建的各项工程，总称为水利工程。水利工程的兴建，必须做到因地制宜，统筹规划，在满足各种需要的同时，最大限度地保护生态环境。

水利工程按其服务对象可分为防治洪水灾害的防洪工程，为农业生产服务的农田水利工程，将水能转化为电能的水力发电工程，为水运服务的航道及港口工程，为人类生活和工业用水及排泄、处理废水和雨水服务的城镇供水及排水工程等。

水利工程按其对水的作用分为蓄水工程、排水工程、取水工程、输水工程、提水工程、水质净化、污水处理工程等。

2. 水利工程的作用

自然界的水在不同地区之间、同一地区年际之间及年内汛期和枯水期的水量相差很大，不能完全适应人类的需要。水利工程的存在就是为了做到蓄洪补枯、以丰补缺，消除旱涝灾害并充分合理地利用水资源，发展灌溉、发电、供水、航运、养殖、旅游等事业，满足人类生活、工农业生产、交通运输、能源供应、环境保护和生态建设等方面的需要。

3. 水利工程的组成

水利工程主要由各种控制和分配水流的水工建筑物组成，包括挡水建筑物、泄水建筑物、输水建筑物、取(进)水建筑物、整治建筑物和专门建筑物等,这些特定的建筑物,主要是为了满足防洪要求,获得灌溉、发电、供水等方面的效益。

由若干座不同类型的水工建筑物构成的建筑物综合体称为水利枢纽。一个水利枢纽的功能可以是单一的,如防洪、发电、灌溉、引水等,但多数兼有几种功能,称为综合利用水利枢纽。

4. 水利枢纽的分等

水利工程是改造自然、开发水资源的伟大工程,能为社会带来巨大的经济效益和社会效益。但是,水利设施失效、工程失事会直接影响经济效益,给社会和人民生活带来巨大的财产损失和灾害。

水利部、能源部颁布的水利水电工程分等分级指标中,将水利水电工程根据其工程规模、效益和在国民经济中的重要性分为五等,见表5-1。

表5-1　水利水电工程分等指标

工程等别	工程规模	水库总库容 ($\times 10^8$ m³)	防洪		治涝	灌溉	供水	发电
			保护城镇及工矿企业重要性	保护农田 ($\times 10^4$ 亩)	治涝面积 ($\times 10^4$ 亩)	灌溉面积 ($\times 10^4$ 亩)	供水对象重要性	装机容量 ($\times 10^3$ MW)
I	大(1)型	≥10	特别重要	≥500	≥200	≥150	特别重要	≥120
II	大(2)型	10~1.0	重要	500~100	200~60	150~50	重要	120~30
III	中型	1.0~0.1	中等	100~30	60~15	50~5	中等	30~5
IV	小(1)型	0.1~0.01	一般	30~5	15~3	5~0.5	一般	5~1
V	小(2)型	0.01~0.001		<5	<3	<0.5		<1

注:1.水库总库存是指水库最高水位以下的静库容。2.治涝面积和灌溉面积均指设计面积。

(资料来源:秦定龙. 水工建筑物. 北京:中国电力出版社,2009.)

5.1.3　水资源开发与利用的基本原则

水资源开发与利用应严格遵循1988年1月21日第六届全国人民代表大会常务委员会第24次会议通过的《中华人民共和国水法》,根据各地区的实际情况,适度和合理开发利用水资源,保持水利建设的可持续发展。应遵循的基本原则如下:

1. 以人为本,科学配置

坚持以人为本、人水和谐的科学治水关,优化水资源区域及行业配置,逐步实现由单一的"以需定供"配置向综合的"以需定供与以供定需相结合"配置转变。

2. 合理开发,全面节水

遵循自然和经济规律,有序开发地表水,适度开发地下水,积极开发雨洪水、海水和再生水,实现水资源利用由粗放型向高效、节约型转变,切实提高水资源综合利用率。

3. 综合治水，有效保护

坚持在保护中开发，在开发中保护，实行水污染物总量控制、全过程控制、综合治理的水环境生态建设，有效保护水资源。

4. 依法治水，深化改革

正确处理水利工程的公益性和经营性关系，深化水资源管理体制和运行机制改革，实现各地区水资源统筹协调管理。

总之，在开发和利用水资源时，关键要处理好经济发展与水资源、水环境保护的矛盾。

5.2 水利水电工程规划、设计和施工

5.2.1 水利水电工程建设项目的划分

水利水电建设项目通常可逐级划分为若干个单项工程、单位工程、分部工程和分项工程，如图 5-1 所示。

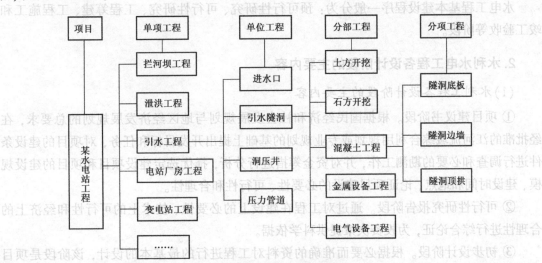

图 5-1 建设项目划分示意图

单项工程由几个单位工程组成。建成后可独立发挥作用或效益，如拦河坝工程、泄洪工程、引水工程等。

单位工程是单项工程的组成部分。按照单项工程各组成部分的性质及能否独立施工，建成后能独立发挥作用的工程部分，可将单项工程分为若干个单位工程，如大坝的基础开挖、坝体浇注施工等。

分部工程是单位工程的组成部分。按照结构部位或施工工艺划分而成，不能独立进行施工的部分，如溢洪道工程中的土方开挖、石方开挖等。分部工程是编制建设计划、编制概预算、组织招标投标、组织施工、进行工程结算的基本依据，也是进行建筑安装工程质量检验和等级评定的基础。

分项工程是分部工程的组成部分。对于水利水电工程,一般将人力、物力消耗定额相近的结构部位归为同一分项工程,如溢流坝的混凝土过程可分为坝身、闸墩、胸墙、工作桥、护坦等分项工程。

5.2.2 水利水电工程建设程序

一项水利工程,工程规模一般很大,涉及的因素很多,需要经过勘测、规划、设计、施工、运行管理等多个环节协作完成,建设的全过程是一项很复杂的系统工程。

国家基本建设项目一般包括前期工作、项目实施、竣工验收及后期评价等环节。

1.水利水电工程基本建设程序

(1)水利工程基本建设程序

水利工程基本建设程序一般分为:项目建议书、可行性研究、初步设计、施工准备、建设实施、生产准备、竣工验收等阶段。对重大工程还要进行后期评价,对利用外资的项目还应有执行外资项目的管理规定。

(2)水电工程基本建设程序

水电工程基本建设程序一般分为:预可行性研究、可行性研究、工程筹建、工程施工和竣工验收等阶段。

2.水利水电工程各设计阶段的主要内容

(1)水利工程各设计阶段的主要内容

① 项目建议书阶段。根据国民经济和社会发展规划与地区经济发展规划的总要求,在经批准的江河流域综合利用规划或专业规划的基础上提出开发目标和任务,对项目的建设条件进行调查和必要的勘测工作,并对资金筹措进行分析,择优选定建设项目和项目的建设规模、建设时间和地点,论证项目建设的必要性、可行性和合理性。

② 可行性研究报告阶段。通过对工程在建设上的必要性、技术上的可行性和经济上的合理性进行综合论证,为投资决策提供科学依据。

③ 初步设计阶段。根据必要而准确的资料对工程进行的最基本的设计,该阶段是项目建设前期工作的最后一个阶段。

④ 招标设计阶段。设计好合同文件和工程文件,使投标者能根据图纸、技术规范和工程量表确定投标报价。

⑤ 施工详图阶段。在初步设计和招标设计的基础上,绘制具体施工详图,施工详图是现场建筑物施工和设备制作安装的依据。

(2)水电工程各设计阶段的主要内容

① 预可行性研究阶段。主要包括:初拟主要特征水位、工程规模、综合开发任务,对水文、枢纽区和库区工程地质条件、环境影响进行初步分析和评价,初拟坝址、坝型、枢纽布置方案、主要机电设备及金属结构,初拟主体工程施工方法、导流方法及施工总进度,估算工程投资,进行初步的国民经济评价及财务评价。

② 可行性研究阶段。对于装机规模较大、涉及面广的重大工程或地质条件较复杂的工程，在此阶段提出选坝报告，经审查认定后，再全面开展可行性研究工作，以加快前期工作进度。

③ 招标设计阶段。在已经批准的可行性研究报告的基础上对设计进一步完善和优化。包括确定各枢纽建筑物的土建和机电等细部设计，主要材料及设备选型，编制土建工程标书和机电设备采购标书，提出主要建筑物结构图纸和相关的技术要求以及机电设备采购和安装的技术要求等。

④ 施工详图阶段。配合工程施工提出各建筑部位土建、机电安装、金属结构制作和安装等的施工图纸。

5.2.3　水利枢纽布置设计的原则

枢纽布置设计就是对各种水工建筑物的建筑位置和邻接关系的安排。枢纽布置设计是水利水电工程设计中最重要和最复杂的工作之一，而坝址(闸址)、坝型或者水电站厂址的选择和枢纽布置是水利水电枢纽设计的重要内容。

在选择坝址、坝型和枢纽布置时，不仅要研究枢纽附近的自然条件，还需考虑枢纽的施工条件、运行条件、综合效益、投资指标以及远景规划等，这是水利枢纽设计中贯穿在各个设计阶段的一个十分重要的问题。枢纽布置设计一般应遵循以下原则：

1. 枢纽中主要建筑物如坝址、坝型及其他建筑物的类型选择和枢纽布置要做到施工方便、工期短、造价低。

2. 满足枢纽中各建筑物在布置上的要求，保证在任何工作条件下正常工作，避免枢纽中各建筑物在运行期间互相干扰。

3. 在满足建筑物强度、稳定和变形安全的条件下，降低枢纽总造价和年运行费用。

4. 枢纽中各建筑物布置紧凑，尽量将同一工种的建筑物布置在一起，以减少连接建筑，便于管理。

5. 尽量使一个建筑物发挥多种用途，临时建筑物和永久建筑物相结合，充分发挥综合效益。

6. 尽可能使枢纽中的部分建筑物早期投产，提前发挥效益，如提前蓄水、早期发电或灌溉等。

7. 枢纽的外观应与周围环境相协调，在可能的条件下注意美观。

8. 远景规划中有扩建需要时，枢纽布置应留有扩建余地。

5.2.4　水利水电工程施工

组织水利水电工程施工，必须充分认识工程建设的特点。

1. 水利水电工程的特点

由于水利水电工程多修建在江河、湖泊、海岸等范围内，既对水起控制作用，同时又承受水的作用，因而现代水利水电工程呈现以下明显的特点：

（1）工作条件复杂

地形、地质、水文、施工等条件对选定坝址、闸址、洞线、枢纽布置、水工建筑物等都有十分密切的关系，具体到每一个工程都有其自身的特定条件，工作条件很复杂。

（2）受自然条件制约，施工难度大

在河道兴建水利工程，需要解决好施工导流、截流、度汛等问题，加之施工技术复杂，地下、水下工程多，交通运输比较困难，使得施工难度大，工程进度紧迫。

（3）建设地点偏僻，条件艰苦

水利工程的选址一般距城镇较远，交通不便，人烟稀少。为此，需建立一些临时性的施工厂房和大量生活福利设施。

（4）经济和社会效益明显，对环境影响大

水利工程，特别是大型水利枢纽的兴建，对发展国民经济、改善人民生活、美化环境起到非常重要的作用。但是，由于水库水位抬高，需要考虑移民和迁建，库区周围的水质、水文、小气候等发生了改变，使附近的生态平衡发生了变化。

（5）工程一旦失误，后果十分严重

作为蓄水工程主体的坝或江河的堤防，一旦决口，将会给下游人民的生命财产和国家建设带来重大的损失。

由此可见，水利水电工程施工极为复杂，不仅受工程自身多种因素的影响，而且还受社会、经济、技术、生态等外部环境的制约。因此，做好施工组织设计，降低工程造价，加快施工进度，缩短施工工期，对水电工程建设具有重大的社会和经济意义。

2. 水利工程施工

水利工程施工就是把设计蓝图变成实在的工程实体，形成新的具有价值和使用价值的固定资产，以满足兴水利除水害的社会需要。具体包括施工导流、爆破工程、土石坝工程、混凝土工程、基础防渗处理及地下工程等内容。

（1）施工导流

在水利工程施工过程中，一方面要创造干地施工条件；另一方面还要协调通航、渔业、灌溉或水电站运转等水资源综合利用的要求。因此，必须通过适当的工程措施将原河流导向下游，在河道上修建水工建筑物时，常用围堰一次或分期分段地维护施工基坑，使原河流通过临时导流设施流向下游，称为施工导流。

（2）爆破工程

在水利工程施工过程中，通常采用爆破来开挖基坑和地下建筑物所需要的空间、开采石料以及完成某特定的施工任务，如定向爆破筑坝、开渠、截流、水下爆破和周边控制爆破等。认真探索爆破的机理，正确掌握各种爆破技术，对加快工程进度、提高工程质量、降低工程成本具有十分重要的意义。

（3）土石坝工程

按施工方法一般分为碾压式土石坝、抛填式堆石坝、定向爆破堆石坝和水力冲填坝等。

国内外均以碾压式土石坝采用最多。该施工阶段具有工程量大、施工强度高、筑坝时所需土石可以就地取材或充分利用各种开挖料、施工时和自然条件关系极为密切等特点。

（4）混凝土工程

在水利水电工程中混凝土的用量非常巨大，适用范围几乎涉及所有的水工建筑物，如大坝、水闸、水电站、抽水站、隧洞、港口、桥梁、堤防、护岸和渠系建筑物等。混凝土工程的施工环节主要包括砂石骨料的采集、加工、贮存与温控；掺和料、外加剂和水泥的贮存，拌和水的温控；模版和钢筋的加工制作、运输与架设；混凝土的制备、运输、浇捣和养护。

（5）基础防渗处理及地下工程

各类水工建筑物都面临着基础的稳定和防渗处理问题，基础处理不当，将给以后的工程运用带来无穷的隐患，严重时直接危害大坝的安全，给国家财产造成巨大损失。在水利工程基础加固和防渗中常用的施工方法有固结灌浆、接触灌浆等；近年来兴起的振动沉模防渗板技术、高压喷射灌浆技术、垂直喷塑技术等已得到广泛的应用，其特点是施工进度快、投资省。

5.3 水利水电工程对环境的影响

5.3.1 水利水电开发对环境的影响

水利水电工程的兴建，特别是大型水库的形成，将使其周围环境发生明显的改变。在为发电、灌溉、供水、旅游等创造有利条件的同时，也会带来一定的不利影响。如何在开发水电的同时保护好原有的生态环境，实现水电开发与环境保护的双赢局面，这是我们必须面对的一个现实问题。

1. 对生态环境的影响

水电工程建筑拦河大坝蓄水发电运行后，连续型河道变成了分段性河道，使天然河流的流量、流速、水位等发生明显变化，年内径流量平均化，引起水生生态环境发生显著变化。

2. 对水环境的影响

修建高坝大库后，改变了原有天然河流的水环境，水环境的变化打破了原有的生态平衡。

3. 水库淹没与移民安置对环境的影响

水电工程存在不同程度的水库淹没，需要进行一定规模的移民安置。水库蓄水使库区原有农田减少，特别是对土地资源比较匮乏的地区，移民安置与解决耕地问题的矛盾十分尖锐，移民安置问题解决不好，也会造成当地环境质量退化和社会不稳定等问题，甚至影响到已建水电站的正常生产运行。

4. 施工期间对环境的影响

水利水电工程一般施工规模较大、施工周期较长、施工人数和施工机械较多。在施工过程中因工程占地、工程取土、修建临时性房屋等工程活动对环境影响很大。

5. 大坝和水闸阻隔作用对生态的影响

水电站大坝和大型水闸的阻隔作用将淹没鱼类的产卵场、改变鱼类的生态条件，大坝及大型水闸还阻碍通航，阻碍漂木业的生存。以上这一切对生态的影响及其明显。

6. 水库对气象的影响

大型水库形成一定的水域，大的水域能够改变水库附近或更远地方的气象条件，如风态变化、多雾、降雨、气温变幅减小等。

7. 大水库蓄水后有可能诱发地震

世界上一部分大型和特大型水库蓄水后都伴有地震活动。经观测研究表明，水库蓄水后的地震活动水平和活动特征都与蓄水前有明显的差异。

8. 对水库下游原有生态环境的综合影响

在开发水电修筑大坝以后，对河道两岸和下游人民的生活会造成很大的影响。如下游河道时而有水，时而无水，下游河道原有水位的变化、下游河道的生态平衡等都会受到较大的影响。

9. 水库溃坝后对生态环境的破坏作用

作为蓄水工程的大坝或江河的堤防，一旦决口，将会给下游人民的生命财产和国家建设带来巨大的损失，洪水过后，也会对下游沿河两岸的生态环境造成巨大的破坏。

以上是水利水电开发对原有环境直接或间接影响的一些分析，可能还会有其他的影响没有认识清楚，需要进一步去认识和研究。

5.3.2 水利水电开发保护环境的措施

中国水电建设在环境影响评价、施工期环境保护和移民安置环境保护等方面取得了一定的经验，但仍有很多问题亟待解决。水电开发建设必须按照以人为本、人与自然和谐发展的模式进行。针对中国水电建设的环境保护问题，应该适当采取以下措施：

1. 提高水电建设的必要性和水电环境保护艰巨性的认识，加强对水电环保政策的研究，认真贯彻国家制定的《水土保持法》和《环境保护法》。

2. 做好水坝建设的生物多样性保护工作。

3. 明确水库蓄水后对地质条件的影响、诱发地震的机理，加强水工建筑物的抗震设计。

4. 加强水工建筑物设计方法和设计原理的研究，尽可能采用新的设计原理、设计方法，使用新型的水工结构，确保水利工程万无一失，杜绝或减少水利工程失事后对环境造成的不利影响。

5.4 中国的水利水电工程建设

5.4.1 当今世界水利水电建设的发展特点

进入 21 世纪以后，当今世界水利水电建设呈现如下的突出特点：

1. 水利水电枢纽逐渐向高坝大库发展

据统计，全世界库容量在1 000亿立方米以上的大水库有7座，其中，最大的乌干达的欧文瀑布，总库容为2 048亿立方米，我国三峡水利枢纽总库容为393亿立方米，在世界上位居25位。原来世界上最大的水电站是巴西与巴拉圭合建的伊泰普水电站，设计装机容量1 260万千瓦。我国三峡水电站设计装机容量1 820万千瓦，于2008年10月全部投产发电，预计在今后相当长的一段时间内，将是世界上的最大的水利水电枢纽。

2. 碾压技术修建的混凝土坝和面板堆石坝发展很快

例如，位于我国广西天峨县境内的龙滩水电站的拦河大坝，采用碾压混凝土重力坝，最大坝高192 m，是目前世界上正在修建的最高碾压混凝土重力坝。

3. 大流量、高水头的泄洪消能技术日趋完善

例如，葛洲坝水利枢纽泄洪总量达到110 000 m^3/s，凤滩水电站泄洪总量为32 600 m^3/s，是目前世界上拱坝枢纽中泄洪最大的。由于很多电站处于高山峡谷之中，消能时下泄水头很大，很多电站的消能下泄水头都在百米以上，例如，四川二滩拱坝的消能水头为167 m，云南小湾拱坝的下泄消能水头为192 m。

4. 在高地应力、强地震区也可修建大型水电站枢纽

在峡谷河段、高地应力、强地震区建设大型水电站枢纽，是一项挑战性的工程。

5. 高度机械化的隧洞掘进技术得到广泛应用

我国在水工隧洞、城市地铁隧道建设、南水北调西线等工程的建设中，高度机械化的隧洞掘进技术将大有用武之地。

6. 在深厚覆盖层上筑坝和地基防渗处理技术获得成功

据统计，在已建成的深度在40 m以上的30余座（包括我国的13座）防渗墙中，加拿大马尼克坝混凝土防渗墙深达131 m，是目前世界上最深的防渗墙，我国密云水库混凝土防渗墙深度为44 m。

7. 广泛采用预应力锚固措施加固危岩和大坝

为了处理坝基软弱或加固大坝，以提高坝体的稳定性，国外广泛采用预应力锚固。我国从1946年开始，先后在梅山、李家峡、三峡等工程中采用预应力锚索加固坝间、边坡和坝基，收到了良好的效果。

8. 特大型地下厂房布置方案为高山峡谷坝址首选方案

在中国，由于溪洛渡、向家坝、龙滩等大型水轮发电机组，均为峡谷坝址，由于地质条件所限，水电站的厂房不得不布置在地下，其规模属于国际上最大的地下厂房之列。

9. 峡谷坝址区的高坝施工以及大流量的导流技术

例如，溪洛渡、向家坝、龙滩等都属于特高坝（坝高不小于200 m），对大坝的施工技术要求很高，施工期所遇到的技术难题都是挑战性的。

10. 计算机技术在水利水电建设中广泛使用

目前，计算机在水利水电建设中已广泛使用。随着高速度、大容量计算机的出现，水工结构、水工水力学和水利施工中的许多复杂问题都可以通过计算机得到解决。由于在计算中可以很方便地变更参数，因而可以迅速进行方案比较和选择建筑物的最优方案。

5.4.2 中国水利水电建设的工程展望

在 21 世纪前半叶，中国水利水电工程将在以下五个方面高速发展。

(1) 发展超高压技术，逐步实施水电的"西电东送"和发展跨大区的电网

我国丰富的水力资源集中在西南和西北地区，煤炭资源集中在北部和东北部，而经济发达地区在沿海各省并逐步延伸至中部。由于发展煤电的环保要求日益突出，因此必须优先开发利用水电资源，与煤电之间保持合理的比例。

(2) 大力发展"龙头"水库和梯级水电站，大江大河将逐步增加控制性水库进行径流调节

预计在分批建成 38 座各大水电站和高坝枢纽后，在全国主要 16 大江河上再增加 37 座控制性的大水库。

(3) 高坝建设的科技发展将上新台阶

据统计，中国在建和即将在建的超过 180 m 的各类高坝有 12 座。

(4) 水轮发电机组、高压电器制造以及超高压输电技术将有更大的发展

积极引进国外先进技术，争取自力更生制造或是中外合作生产，是解决高技术电器制造的有效途径。

(5) 抽水蓄能电站和低水头贯流式机组电站将有很大发展

抽水蓄能电站和低水头贯流式机组电站在全国水电容量上将逐步占有较大比重。

水利水电行业是国民经济的基础产业，有的地区甚至是支柱产业。水资源、水能资源是经济和社会发展的重要物质基础，规模空前的水利水电建设为我国经济建设迅速发展和社会长期稳定创造了条件。但在水资源开发过程中，仍存在以下问题：

(1) 防洪标准不高

我国对主要江河只能控制 10 ~ 20 年一遇的普通洪水，一般中小河流的防洪标准更低，因此洪涝灾害频繁。

(2) 供水能力的保证程度较低

新中国成立以来，虽然兴建了大量的水利工程，形成了 4 717 m³ 的供水能力，但在现有的耕地面积中，还有半数以上的农田没有灌溉设施，已有的灌溉面积标准也不够高，迫切需要进一步解决灌溉问题。

(3) 城市供水矛盾较为突出

我国很多城市都不同程度存在着水源不足、供水紧张的情况，随着时间的推移，城市供水紧张问题将会更加突出。

（4）水能资源开发利用率不高

截至 2008 年年底，我国水电装机容量已达 1.71 亿千瓦，居世界第四位，但仅占开发量的 31.5% 左右，水能资源利用率远远低于水电事业发展较先进的国家。

（5）内河航运量不足

我国是世界上开发水运最早的国家，但目前内河航运量不足全国货运总量的 10% 左右，与欧美的一些国家相比还有很大的差距。

（6）水污染问题严重

由于各地区工业快速发展，使水污染问题更加严重、生态环境更加恶化，对人类生活环境造成了不利影响。

综上所述，我国在洪水防治、农田灌溉、城市给水、水力发电、内河航运、环境保护及其他综合利用水利水电工程建设方面，任重而道远。一方面要保持国民经济的高速发展，另一方面要保护好自然环境，走水资源可持续利用之路，解决好发展与保护的矛盾。

5.4.3　积极开发水电，实现人与自然的和谐发展

无论从国家能源安全和改善沿江人民生活的角度，还是从江河生态保护和自然遗产保护的角度，江河水电的开发是非常有必要的。

中国的水能资源十分丰富，各级政府也积极致力于发展水电事业，水电事业也取得了重大成绩。但近年来，在水电开发过程中，生态平衡与环境保护问题日益引起人们的关注，水电开发过程中引起的生态问题、环境污染问题，引发了社会对水电开发的不同认识。赞成者认为开发和保护应该并存，反对者则认为应保留一两条"原汁原味"的河流给子孙后代。一方面，我国虽然有 86 000 多座水坝，但水能资源的开发利用率仅达到 31.5%，水电开发的潜力十分巨大；另一方面，经济发展一直呈高速增长的势头，电力已在某种程度上成为制约经济增长的重要因素，而从我国能源结构来看，煤炭等不可再生资源逐步减少，新能源开发条件有限，完全依靠火电或新能源既不科学也不现实。因此，水电资源开发，不仅是满足经济社会发展和人民生活需要的必然选择，也是我国电力乃至能源工业发展的重中之重。

水电是清洁的可再生资源。在水电开发中，将不可避免地破坏一些生态环境，但从发展水电所带来的效益中还能抽出部分资金保护生态环境。从解决国家能源全局出发，必须大力发展水电，让水电工程与青山绿水为伴，让青山绿水更美。

水能是可再生能源，优先发展水电是我国能源发展战略。综上所述，人类开发水电的对策是：一要开发，二要论证，三要保护，实现人与自然的和谐发展。

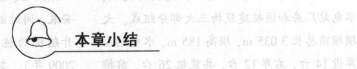

本章小结

水是大自然的重要组成物质，是经济社会可持续发展的基础，是人们赖以生存和生活的一种重要资源。水资源用途十分广泛且不可替代，需要人们去研究、开发、控制、利用和保

护。无论是自然因素还是人为影响致使水环境退化或恶化都将引发生态问题。实践证明，人类在对自然进行开发利用的同时，必须重视保护环境，学会与自然和谐相处，否则人类将会受到自然界的惩罚。

本章首先阐述了我国水资源的现状、基本特点和水资源开发与利用的基本原则；然后详细介绍了水利水电工程基本建设程序、水利枢纽设计的原则以及水利水电工程施工中面临的具体问题；最后介绍了当今世界水利水电建设的发展特点，水利水电开发对环境的影响，中国水利水电建设的工程展望以及积极开发水电，实现人与自然的和谐发展。

❓ 复习思考题

1. 什么是水利工程？水利工程的主要作用是什么？

2. 水利工程有什么特点？

3. 水利水电工程建设的基本程序是什么？

4. 水利水电枢纽布置设计应遵循的原则是什么？

5. 在水电开发中，环境保护的措施主要有哪些？

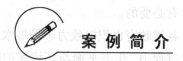

案例简介

三峡工程简介

举世瞩目的三峡工程，位于湖北省宜昌市境内的三斗坪，是迄今世界上最大的水利水电枢纽工程，具有防洪、发电、航运、供水等综合效益。该工程包括主体建筑物工程及导流工程两部分，工程总投资为954.6亿元，于1994年12月14日正式动工修建，2006年5月20日全线建成。

三峡工程全称为长江三峡水利枢纽工程。整个工程包括一座混凝重力式大坝、泄水闸、一座堤后式水电站、一座永久性通航船闸和一架升船机。三峡工程建筑由大坝、水电站厂房和通航建筑物三大部分组成。大坝坝顶总长3 035 m，坝高185 m，水电站左岸设14台，右岸12台，共装机26台，前排容量为70万千瓦时的小轮发电机组，总装机容量为1 820万千瓦时，年发电量847亿

千瓦时。通航建筑物位于左岸，永久通航建筑物为双线五包连续级船闸及早线一级垂直升船机。

三峡工程分为三期，总工期18年。第一期6年（1991—1997年），除准备工程外，主要进行一期围堰填筑、导流明渠开挖、修筑混凝土纵向围堰以及修建左岸临时船闸（120 m），并开始修建左岸永久船闸、升爬机及左岸部分石坝段的施工。第二期工程6年（1997—2003年），工程主要任务是修筑二期围堰、左岸大坝的电站设施建设及机组安装，同时继续进行并完成永久特级船闸、升船机的施工。第三期工程6年（2003—2009年），本期进行右岸大坝和电站的施工，并继续完成全部机组安装。届时，三峡水库将是一座长约600 km，最宽处达

2 000 m，面积达 10 000 km²，水面平静的峡谷型水库。

2006 年已全面完成了大坝的施工建设，截至 2009 年 8 月底，三峡工程已累计完成投资约 1 514.68 亿元。自 2003 年实现 135 m 水位运行之后，三峡工程已累计发电 3 500 多亿千瓦时，三峡船闸累计通过货运量已突破 3 亿吨，超过三峡蓄水前葛洲坝船闸运行 22 年的总和，初步实现了发电和航运效益。三峡工程于 1994 年 12 月 14 日正式动工修建，历经 17 年的建设，已取得决定性的胜利，初步设计任务基本完成。随着 175 m 试验性蓄水的顺利推进，三峡枢纽工程进入全面运行期，三峡工程建设已步入全面收尾阶段。2010 年 10 月 26 日，三峡水库水位涨至 175 m，首次达到工程设计的最高蓄水位，标志着这一世界最大水利枢纽工程的各项功能都可达到设计要求。

资金来源

三峡工程所需投资，静态(按 1993 年 5 月末不变价)900.9 亿元，(其中：枢纽工程 500.9 亿元，库区移民工程 400 亿元)；动态(预测物价、利息变动等因素)为 2 039 亿元；一期工程(大江截流前)约需 195 亿元；二期工程(首批机组开始发电)约需 347 亿元；三期工程(全部机组投入运行)约需 350 亿元；库区移民的收尾项目约需 69 亿元；考虑物价上涨和贷款利息，工程的最终投资总额预计在 2 000 亿元左右。

三峡基金成为三峡工程最稳定的资金来源。

发电

三峡水电站装机总容量为 1 820 万千瓦时，年均发电量 847 亿千瓦时。三峡水电站电价按 0.18~0.21 元/(千瓦时)计算，每年售电收入可达 181 亿~219 亿元，除可偿还贷款本息外，还可向国家缴纳大量所得税。

三峡地下电站布置于枢纽右岸，利用弃水发电，可以提高工程对长江水能资源的利用率。地下电站 6 台机组投产后，加上大坝左、右电站 26 台机组，三峡电站总装机容量将达 2 250 万千瓦时，年最大发电能力达 1 000 亿千瓦时。

三峡输电系统工程是 1992 年全国人大批准建设的国家能源重点项目，总投资 348.59 亿元，线路总长度 6 519 km，跨越华中、华东、华南、西南等地区的 160 多个县级行政区，被誉为目前世界上规模最大、技术最复杂的交直流混合输电系统。至 2010 年年底，三峡输电工程已累计安全送出电量 4 492.3 亿千瓦时，相当于 1.62 亿吨标准煤的发电量。到 2011 年 3 月，历时近 20 年论证和建设的三峡电站输电线路工程全部完工。

(资料来源：根据 http://baike. baidu. com/view/3870054. html 相关内容改编)

案例思考

通过本案例，了解水利水电工程包括的具体内容以及巨大的经济效益和社会效益。

第6章
矿业工程

【学习目标】

通过本章的学习，了解矿业工程基本知识及其在国民经济中的地位与作用，了解矿山企业设计的基本内容，掌握矿山企业设计的主要技术经济指标体系，了解矿山企业主要的生产系统，了解矿山安全与环境保护的基本知识。

6.1 矿业工程基本知识

6.1.1 矿业工程概述

1.矿业工程的涵义

矿业是工业的命脉并被誉为"工业之母"，是人类社会赖以生存和发展的基础产业，为国民经济提供主要的能源和冶金等原料。我国是世界上疆域辽阔、成矿地质条件优越、矿种齐全配套、资源总量丰富的矿产资源大国，作为世界上矿物开采产量最高的国家之一，全国有很多座城市因矿业发展而兴起和繁荣，有数千万人从事矿业工程工作。

矿业工程是开发和利用资源的工程，即是把矿产资源从地壳中经济合理而又安全地开采出来并进行有效加工利用的科学技术。

2.矿业工程学科简介

由于大自然矿藏及矿业生产地质条件的多样性、复杂性，矿业工程学科的发展经历了漫长艰难的道路，至今已是学科综合度和交叉关联度很高的一门工程科学。

矿业工程一级学科包含采矿工程、矿物加工工程、安全技术及工程等二级学科。矿业工程学科既要按照矿井的地质、生产和经济特性来完善和发展传统的矿业工程科技，又要吸收和融汇现代科学技术的最新成就使矿业工程科技不断提高和更新。矿业工程学科和地质资源与地质工程、能源工程、冶金工程、材料科学与工程、力学、土木工程、机械工程、化学等相邻学科有密切联系。

矿业工程一级学科设置的采矿工程、矿物加工工程、安全技术及工程二级学科之间存在相互依赖、共同发展的内在联系。采矿工程场所大多处在错综复杂的环境中，采矿工程依赖安全技术及工程提供安全保障。安全技术及工程学科的对象是工矿企业的安全技术问题，但其突出研究对象是矿业领域的重大灾害事故和安全问题。采矿工程开采出的矿产资源，通常需要经过矿物加工才能成为冶金、能源、化工、建材等行业的原料。矿业工程学科的发展对国民经济建设和社会发展极为重要，并将不断推动和促进国民经济的可持续协调发展。

矿业工程学科的发展趋势是：实现矿产资源的高产高效综合机械化开采，发展先进的岩体破碎和稳定理论及支护技术，保障矿业安全生产和矿工的健康并研究解决其他工业企业生产和作业的安全问题，发展矿产资源的高效无污染分选、深加工、综合利用及环境保护。

6.1.2 矿业工程在我国国民经济中的地位和作用

1. 矿业在国民经济中的地位

（1）矿业是国民经济的战略产业

矿产资源的稀缺性、不可再生性和多用途性决定了矿产资源具有特殊的战略价值，对保障我国经济安全和国防安全具有重要的战略意义。

（2）矿业是国民经济的重要基础产业

矿业的前向联系效应大而后向联系效应小，对国民经济的制约远大于它对国民经济的拉动，矿业成为我国其他产业部门发展的硬约束条件。

（3）矿业是工业化的支撑产业

在未来的40年中，我国工业化发展对矿产资源的消耗强度将是各个发展时期最高的，而且在达到消耗强度高峰后，降到较低的水平是一个相对漫长的过程。在这个漫长的工业化、城市化和现代化进程中，矿业必须为其提供充足的矿产资源供给。

（4）矿业是推动我国经济增长特别是工业增长的重要产业

自20世纪80年代末，随着我国产业结构的演变，矿业在我国工业增长中的地位上升，到90年代中期以后，矿业与我国工业基本上保持同步增长的态势。在一些矿产资源大省，如山西、陕西、内蒙、河南等，矿产采选和矿产原料加工制品业完成工业增加值占其全部工业增加值的比重在50%以上，是当地经济发展的重要支柱产业。

2. 矿业在国民经济中的作用

（1）矿业的发展为我国国民经济发展和工业化进程提供了大量的资金

在未来很长一段时期内，我国将处于从工业化中期向工业化后期迈进的发展阶段，经济发展和工业化对资金的需求将是十分巨大且加速递增的。未来的经济发展和工业化同样离不开矿业为其直接和间接提供资金支持。

（2）矿业为我国提供了大量的就业机会和就业岗位

与制造业资本有机构成不断提高、单位投资所能安排的就业人数不断下降不同的是，矿业的资本有机构成随着时间的推进不仅没有提高而且还有所下降，单位投资所能安排的就业人数不降反升。矿业的这一特点在我国未来就业问题日益严峻的宏观背景下对解决我国日益增长的就业问题有着十分重要的作用。

（3）矿业为我国提供大量的税收，是国家和地方财政收入的重要来源

(4)矿业发展促进了我国的城市化进程

尽管在今天看来，这种因矿成市、城矿联动的发展模式带有明显的计划经济色彩，存在矿产资源枯竭后城市需要转型和调整的种种问题，与现代矿业和现代城市的发展理念相悖，但是从历史角度来看，在我国特定的经济和社会发展阶段，矿业城镇的兴起对推动城市化功不可没。

(5)矿业发展对改善我国后发地区交通条件和经济布局有着重要作用

矿产资源的大规模开发活动是一种改变货物流量和流向空间布局的最有力手段。一方面，矿产资源的大规模开发活动可以直接推动现代交通运输基础设施条件的改善，另一方面也可以在此基础上间接地推动区域经济的发展。

(6)矿业的可持续发展有利于国民经济的可持续发展

矿业的可持续发展对我国经济可持续发展的贡献主要体现在现实和未来两个方面。从现实来看，矿业单位产值的三废排放量低于我国工业的平均水平，矿业的发展和矿业比重的提高有利于减少工业的废物排放量，从而有利于国民经济特别是工业的可持续发展。从未来看，由于我国矿产资源浪费惊人，未来节约与综合利用的潜力巨大。

6.1.3 矿产资源定义与分类

1.矿产资源定义

矿产资源是指经过地质成矿作用，埋藏于地下或出露于地表，并具有开发利用价值的矿物或有用元素的集合体。它们以元素或化合物的集合体形式产出，绝大多数为固态，少数为液态或气态，习惯上称为矿产。

从地质研究程度来说，矿产资源不仅包括已发现的经工程控制的矿产，还包括目前虽然未发现，但经预测(或推断)可能存在的矿产；从技术经济条件来说，矿产资源不仅包括在当前技术经济条件下可以利用的矿物质，还包括根据技术进步或经济发展，在可预见的将来能够利用的矿物质。

矿产资源定义中，应注意区分以下几个概念：

(1)矿物

矿物是天然的无机物质，有一定的化学成分，在通常情况下，因各种矿物内部分子构造不同，形成各种不同的几何外形，并具有不同的物理化学性质。矿物有单体者，如金刚石、石墨、自然金等，但大部分矿物都是由两种或两种以上元素组成，如石英、黄铁矿、方铅矿等。

(2)矿石、矿体与矿床

凡是地壳中的矿物集合体，在当前技术经济水平条件下，能以工业规模从中提取国民经济所必需的金属或矿物产品的，称为矿石。矿石的聚集体叫矿体，而矿床是矿体的总称。对某一矿床而言，它由一个矿体或若干个矿体组成。

（3）围岩

矿体周围的岩石称为围岩。根据围岩与矿体的相对位置，有上盘与下盘围岩和顶板与底板围岩之分。凡位于倾斜至急倾斜矿体上方和下方的围岩，分别称为上盘围岩和下盘围岩；凡位于水平或缓倾斜矿体顶部和底部的围岩，分别称为顶板围岩和底板围岩。矿体周围的岩石，以及夹在矿体中的岩石（称为夹石），不含有用成分或有用成分含量过少、当前不具备开采条件的，统称为废石。

2.矿产资源分类

按照矿产资源的可利用成分及其用途分类，矿产资源可分为金属、非金属和能源三大类。

（1）金属矿产资源

根据金属元素特性和稀缺程度，金属矿产资源又可分为：

黑色金属，如铁、锰、铬、钒、钛等；有色金属，如铜、铅、锌、铝土、镍、钨、镁、锡等；贵重金属，如金、银、铂等；稀有金属，如铌、钽、锶、锂、铯等；稀土金属，如钪、轻稀土等；重稀土金属，如钆、镝、钬、钇等；分散元素金属，如锗、镓、铊、硒等；放射性金属，如铀、钍（也可归于能源类）等。

（2）非金属矿产资源

非金属矿产资源是指那些除燃料矿产、金属矿产外，在当前技术经济条件下，可供工业提取非金属化学元素、化合物或可直接利用的岩石与矿物。此类矿产中少数是利用化学元素、化合物，多数则是以其特有的物化技术性能利用整体矿物或岩石。由此，世界一些国家又称非金属矿产资源为"工业矿物与岩石"。目前，世界已工业利用的非金属矿产资源约250余种，我国主要的非金属矿产品与制品包括水泥、萤石、重晶石、滑石、菱镁矿、石墨、耐火黏土、硫矿、盐矿、钾矿、磷矿、金刚石、石棉、云母、石膏、高岭土、膨润土等。

（3）能源类矿产资源

能源类矿产资源主要包括煤、石油、天然气、泥炭和油页岩等由地球历史上的有机物堆积转化而成的"化石燃料"。能源类矿产资源是国民经济和人民生活水平的重要保障，能源安全直接关系到一个国家的生存和发展。

6.2 矿山企业设计

矿产资源的开采由矿山企业来完成。矿山企业的建设必须有计划、有目的、有步骤地进行，必须符合国家与地方的有关法规与政策。本节介绍了矿山企业设计的基本知识，包括矿山可行性研究、矿区总体设计、矿山初步设计的基本内容，以及矿山企业设计的主要技术经济指标体系。

6.2.1 矿山企业设计的基本内容

1. 矿山可行性研究

(1)矿山可行性研究的主要内容

矿山可行性研究是一项内容广泛、难度较大的综合性技术工作。其重点是对可行性方案论证,深入进行技术经济评价,内容包括:

① 矿山建设外部环境分析

一般从研究市场供需情况入手,通过市场预测和调查等方法,分析研究市场的供需情况,包括向国外出口的销售量、用户的反馈意见和可能的代用品对市场供需的影响、销售市场的竞争情况、国家与当地政府对矿山建设与生产的相关政策等,从而对市场现在和将来的需求量做出预测。

② 对资源条件的分析

地质资料的可靠程度与开采条件是矿山建成后能否达到设计生产能力与经济效益的重要前提,必须对资源条件、原始地质资料作认真分析,并根据实际情况提出是否需要进行补充勘探的具体意见。

③ 矿山生产能力分析

矿山生产能力是一个综合指标,它充分反映了资源赋存条件、开采技术条件、技术装备水平、管理水平、职工素质等综合因素。其中资源赋存条件是确定矿山生产能力的重要基础,技术装备水平是主要因素。

④ 矿田开拓与开采方法分析

详细论述矿田开拓方案的比较与选择情况,确定采区划分及开采顺序,选择开采方法;确定矿山工业场地总平面布置以及环境保护、占地面积、居住区规划等;制订工程实施计划,确定建设工期和资金统筹规划。

⑤ 经济分析

以上述各项研究工作为基础,对建设项目的经济效果进行详细的评价,其中包括估算投资额、流动资金占有量、建设期的利息、投资偿还期、投资收益率,进行盈亏平衡分析和敏感度分析等。

在矿山可行性研究工作的基础上,为了提高矿山建设项目的经济效益,根据需要可以对一些主要参数,如产品品种与产量、采场及采区参数进行调整,以取得项目的总体优化。

(2)矿山可行性研究报告包含的主要内容

矿山可行性研究报告是矿山可行性研究的最终结果,其主要内容如下:

① 总论

它是各章节的高度概括,是向有关单位提供的简要结论。主要包括研究项目的背景,项目名称、隶属关系及所在位置,承办单位概况,编制可行性研究报告的依据和指导思想;项目概况,建设规模及主要技术特征,主要技术经济指标;存在的问题与建议。

② 矿山建设条件

包括矿田概况，地理位置；矿山建设外部条件，矿山建设的资源条件，交通运输条件，电源条件，水源条件；矿山设计生产能力与服务年限，资源储量，矿井工作制度等。

③ 市场预测

主要包括矿产品在国内外需求情况和市场供应情况，以及产品价格分析等。

④ 井田开拓与开采

主要包括井田开拓方式与方案比较情况，生产水平的划分，大巷布置，采区巷道布置，采矿方法的选择，井下运输与矿井通风系统等；建井工期，产量递增计划；矿山主要提升、运输设备，地面设施与生产系统，交通运输条件，工业场地总平面布置，矿井供配电与给排水等。

⑤ 节能与环保

主要包括节能降耗指标分析，节能措施与方法；环境保护现状，环境保护与水土保持执行标准，矿山建设和生产对环境的影响，环境保护、水土保持措施和投资，矿田排水与处理，工业场地生产生活污水处理，环境空气影响分析等。

⑥ 经济评价分析

经济评价分析是矿山可行性研究的主要内容，包括投资估算范围，投资估算编制依据（工程量、指标及定额）；设备价格，材料预算价格，工程基本预备费；建设投资估算，流动资金估算，成本费用估算，销售收入估算；财务分析，财务评价指标（项目的盈利能力分析、项目清偿能力分析）；不确定性分析（盈亏平衡分析、敏感性分析），抗风险能力综合分析；项目总投资，年度投资计划，项目资金使用计划安排，资金筹措等。

⑦ 研究结论与建议

主要包括推荐方案总体描述，选择方案的技术经济比较分析结果，项目主要技术经济指标等；附必要的图纸。

在进行矿山可行性研究之前，应主动征求拟建项目所在地政府与主管部门的意见与设想，共同研究，统一布置，以便进行综合评价与论证，确定拟建项目的建设可行性。

2.矿区总体设计

矿区总体设计又称矿区规划。经审查批准的矿区总体设计是安排矿山、附属企业单项工程和建设顺序的依据，是矿区进一步开展地质勘探工作的依据，是国家编制规划和确定建设项目计划的依据，是与运输、供电、通信等有关部门协作时签订书面协议的依据。

（1）矿区总体设计内容

① 合理确定矿区规模、服务年限，同时生产的矿山数量；合理确定矿田边界的划分方法与依据，矿山资源量、生产能力与服务年限；合理确定矿山建设的顺序和时间，矿山生产计划安排；初步确定矿山开拓方式、井口位置与开采方法等。

② 确定为矿山服务的附属企业的规模、数量与位置，如选矿厂、机修厂的数量、规模与建厂位置等；确定预制构件厂、总材料库、总火药库、汽车队、救护队和水泥厂、采石厂、综合利用厂等的规模、占地面积、职工人数及建设顺序；确定矿区工业场地与工人居住场地的位置并进行总体设计。

③ 矿区内铁路、公路网设计。对标准轨距铁路、公路、窄轨铁路、水运等运输方式因地制宜，统筹安排；确定矿区供电规模、供电和通信系统方案。

④ 合理确定矿区水文、水源概况、水源设计依据。确定矿区给水系统以及排水量、排水系统、主要排水构筑物，并进行设备选型，在确定矿区的防洪、排涝、排水工程时，应结合当地农业灌溉、防涝等农田水利设施；阐述矿区污染因素和主要环保措施，统一规划对"三废"及开采副产品的综合利用与治理，对矿区的绿化造林做出规划。

⑤ 研究矿山劳动生产率及劳动定员估算，基本建设投资及三材（钢材、木材、水泥）估算，并附投资估算汇总表；研究单项工程投资及投资每年分配情况、单项工程三材需要量及逐年分配表，技术经济分析及主要技术经济指标；研究矿区建设规模及开发强度等的技术经济合理性及经济效益。

（2）编制矿区总体设计时应注意的问题

① 合理确定矿区生产能力与服务年限

矿山生产能力及其服务年限选择是否合理，对于建设矿山能否迅速投产、投产后能否发挥技术经济效果是十分重要的。从国内外主要矿山的发展趋势看，矿区生产能力向大型化发展。从另一方面看，中小型矿山具有建设时间短、需要资金少、装备容易解决、达产时间短等优点。矿区总体设计要坚持"在保护中开发，在开发中保护"的指导方针，统筹安排各矿田的生产、利用与保护，体现总体设计的战略性、政策性、科学性和可持续性。

矿区生产能力的确定是关系国计民生的重要问题、是矿区总体设计的重点与难点。矿区生产能力应该在国家政策指导下，综合资源储备量、开采技术条件、技术装备水平、管理水平，并在技术经济合理的基础上进行统一分析，科学地确定矿区生产能力。

矿山服务年限是矿区服务年限的基础。一个矿区从开始建设到资源枯竭，需几十年甚至上百年的时间。如矿山服务年限过短，不能发挥良好的经济效益，可能来不及还本付息与获利；反之，如果矿山服务年限过长，不仅长期积压已探明的矿产储量，也不利于加大矿区的开发强度以获得更大的经济效益。所以，决定一个矿区的服务年限，不仅要考虑矿山建设投资的回收期，而且还要考虑直接、间接依赖矿业而发展起来的相关企业的充分利用。因此，矿区规模和服务年限应综合考虑各种因素来确定。

② 正确进行矿区地面的总体布置

矿区除了经营生产，还要解决职工生活、物资供应、文化建设与环境保护等问题。在矿山和矿区的建设上，应重视矿区的综合效能，用专业化、集中化、企业化、系统化的原则进行全面规划，把生产同服务行业、生活设施分开布置，发挥矿区集中设施的作用。矿区地面总体布置可分为两个区：一个是集中生产区，包括生产、加工利用、维修、供应等企业；另一个是合理规划的居住区，区内有完善的公用设施和开展文化、体育活动的场地，矿区内开辟交通线路与各矿山及外部城镇联系。矿区的辅助设施集中后，不但可以减少工业场地的总面积，还可以提高矿山的全员生产效率。

③ 重视环境保护工作

矿山开采给环境带来很大的影响，在矿区规划设计过程中必须进行矿区环境保护设计与评价，保证矿区可持续发展。

④ 合理安排各项建设项目的顺序

在矿区建设中需系统地安排各项建设工程的衔接关系，以缩短矿区建设周期，提高经济效益。做好外部协调工作，特别是电力与运输需要在国家建设计划中全面考虑。矿区内部的各项生活、文化、福利设施建设，要在建设顺序上做合理妥善安排，即生产与生活设施同步建设，尽量利用永久建筑和永久设备，减少大型临时工程，以便最有效地利用资金。

3. 矿山初步设计

矿山初步设计首先要明确设计的依据、指导思想与主要技术原则，论证本矿山建设的重要性和合理性。重点对开拓方案、巷道布置、回采工艺、通风安全、供电系统、主要设备等内容进行详细的技术经济比较与分析，提出并说明在下一阶段设计中需要解决的问题，或提请审批机关决定的问题，以及有关单位应注意的问题与建议。

(1) 矿山初步设计分析研究和确定的主要问题

① 详细分析外部环境与地质资料

分析和掌握与矿山生产、建设有关的外界环境，如交通、工农业生产、建筑材料供应等。地面建筑设计需要的气象条件、工程地质、地震资料以及现场施工技术条件等。明确采用的设计工作制度。

分析矿田境界及其划分的依据，矿田内各可采矿层的地质储量，开采条件，矿山设计生产能力及确定的依据。计算矿山及各水平的可采储量，分析安全矿柱的留设及其计算方法。

② 详细分析矿田开拓与回采方案

仔细进行开拓方案的技术经济比较，确定采区划分方法及回采工艺。论述推荐方案的主要内容及推荐理由。确定矿山提升方式及大巷运输方式，选择矿山提升、运输、通风、排水、压气设备，并计算设备的运行能力是否满足生产需求。

③ 说明矿石性质及用途

论述矿石加工、生产工艺流程。

④ 确定矿山工业场地总平面布置

确定地面生产系统及其各环节的设备和能力，排矸系统设备及矸石处理能力；确定机修厂、化验室、备件场的设备及位置与面积；确定矿山工业场地的平面布置、竖向布置及场内运输、场内排水与防洪措施；设计地面运输方式、运输线路、矿山装车站、桥涵等，以及铁路经营管理方式。论述风井工业场地的选定及平面布置，爆破材料库的库址选择，生活建筑及居住区规划，居住区总平面布置等。

⑤ 设计矿山供电系统

计算矿山用电设备容量，设计井上、井下供配电系统，确定地面变电所位置、主要设备的控制。确定运输、信号、照明、矿山通信及调度系统，矿山的安全和生产监控与计算机管理系统。

⑥ 确定全矿给排水系统与环境保护措施

设计矿山给排水、采暖、通风、供热、消防系统及设施，井下降尘洒水，井筒防冻以及地面生产系统的除尘。

确定矿山环境保护标准，说明环境保护的设计依据及有关要求；确定矿区地表塌陷治理、矸石处理、污水处理、烟尘处理、噪音治理、垃圾处理等措施，说明工业卫生设施及有关管理办法，绿化规划、结构及设施，环境监测任务、范围及其内容，监测站的设置，环境管理及投资，环境保护存在的问题及建议。

⑦ 计算和确定矿山建设工期

计算和确定矿山建设工程量、施工顺序、施工速度和工期，土建工程及施工顺序，机电安装工程量、施工方法和顺序，这三类工程综合排队得总工期。

⑧ 计算经济指标

确定矿山劳动定员和矿山主要技术经济指标，估算原矿成本，进行技术经济分析，编制总概算、设备器材目录和三材清册。

（2）矿山初步设计的原始资料

在矿山初步设计之前，必须掌握前一个设计阶段的有关资料，并分析研究这些资料的可靠性，为初步设计打好基础。

① 设计任务书

设计任务书又称计划任务书，是企业或相关部门向设计部门委托设计任务的文件。任务书明确规定了拟建项目的任务和设计内容、技术方向、设计阶段、设计原则、计划安排、配套工程的发展计划与要求等。

② 精查地质报告

矿田精查地质报告是为矿山初步设计提供可靠的资源储量与开采条件的依据，保证划分的矿田境界和确定的矿山生产能力不致因资料可靠性低而发生重大变化，影响矿产资源的开发。

③ 国家与地方的矿山建设方针政策

为使矿山建设健康发展，必须遵循国家颁发的与建设项目有关的方针政策、规程、规范和技术标准等，以及国家对建设项目明确规定的有关文件。经过批准的上一阶段设计中所确定的原则和技术标准，可作为下一阶段设计的依据。需要时，要签订建设矿山所需的购买土地、供电、搬迁、接轨和城市规划等方面的协议。

6.2.2 评价矿山企业设计的主要技术经济指标

在矿山企业设计中，需要对每个方案主要的技术经济指标进行评价，以便确定最优方案，这就需要利用一些技术经济指标体系。

1. 反映资金占用的指标

（1）投资总额

投资总额指矿山建设工程所需的总投资费用，用以反映建设工程的计划单价，并作为计划投资、拨款施工和对工程进行经济核算的依据。

投资总额包括以下几项费用：

① 建筑工程费用

包括井巷工程，各种厂房、仓库、宿舍等建设工程费用；铁路、公路工程费用；各种管道、电力和电信线路敷设工程费用，以及场地准备、矿区整理等费用。

② 设备购置费用

包括一切设备购置费用。

③ 工、器具及生产器具购置费

包括试验、化验仪器与器具，钳、铆、锻工的成套工具与测量仪器，检验台等生产用具，工作服柜(架)、工具柜等购置费。

④ 设备安装工程费用

包括各种机械设备的装配、配置工程，与设备相连的工作平台、梯子间安装工程，附属于设备的管线敷设工程等费用。

⑤ 其他费用

如土地征购费，建筑场地原有建、构筑物的搬迁费，生产职工培训费，新建单位的生活及办公用具购置费等。

投资总额的计算按粗细程度分为估算、概算、预算。估算是凭技术经济工作人员的经验，参考国内已建成的同类开采条件的矿山投资进行估计，一般在编制可行性研究报告时进行。概算是根据初步设计阶段的图纸，按不同工程及单位工程造价计算后累加的结果，是计划投资的依据。预算是作为建设拨款和施工承包的依据，是根据施工图计算的。

(2) 吨矿投资

吨矿投资指矿山投产后，年产 1 吨矿石所需的投资费用 z(元/吨)，用公式表示为：

$$z = \frac{Z}{A} \tag{6-1}$$

式中，Z 是投资总额，单位为元；A 是矿山生产能力，单位为吨。

在进行方案比较时，一般几个方案的产量或规模相同，可用投资总额或吨矿投资来比较。若产量或规模不同时，不能采用上述方法来比较。吨矿投资的倒数是投资年产出率 r(吨/元)，即单位投资所能获得的矿石产量。用公式表示为：

$$r = \frac{A}{Z} \tag{6-2}$$

(3) 相关投资

相关投资指为实现该项建设方案而引起的相关部门的投资变化。为了简便起见，一般只计算与燃料、材料和动力供应方面直接相关的费用。

2. 产品成本指标

产品成本指设计方案采用后，矿山在生产和销售产品的过程中所支出的费用总和。它是最重要的一项综合性技术经济指标，能够比较集中地反映出企业资源利用情况、技术装备和利用程度、原材料消耗情况、劳动生产率和管理水平。产品成本是由以下几项费用组成的：

(1) 辅助材料费

辅助材料费指生产过程中消耗的一切辅助材料，如炸药、雷管、木材、钢材等费用。

（2）工艺过程用的燃料和动力费

燃料和动力费指生产过程中所消耗的燃料和动力费用。非生产用的燃料和动力费用计入有关的车间经费或企业管理费中。

（3）生产工人工资

生产工人工资指支付给生产工人的基本工资、效益工资和辅助工资的总和。同时考虑按规定比例提取的企业基金、劳动保险金、医药卫生补助金、福利补助金等。

（4）车间经费

车间经费指车间范围内所发生的各项管理费和经营费，包括设备折旧费、维修费、固定资产和流动资金的占用费、车间管理费。

（5）企业管理费

企业管理费指企业范围内所发生的各项管理费和经营费，包括企业行政人员的工资和附加工资，办公费，仓库管理费，试验研究费，固定资产的折旧、维修和占用费，流动资金的利息支出、税金等。

（6）销售费

销售费指企业销售产品所发生的包装费、运输费、代销手续费等。

在以上费用中，（1）～（3）项之和为矿石直接成本，（1）～（4）项之和为车间成本，（1）～（5）项之和为矿山成本，（1）～（6）项之和为完全成本。

3. 职工劳动生产率指标

职工劳动生产率指职工在劳动生产过程中的效率，反映了劳动者的劳动成果和劳动消耗量之间的关系。职工劳动生产率可以用产量表示，也可以用产值表示。按其衡量范围可分为回采工效、井下工效及全员效率。劳动生产率的高低，与矿山的机械化程度、开采条件、劳动组织形式及生产管理水平等因素有关。

（1）回采工效

$$\eta_f = \frac{O_0}{N_f} \qquad (6\text{-}3)$$

式中，η_f 是回采工效，单位为吨/工；O_0 是回采工作面日产量，单位为吨；N_f 是回采工作面昼夜出勤人数，单位为工。

（2）全员效率

$$\eta_a = \frac{O_d}{N_{wd} \cdot N_{mp}} \qquad (6\text{-}4)$$

式中，η_a 是全员效率，单位为吨/工；O_d 是矿山设计年矿石产量，单位为吨；N_{wd} 是全部矿石生产人员日出勤人数，单位为工/天；N_{mp} 是设计年工作日，单位为天。

4. 投资效果系数与投资回收期指标

投资效果系数也称投资利润率，反映消耗和占用的资金与利润之间的关系。用公式表示为：

$$投资效果系数 = \frac{年利润额}{投资总额} \tag{6-5}$$

把它与标准投资效果系数进行比较，大于标准投资效果系数时，则方案较优。

投资回收期指全部基建投资回收的年限，它是投资效果系数的逆指标。

5. 投资差额回收期指标

从经济角度评价矿山设计方案时，投资小而年经营费又低的方案是最优方案。但是，常遇到一些投资小而年经营费用较高，或一些投资大而年经营费用较低的方案。这时，就必须同时考虑这两项指标的综合经济效果，可用投资差额回收年限 T 来评价。

$$T = \frac{K_1 - K_2}{C_2 - C_1} \tag{6-6}$$

式中，K_1、K_2 是第一、第二方案的年经营费用；C_1、C_2 是第一、第二方案的投资额。

回收年限的倒数即为单位投资差额所能节约的年经营费用，称为投资差额效果系数。

6. 其他几项主要指标

(1)基本建设期

基本建设期指从矿山开始建设至达到设计生产能力的这段时间，又可分为两个时间段，即开始基建到投入生产的时间及投入生产至达到设计生产能力的时间。为了尽快发挥投资效果，应寻求建设期较短的方案。

(2)主要材料及能源需用量

这一指标从实物形态上反映了物化劳动占有的状况，应优先选择那些主要材料和能源需用量较少的方案。在布置工业场地时力求少占农田、不占良田，本着节约用地的原则选取方案。

(3)矿产资源回收率

该指标对矿产资源的利用程度具有重要的经济意义和社会意义。不同的开拓方式、采矿方法有着不同的矿石损失量和损失结构，从而会产生不同的经济效果。

6.3 矿山生产系统

矿山生产系统包括地面生产系统与井下生产系统两大部分，在形成生产系统之前需要经过井田开拓以及井巷掘进与支护等工作。本节以煤炭地下开采为例，首先介绍井田开拓与巷道掘进的基本知识，然后介绍矿山主要的生产系统。

6.3.1 井田开拓与井巷掘进

1. 井田的划分

一个煤田的面积有数十至数千平方千米，煤的蕴藏量有几亿到几百亿吨，通常由几个或十几个矿开采。划给一个矿井来开采的那部分煤田叫做井田(或叫做矿田)，井田的边界多是以自然条件(大断层等)来划分的。煤田划分为井田后，每一个井田的面积仍然比较大，在这样

大范围内进行采煤，还必须将井田再划分为若干较小的区、段，以便有计划地按一定顺序进行开采。

(1) 井田划分为阶段

开采缓斜、倾斜和急斜煤层时，通常沿煤层倾斜方向，按一定标高，将井田划分为若干个平行走向的长条形部分，每一个长条部分称为阶段。阶段的大小一般用阶段斜长或阶段垂高来表示，阶段的走向长度等于井田走向全长。

阶段与阶段之间以水平分界。水平是自井筒在一定标高开掘的水平巷道及其相近标高的开采巷道的总称。布置有主要运输大巷和井底车场，并担负该水平开采范围内的主要运输和提升任务的水平称为开采水平。从经济技术的角度来考虑，一个矿井最好用一个开采水平来保证矿井的年产量，这样生产组织、技术管理简单，技术经济指标也好。但由于急需煤炭和历史的原因，有些矿井也可能同时开采两个甚至三个水平。

(2) 阶段内的布置

阶段内的布置有连续式、分区式和分带式。

① 连续式

当阶段的走向长度和倾斜长度都较小时，可在井田的每一翼沿阶段倾斜全长布置一个采煤工作面，并且采煤工作面可以由井田中央向井田边界推进(连续前进式开采)，或者从井田边界向井田中央推进(连续后退式开采)。这种布置称为连续式布置。

② 分区式

当阶段的走向长度和倾斜长度都较大时，在阶段范围内，沿走向把阶段划分为若干个部分，每部分长度600～1 200 m，甚至更长，沿倾斜的长度等于阶段斜长，在其中有独立的通风和运输系统，这样的每个部分称为采区。这种布置方式称为分区式布置。

③ 分带式

在阶段内不再划分采区，而是沿煤层走向划分成许多个可以分别布置一个采煤工作面的倾斜条块，称为分带。采煤工作面沿煤层倾斜方向由下而上(仰斜)或由上而下(俯斜)连续推进。这种布置叫做分带式布置。

2. 矿井巷道的种类和名称

地下采煤，首先要开掘从地面到达煤层以及到达采煤地点的通路，这些通路统称为矿山井巷。按井巷延伸方向与水平面的关系不同，可分为垂直巷道、水平巷道和倾斜巷道。

从地面进入地下的通路叫做井筒。井筒可以垂直向下开凿，叫做立井或竖井；也可以倾斜向下开凿，叫做斜井；埋藏在山里、高出于地面的煤层还可以从山脚或山腰选择平坦的地点作硐口，开凿水平的巷道进入煤层，叫做平硐。

井筒到达预定地点后，就可以在井下开凿为生产服务的各种巷道。矿井巷道按照它的作用和服务范围，可以分为开拓巷道、准备巷道和回采巷道三类。为全矿井或一个水平服务的巷道，叫做开拓巷道；为一个开采区域服务的巷道，叫做准备巷道；直接为采煤工作面服务的巷道，叫做回采巷道。

3. 井田开拓的基本问题

在井田范围内，如何布置和开掘巷道，是一项极为复杂的工作。在各种巷道中，最关键的是为全矿服务的开拓巷道。安排开拓巷道和主要硐室在井田内的位置，以及各巷道掘进的顺序和时间，统称为井田开拓。

井田开拓的基本问题主要有：井筒形式选择；井筒数目和位置的确定；开采水平的设置；井底车场形式的确定；主要大巷的布置；采区的划分等问题。井田开拓部署的原则可以用"布局合理，生产集中，系统简单，环节畅通"四句话来简单概括，但在实际工作中，要解决的问题是很复杂的。下面介绍井田开拓的前四个基本问题。

(1) 井筒形式选择

凡条件适合时，优先选用平硐。这是由于采用平硐开拓与斜井、立井相比，一是易于施工，建设速度快，造价低；二是利于排水；三是便于行人、运输以及材料和设备送入矿内。因此，当平硐水平以上有足够的煤炭储量和有适合的工业场地时，应优先考虑用平硐开拓。

立井开拓与斜井开拓相比，要达到地下同一地点，立井的井筒长度比斜井短，所以，开采深部煤炭时多选用立井。而斜井的优点是掘凿比较容易，速度快，技术和设备简单，费用也较少；沿着煤层掘进的小型斜井，更具有投资少、建井期短、出煤快的优点，所以开采浅部煤层普遍选用斜井。

我国的煤矿，按井筒数目统计，斜井比立井数目多；按产量来统计，则立井采出的煤量比斜井多。受地质条件和开采条件的限制，平硐开拓的比重很小。

(2) 井筒数目和位置

《煤矿安全规程》规定，每个矿井至少要有两个以上的井筒作为能上、下人的安全出入口。小型矿井可以只在一个井筒内安装提升机械，实行煤炭、材料、设备和人员混合提升，另一个井筒专供通风和作为安全出口；大中型矿井除了主井专门提煤，副井专作提升材料、设备和人员之外，还要开凿若干个专供通风用的风井。

井筒的位置，主要是对主、副井来说的。既要考虑地面的地形、交通条件对布置工业场地的影响，又要考虑井底车场的位置，使井下巷道的长度最短和运输工作量最少；此外还要考虑井筒所穿过的岩层地质和水文条件，使井筒和井底车场容易开凿和维护。一般是尽量将主、副井筒并列地布置在井田的中部，使井筒两翼的走向长度大致相等，成为双翼井田。

(3) 开采水平的设置

确定矿井开采水平的数目和每个开采水平的位置时，首先应将井田划分为阶段，以及确定是否采用下山(从运输大巷向下开掘的采区倾斜巷道)阶段开采。

井田划分为阶段，通常是决定阶段的垂直高度。阶段高度过大，倾斜巷道的掘进、维护和沿倾斜巷道的运输都比较困难；阶段高度过小，阶段的服务年限短，接替紧张，阶段数目多，基建总投资大。根据以往的经验，技术经济比较合理的阶段垂直高度是：急倾斜煤层为 100~150 m，缓倾斜煤层为 150~250 m。

阶段划分和是否采用下山开采问题初步确定后，再根据地面工业场地条件和井底车场布置的需要，最后确定开采水平的数目和位置。延深开拓一个新水平，要付出大量资金和3~4年的

施工时间，如果开采水平的服务年限太短，不但分摊到每吨煤的开拓折旧费太大，而且矿井延深频繁，造成接替紧张。因此，一个开采水平必须有足够的煤炭储量来保证一定的服务年限。

（4）井底车场

井底车场是井筒与井下主要巷道连接处的一组巷道和硐室的总称，它担负着矿井煤、矸、物料、设备和人员的转运，并为矿井的通风、排水、供电服务，是连接井下运输和井筒提升的枢纽。它主要由两部分组成：一是供运输调车用的若干巷道，如储车线、调车线和绕道等；二是供生产和管理服务的各种硐室，如中央变电所、水泵房、水仓、电机车库、炸药库、井底煤仓、箕斗装载硐室、医疗室和调度室等。

井底车场的工程量很大，一般约占矿井工程量的五分之一。确定井底车场的原则是：在满足运输能力的条件下，尽量减少巷道和硐室的工程量，并布置在容易开掘和维护的岩层内。

4.井巷掘进与支护

巷道按它所穿过的岩层，分为岩巷、煤巷和煤岩巷。在岩层内开掘的巷道叫岩巷；在煤层内开掘的巷道叫煤巷；巷道断面有一部分在岩层内，另一部分在煤层内开掘，叫做煤岩巷。

岩层一般比煤层坚硬，岩巷较难开掘，常采用钻眼爆破法。其工艺过程为：在岩层上钻出一些炮眼，炮眼内放置炸药，引爆后炸出所要求的巷道断面尺寸，将炸碎下来的岩块运走，然后进行支护。近年来，为加快岩巷掘进速度，发展了使用联合掘进机破碎岩石的掘进方法。

在地下开掘巷道后即形成空洞，破坏了原始应力平衡，产生矿山压力。在矿山压力作用下，周围的岩石就要向空洞挤压，使巷道变形甚至塌毁。因此，地下巷道和硐室一般都要进行可靠支护。有些巷道在使用期间的维护费用很高，因此要尽量避免将巷道开掘在矿山压力很大的区段内。

支护的作用是阻止或延缓周围的岩石向巷道内移动，保持巷道有足够的安全工作空间。有些巷道支护只能起到暂时维持的作用。由于附近的采煤工作会引起岩层的剧烈移动和变形，受采动影响的巷道上将受到极大的动压力，任何支架都阻止不了巷道的变形，因而需要经常检查和维修。因此巷道的支护方式，要根据岩层稳定性、巷道的服务年限和技术经济合理性来选择。一般支护方式有棚式支架、拱形金属支架、料石和混凝土砌筑支架、喷射混凝土支护、锚杆及锚杆喷浆支护等。

6.3.2 矿山地面生产系统

在矿井地面，以主井、副井和铁路装车站为核心，建有一套为生产、管理和生活服务的建（构）筑物、线路、工程管线和机械设备等地面生产系统。一个大型矿山，仅地面生产系统，就相当于一个投资巨大的现代化大工厂，占地数百亩，统称为工业场地。它包括以下主要项目。

1.煤炭的运输、加工、储存系统

原煤从井下提升到地面以后，一般要经过装卸、运输、加工、储存过程，然后再装车外运。此系统一般以主井和铁路装车站为核心。运煤路线：

(原煤)主井→带式输送机走廊→选煤厂(或直接送到地面煤仓)→外运

（1）井架或井塔

矿井地面设有高达几十米的井架或井塔，是矿井地面工业场地最突出的标志。井架竖立在井筒上，用来支托天轮，悬吊着箕斗或罐笼的钢丝绳从天轮绕过，缠绕在提升绞车的滚筒上。绞车房设在井架旁边。有些矿井不在地面建绞车房，而是直接将提升机安装在井架的顶端，叫做井塔。井塔比井架更高，造价也更贵，但可免去绞车房建筑，节省地皮；提升深度一般较深。

提升煤炭的井筒叫主井，主井井架内有卸煤设备，卸下的煤经带式输送机走廊送入选煤厂或直接送到装车煤仓。

（2）选煤厂

煤从地下提升到地面，未经筛选的叫原煤。原煤中的矸石、灰分等杂质含量都较高，大型矿井均应建选煤厂。原煤提升到地面直接送入选煤厂，煤洗选后经带式输送机走廊送入装车煤仓储存，准备装入铁路车厢外运。

我国有许多矿井未建井口选煤厂，煤炭总产量中有一半以上的原煤直接供给用户。由于原煤中含有矸石及杂质，不但增加运输费用，燃烧时还将降低热能利用率，是很不经济的。

（3）铁路装车站

每个矿井(除地方小矿)几乎都建有铁路支线与全国铁路干线相连接，矿井地面铁路装车站设有煤仓、储煤场和材料场。运出煤炭，运入材料设备都在这里装卸调度，它是矿井地面运输的枢纽。我国的煤炭几乎都要靠铁路运输，但火车是间歇式来矿装运煤的，故一般都建有地面储煤场。

此外，有些矿山还建有发电站，将煤炭转换成电能输送给用户。

2. 辅助运输系统

作为提升矸石、运送材料、上下人员和通风任务的井筒称副井。副井距主井一般为40~50 m。从副井提升到地面的矸石及选煤厂选出的矸石要送到矸石场。井下生产所需的木材、设备及其他材料需从坑木场和修配厂及仓库运到副井，送到井下。上述各种厂(场)房与副井之间均设有窄轨铁路，由矿车运输。

副井上方也设有井架，用于辅助提升。

矸石场(有时为高达数十米的矸石山)是矿井堆弃开掘巷道的岩石和从煤中挑选出来的矸石的场地。从副井井口到矸石山铺有窄轨铁路，由矿车或翻斗车运输。

随着生产的发展，矸石山在不断地增大，不仅占用农田，而且往往自燃，污染地下水和空气，如何利用和消灭矸石山，是环保工作的一项重要课题。现在有部分矿山利用矸石制造低标号水泥、烧制建筑用砖，充填塌陷区或采空区，都获得了较好的效果。

3. 行政公共设施

将行政公共建筑组成一座大型综合建筑物，通常叫做行政福利大楼。它除用于行政办公外，还有完善的生活服务系统，有更衣室、灯房、仓库、浴室、食堂、保健室等。

工业场地还有变电所、机修厂、压风机房、锅炉房等建筑。

工业场地布置一般以主、副井和装车站为中心，合理布置其他建筑物。各建筑物力求集中和紧凑，以减少工程量、安全煤柱和其他不利因素的影响。一些与生产无直接关系的建筑物，如职工宿舍、商店、学校和俱乐部等应布置在井田范围以外、不受地下采煤影响的地方。

6.3.3 矿山地下生产系统

掘进和采煤是煤矿井下生产最主要的两项工作，采出煤炭的作业场所叫采煤工作面，掘进巷道的作业场所叫做掘进工作面。采煤的作业场所是不断变动的，而为保证采掘比例不失调，就需不断地掘进巷道以构成新的接续面。要保证采、掘工作的顺利进行，必须具有完备的地下生产系统。下面主要介绍矿井运输、提升、通风、供电和压气等生产系统。

1. 矿井运输系统

矿井运输是指矿井的地下运输工作，主要任务是运出煤，其次是将废矸石运出地面，将材料设备运到井下使用地点，以及运送人员上、下班等。

常见的一种井下运输系统为：从采煤工作面采落的煤炭经工作面内的刮板输送机运到区段运输平巷，区段运输平巷内的带式输送机将煤运到采区上山，经采区上山内的带式输送机运到采区煤仓，在采区煤仓下口装入矿车，组成一列煤车后，经运输大巷拉到井底车场，然后通过主井用箕斗提升到地面。

材料和设备则经相反方向运输：从副井运入井底车场，经大巷到采区车场，由轨道上山提升到轨道平巷，然后运入工作面。

我国矿井运输方式主要有两大类：输送机运输和轨道运输。

（1）输送机运输

输送机包括两大类：刮板输送机和带式输送机。

① 刮板输送机

刮板输送机结构坚固，能经受煤块和岩块的碰砸，它可以沿工作面全长的任何一点装煤；机身可以弯曲，能整体逐段地向前移动。它的缺点是运输距离短，磨损快，动力消耗大。所以不宜在长距离运输中使用。

② 带式输送机

煤从工作面运出来之后，沿区段运输平巷和上山多使用带式输送机运到采区煤仓。带式输送机是连续运输的，生产能力大，运转阻力小，动力消耗低。每台输送机的运输距离和生产能力主要由胶带的强度决定。

（2）轨道运输

① 电机车运输

电机车运输是水平巷道长距离运输的主要方式。它由许多辆矿车组成列车，用电机车牵引，在轨道上运行。煤炭从采区内运出来一般是连续运输，而大巷内的电机车的运输是间断的，为了不影响工作面的连续生产，需要在两种运输衔接地点开掘大容量采区煤仓。此煤仓设在运输大巷上方,打开煤仓下口的闸门,煤炭便会自动装入停在装煤点的矿车内,待一列矿车装满后即由电机车拉走。

② 无极绳运输

无极绳运输是在运输巷道的一端设有主动轮,另一端装设尾轮,用钢丝绳绕过主动轮和尾轮连接成一条循环无极的牵引绳。电动机带动主动轮转动,利用摩擦力驱使牵引绳不停地移动。空、重车用挂车装置分别挂在两侧往返的钢丝绳上,矿车被牵引移动到终端时摘下。无极绳运输简单灵活,能在底板有起伏的巷道和坡度不大的倾斜巷道中应用,但需人力摘挂钩,劳动生产率低。

③ 串车运输

倾斜巷道中的运输可用串车,即几个矿车连成一组,用钢丝绳牵引。钢丝绳一端用铁钩和矿车相连,另一端缠绕在绞车的滚筒上。滚筒正转时将串车提升向上行,反转时矿车靠自重向下滑行。

④ 单轨吊车运输

单轨吊车是用一根悬挂在巷道上方的钢轨作为导向装置。吊车挂在导轨下方,用电机车或钢丝绳牵引沿导轨移动。单轨吊车适用于运送材料、人员和设备,可以在水平巷道,也可在倾斜(≤30°)巷道中使用。拐弯灵活,可以在两条相互垂直的巷道内连续运输,操作方便。但安装技术较为复杂。

2. 矿井提升系统

矿井提升系统主要分为两大类:立井提升系统和斜井提升系统。根据其所选用设备不同可分为如下几种。

(1)立井提升系统

① 立井箕斗提升系统

煤矿主井提升煤炭,立井多用箕斗。该系统中煤炭运到井底车场翻笼硐室,经翻笼卸到井底煤仓内,由给煤机经过定量装载设备装入箕斗。同时,另一箕斗位于地面卸载位置。当箕斗进入井架上的卸载曲轨时,其底部的闸门打开,煤炭卸入井口煤仓内。两个箕斗分别由两根钢丝绳吊挂,钢丝绳的另一端绕过天轮,各以相反的方向缠绕在提升机滚筒上,提升机滚筒旋转时,箕斗一个向上一个向下移动,并同时到达装载和卸载位置,使装、卸载工作同时进行。箕斗提升运行可靠,生产能力大,是大、中型矿井的主要提升设备。

② 立井普通罐笼提升系统

立井罐笼提升的罐笼是一个长方形的铁笼子,停放在井口和井底车场时,用人工或机械将矿车顶推进罐笼内,再用绞车提升到地面。这种罐笼提升系统较低,主要用于副井。在小型煤矿,也可以只在一个井筒内装设罐笼提升系统,完成全部提升任务,副井只安装梯子间作为安全出口。

(2)斜井提升系统

① 斜井箕斗提升系统

斜井箕斗提升与立井相似,只是采用后卸式箕斗,在轨道上运行,主要用于主斜井的煤炭提升。

② 斜井串车提升系统

斜井串车提升就是前述的串车提升在井筒内的应用。空、重车以绞车为动力在轨道作上、下运行。考虑到井筒倾角过大时易撒煤，故斜井串车提升时倾角一般不大于25°。

3. 矿井通风系统

煤矿生产是地下作业，自然条件比较复杂，当地面空气进入矿井以后，在成分上会逐渐变化。这是由于生产过程中产生的岩尘、煤尘和炮烟，煤和其他物质氧化，人的呼吸以及煤与围岩散发的各种有害气体，使矿内空气中氧的含量相对减少，空气的温度、湿度和压力等也会发生变化。因此，矿井通风工作对于保证矿井安全，创造良好的气候条件，提高劳动生产率，具有十分重要的意义。

(1) 矿井通风方法

矿井通风方法可分为自然通风和机械通风两种。

凡是利用自然条件的通风压力促使空气在井下巷道中流动的通风方法就叫做自然通风。自然风流的产生主要是由于地面温度变化，使进、出风井空气温度不同而造成的。由于这种自然通风风流很弱，且不稳定，甚至有时无风，所以只在山区小煤矿建井初期可用。

机械通风即使用通风机通风。矿井主要通风机的工作方式有抽出式通风和压入式通风两种。

抽出式通风是把通风机安设在出风口附近，并用风硐把它和出风井筒相连，同时把出风井口封闭。当通风机运转时，风硐中的空气稀薄，造成低于大气压的负压，迫使空气从进风井口流入井下，再由出风井口排出。抽出式通风的矿井，井下任何一点的空气压力都小于井外同标高的大气压力，因此抽出式通风又叫做负压通风。

压入式通风是把通风机安设在进风井口附近，并用风硐把它和进风井筒相连，同时，要把进风井口封闭。当风机运转时，把地面空气压入井内，迫使空气从出风井排出。进风井如为主、副井时，要采用密闭式井口房，以便使井下与地面隔开，避免短路。压入式通风的矿井，井下任何一点的空气压力均比地面同一标高的大气压力大，因此，压入式通风又叫做正压通风。

在抽出式通风的矿井中，一旦通风机停止运转，井下空气的压力会稍微提高，可抑制采空区及巷道顶部积累的瓦斯向巷道涌出，对保护矿井安全很重要；而压入式通风与抽出式通风相反，一旦主要通风机停止运转，井下空气压力会降低，这时可能导致采空区瓦斯大量涌出，使矿井安全受到威胁。所以，有瓦斯的矿井一般都采用抽出式通风。

按煤矿进风井和出风井的相互位置关系（称为矿井通风方式），一般可分为三类基本类型：

① 中央式

中央式又可分为中央并列式和中央分列式两种。中央并列式是进风井和出风井大致并列在井田的中央（一般相距30～50 m），主副井筒兼做进、出风井；中央分列式（又称中央边界式）是进风井位于井田中央，出风井位于井田浅部边界沿走向的中央。

② 对角式

对角式又可分为两翼对角式和分区对角式两种。两翼对角式是进风井位于井田走向的中央，出风井(两个)位于井田沿倾斜的浅部，沿走向的两翼边界附近；分区对角式通风是进风井位于井田走向的中央，采每一水平时在每个采区的上部，均开掘一个出风井。

③ 混合式

混合式是由中央式和对角式所组成的一种综合通风方式。

一般煤层埋藏深、走向长度不大，瓦斯涌出和自然发火都不严重时，可用中央并列式；煤层上部距地表浅，走向长度不大，瓦斯涌出和自然发火严重时，可用中央边界式；而当井田走向长，井型大，煤层上部距地表浅时，则应采用对角式通风。

(2)矿井通风构筑物

为了使风流按拟定的路线流动，保证各工作地点的有效风量，必须在某些巷道中设置相应的通风构筑物对风流进行控制。通风构筑物因其用途不同，种类较多，下面介绍一些主要的通风构筑物。

① 风墙

风墙是切断风流或封闭采空区，防止瓦斯向巷道扩散的一种构筑物，又称密闭。风墙分临时的和永久的两种。临时性风墙一般用帆布、木材等材料修筑；永久性风墙用砖、料石或水泥等材料修筑。为了便于检查密闭区内的气体成分及密闭区内发火时便于灌浆灭火，风墙上应设观测孔和注浆孔，并设有放水管。

② 风门

风门是既要切断风流，又要行人和通车的通风构筑物。风门的开启方向应逆着风流，保证风门受压和门框接触严实。为了减少风门开启时漏风，每处风门至少要设有两道门，其间距当通车时，不得少于一列车长度，行人时不得少于5 m。禁止两道风门同时开启。

③ 风桥

风桥是用来隔开两支互相交叉的进、回风风流的构筑物。根据风桥的结构特点不同，可分为：铁筒式风桥、混凝土风桥、绕道式风桥。

④ 反风装置

当矿井进风井口、井筒、井底车场附近一旦发生火灾或瓦斯、煤尘爆炸时，为了防止火焰向采区蔓延，有害气体随风流进入采掘工作面，危及井下人员安全，有时需要返风，即立刻改变风流的方向。

4.矿井供电系统和压气设备

(1)矿井供电系统

煤矿机械设备使用的动力大多数是电力。由于煤矿生产的特殊性，对整体而言，供电在安全、可靠方面，比其他企业的要求更高；对煤矿内部各用户，按其对供电可靠性的要求分为一类用户、二类用户和三类用户，不同的用户有不同的要求。此外，还要考虑技术经济合理。

供电系统根据井田范围、开采深度和矿井涌水量等条件来选择。一般有深井供电和浅井供电两种方式。开采深度超过100~150 m，涌水量较大时，多采用深井供电方式，否则可选用浅井供电方式。

深井供电是将井下所有的用电设备都由敷设在副井井筒内的高压电缆供电，通过井下中央变电所向各采区变电所配电，由采区变电所降压后再分别输送到各个用电点。因此，一般设有矿井地面变电所，井下中央变电所、采区变电所和工作面配电点。浅井供电方式的特点是：井下不设变电所，井底车场附近的用电设备由敷设在副井井筒的低压电缆供电，井底车场仅设置一个配电点，采区供电是在采区相对应的地面设置地面变电亭，在变电亭内降压后通过钻孔(或小风井)送至井下配电点向采区供电。

目前，我国煤矿常用的三相交流电的线间额定电压有 35 kV、6 kV、1 140 V、660 V、380 V、220 V 和 127 V 等。常用的用电设备有：矿用一般型(KY)、矿用安全型(KA)、矿用隔爆型(KB)、矿用安全火花型(KH)和矿用隔爆安全火花型(KBH)等类型。

(2)压缩空气设备

在煤矿中，压缩空气用来作为风镐、风钻等风动设备的动力。压气设备包括压气机、辅助设备和输送管道。压气机一般安设在井口附近的压气机站内，只有低瓦斯矿才在井下主要进风道内安设小型的压气机，压气站内设备还有空气过滤器、风包(储气罐)、冷却器、吸气管和输气管等。

6.4 矿山安全与环境保护

6.4.1 矿山自然灾害及其防治

矿产资源开采是典型的高危行业，存在各种不安全因素。因此在设计、生产中应采取严格的安全技术措施，防止自然灾害的发生，以及阻止工艺过程中可能发生的事故。

1.矿井瓦斯及其防治

(1)瓦斯的性质

矿井瓦斯是指井下以甲烷为主的有毒、有害气体的总称，有时单独指甲烷。瓦斯比空气轻，易扩散、渗透性强，容易从邻近层穿过岩层由采空区放出。瓦斯本身无毒性，但不能供人呼吸，当矿内空气中瓦斯浓度超过 50% 时，能使人因缺氧而窒息死亡。瓦斯能燃烧或爆炸，瓦斯爆炸是煤矿主要灾害之一，国内外已有不少由于瓦斯爆炸造成人员伤亡和严重破坏生产的事例。因此必须采取有效的预防措施，避免发生瓦斯爆炸事故，确保安全生产。

(2)瓦斯爆炸的防治

瓦斯爆炸必须具备三个条件：瓦斯浓度、引火温度和氧的浓度，这三者缺一都不会发生瓦斯爆炸。由于在生产井巷中氧的浓度始终是具备的，因此防治瓦斯爆炸的有效措施，就是防止瓦斯的集聚和消除火源。

① 防止瓦斯集聚的安全措施

一是加强通风，必须把瓦斯冲淡到《煤矿安全规程》允许的浓度以下，当瓦斯超过允许浓度时，必须及时进行处理；二是加强瓦斯检查，按《煤矿安全规程》规定的要求，必须建立严格的瓦斯检查制度；对瓦斯涌出量大的煤层或采区进行瓦斯抽放，也就是将煤层或采空区内的瓦斯经由钻孔或巷道、管道、真空泵直接抽至地面，瓦斯量少、浓度低时可直接排到大气中，具有较稳定的抽出量时，可以经过加工作为工业与民用燃料，或作为化工原料。

② 防止瓦斯引燃的措施

在井口或井口房内，禁止使用明火；在瓦斯矿井要使用防爆型或安全火花型电气设备；瓦斯矿井只能使用安全炸药，严格执行放炮制度；严格管理火区，防止火墙漏风，并定期测定火区温度；防止机械摩擦火花的产生。

(3) 煤和瓦斯(或二氧化碳)突出的防治

煤和瓦斯突出是井下采掘过程中，在极短的时间内，从煤体内部突然大量喷发出煤和瓦斯(或二氧化碳)，并伴随着强烈的声响和强大的动力冲击现象。突出时产生的动力冲击作用，能摧毁巷道设施，破坏设备，破坏通风系统，甚至使风流逆转。防治煤和瓦斯(二氧化碳)突出的措施有：开采保护层、震动性放炮、钻孔排放瓦斯、水力冲孔等。

2.矿尘及其防治

(1) 矿尘的危害性

矿井在建设和生产过程中，都会产出大量的矿物微粒，通称矿尘。煤矿矿尘生成地点主要在采掘工作面，同时在运输过程中的各转载点，因煤和岩石进一步被破碎，也产出一定数量的矿尘。

矿尘的危害性主要表现在：

① 危害人体健康，可引起职业病，严重的可导致尘肺病；

② 煤尘在井下达到一定浓度时，在外界明火电火花、高温等条件下，可以爆炸造成严重灾害；

③ 加速机械磨损，减少精密仪表的使用时间。

(2) 防止煤尘爆炸的措施

① 降尘措施

降尘措施有向煤尘注水、水封、喷雾洒水降低浮尘、清除落尘以及改进采煤机械或在截齿上安装降尘设施等。

② 防止煤尘引燃。

③ 隔爆措施

隔爆措施就是在已经发生爆炸的情况下，把煤尘爆炸区域限制在一定范围内，避免瓦斯、煤尘的连续爆炸和扩大，它是由设在巷道中的岩粉棚或水棚来实现的。

(3) 煤矿尘肺病的预防

预防尘肺病的关键是降低集中发生矿尘地点的矿尘浓度。我国成熟的经验是采取以湿式凿岩为主，包括喷雾洒水、通风除尘、净化风流和个体防尘在内的综合防尘措施。

3.矿井火灾的防治

矿井火灾的发生主要有外因火灾和煤炭自燃火灾两类。

(1) 外因火灾及其防治

外因火灾主要是由外部火源引起的。如井下违章使用明火；电器设备和电路维护不好，

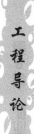

损坏漏电，超负荷运转，电流短路，接触不良而发生电气引燃；井下放炮违章作业或雷管、火药失效而燃烧等。

为了防治外因火灾，必须依据国家颁布的有关防火规定和《煤矿安全规程》中提出的要求制定井口和井下具体防火措施。杜绝井下产生和使用明火；井下确实需用电焊或气焊作业时，要有切实可靠的安全措施；要经常检查电器设备、导线的完好情况；使用合格的雷管炸药；在井底车场等处设置防火门、消防列车库；在重要地点备有常用灭火器，并使所有井下工作人员熟悉灭火器的使用方法和存放地点；建立消防供水与综合防尘系统等。

（2）煤炭自燃火灾及其防治

我国煤矿的矿井火灾大部分是由煤炭自燃引起的。煤炭自燃的因素很复杂，但煤炭自燃过程有四个必要条件，即煤要有自燃倾向性，以破碎状态存在，有连续供氧的条件及热量容易集聚。因此，只要消除或改变其中一个或一个以上的因素，就可以防治煤炭自燃。在煤炭开采过程中，除选择正确的开拓、开采方法，加强通风管理外，对具有自燃发火倾向的煤层进行预防性灌浆，是目前预防煤炭自燃非常有效的方法。

4. 矿井水灾的防治

矿井充水的水源主要有：大气降水、地表水、含水层水、断层水和老空水。这些水源常互相联系沟通，如果在矿井开采过程中没有采取积极有效的措施，它们就能造成水灾事故。

（1）地面防水

井口标高应高出当地最高洪水水位，如果很难找到较高的位置或需要在山坡上建井筒时，必须修筑坚实的高台或在井口附近修筑可靠的排水沟，并修筑防洪堤坝防止暴雨、山洪直接灌入井下造成灾害。

对在井田范围内的河、湖和沟渠应尽可能疏干或改道。对在河流、湖泊、池塘、塌陷区积水下开采时，要采取特殊采煤方法，并采取一定的安全技术措施，或用充填法控制顶板。对于地面洼地、塌陷裂缝、溶洞、废弃钻孔和古井等都要用粘土填实夯平或妥善封闭，以防漏水。并且，充分做好雨季前的防汛准备工作。

（2）井下防水

在做好水文观察工作与矿井地质工作的情况下，主要采取探、放、截和堵等综合防水措施。

① 探水

当掘进工作面接近被淹井巷、溶洞、含水断层或含水丰富的含水层，或有透水迹象时，必须坚持"有疑必探、先探后掘"的原则，进行打钻探水。

② 放水

当探到水源后，要设法将水有计划地放出，解除水的威胁。

③ 截水

为了使井下局部地区的涌水不致影响其他地区，在水源与采掘区之间或含水断层两侧预留一定尺寸的永久或临时防水煤（岩）柱，或在适当地点建筑水闸门或水闸墙，将采掘区与水源隔离。

④ 堵水

堵水是利用水泥浆或化学浆液通过管道压入地层裂隙或孔洞，经凝结、固化后达到堵住补给水源的目的。

5. 冒顶事故及其防治

煤矿中发生的冒顶事故与井下的瓦斯、煤尘、火灾、水灾等事故所造成的后果相比，具有发生频率高、规模范围小、人员伤亡多、影响时间长等特点。据统计，冒顶所造成的伤亡占井下伤亡总数的40%左右，其中大多数发生在采煤工作面中，在掘进巷道和其他地点发生的冒顶伤亡事故所占的比重很小。

采煤工作面冒顶发生的原因比较复杂，除客观上的矿山压力的作用与地质构造的影响外，大部分是由于思想上麻痹大意、不遵守《煤矿安全规程》规定、技术操作不正确和组织管理不好等人为因素造成的。

采煤工作面冒顶的防治措施有：加强顶板观测工作，掌握矿压显现规律，进行顶板来压预报；及时支护，不在空顶下作业；炮眼布置要合理，装药量要适当，炮道应合乎要求，使爆破后不崩倒棚子或支护；坚持正规循环作业，加快工作面推进速度，降低支架载荷，当悬顶严重时，要进行人工强制放顶，防止冒顶事故发生。此外，严格执行"敲帮问顶"制度，验收支架制度，岗位责任制度和认真做好"回柱放顶"工作等。

6.4.2 矿山环境保护

1. 地表破坏及复用

(1) 地表的破坏

矿藏往往是深埋于地下，矿藏开采也往往引起地表下沉甚至造成地表塌陷，因此，采矿业是造成地表破坏最严重的行业之一。煤矿地下开采时，煤炭采完后往往引起地表下沉，当地表水位浅，地表下有隔水层时，土地塌陷会引起积水，形成人工湖，不仅村庄必须迁走，土地也无法耕作。露天开采也可毁掉大量有价值的土地（露天开采时破坏土地面积为露采场的2~11倍，露天矿破坏土地中排土场占到总面积的40%~60%），使自然景观遭到破坏。

(2) 复田及复田材料

所谓复田是指将已遭到破坏的土地，恢复到可供某种用途而做的工作。我国复田工作起步较晚，但是目前复田工作已在许多矿区进行，并取得了一定成效。国外复田工作开展较早，矿业占用或破坏土地约有40%得到恢复，并且不少国家相继颁布了采矿环境保护的法令、条例或规程，这些法令限制了矿业对土地的侵占，并且规定由于开采造成的土地破坏，必须由开采者负责恢复。

国内外造地复田的材料，大多采用煤矿生产中排出的大量矸石，变害为利。煤矿开采和洗煤过程中，都排出矸石，占煤炭量的10%~20%。大量煤矸石除作为复田材料外，还可从煤矸石中提取化工产品，利用煤矸石作建筑材料、燃料、肥料等。

2. 大气污染及其防治

自然界中局部的物质能转换为人类所从事的种类繁多的生活、生产活动，向大气排放出各种污染物。当污染物超过环境所能允许的极限(环境容量)时,大气质量就发生恶化,使人们的生活、工作、身体健康和精神状态,以及设备财产等直接地或间接地遭受破坏或受到恶劣影响,这种现象称为大气污染。当前,在我国大气环境中,具有普遍影响的污染物的最主要的来源是燃料的燃烧。影响较大的污染物有飘尘、二氧化硫、氮氧化物和一氧化碳等。

由于煤的成分主要是碳,所以煤矿生产和煤的燃烧在某种程度上都能产生 CO、SO_2、H_2S、CO_2 和粉尘微粒等污染物。因此,首先应消除或减少颗粒状污染物的产生;其次对产生的粉尘,可用各种吸尘器将其吸捕、分离;再次是禁止露天炼焦,避免矸石山自燃,积极利用排放的瓦斯,以防止气体状态的污染物产生。

3. 水污染及其治理

煤矿生产对水源影响的主要因素有:

(1)矿井排出的水

这种水因颗粒、油污、未爆的炸药、矿石的化学成分等因素而被污染,甚至在煤矿关闭后,往往还要继续排放污水,长时间存在着严重的污染问题。

(2)降雨和降雪后的径流水

通过被采煤破坏了的土地,尤其是露天开采中的悬浮残渣和其他污染物,随径流水汇入各水道内,污染水流。

(3)地上水源全部或部分被拦截

煤矿生产可能会截断含水层,造成泉水或地下水流量的减少或丧失,或者降低地下水位,因而干扰其他地区的供水。

(4)水力采煤和洗煤用水

此种水由于与工艺过程中的物料相接触使水在物理性能和化学成分方面都严重地受到污染。

要控制和进一步消除水的污染,必须将"防"、"治"、"管"三者结合起来。煤矿生产,应将矿井排出的水用水沟导入水池内,不致泛流,尽可能地减少采煤的用水量,防止未受污染的水受到污染;截住遭受污染的水,导入沉淀池,然后进行必要的化学处理,以及重复利用废水,使废水排放量减至最少;采用减少上覆岩层断裂的采煤法以减少沉陷,不使地面水侵入地下。

4. 煤矿噪音及其控制

煤矿噪音存在于各主要生产环节。声源分布于煤矿地面、矿井巷道、采掘工作面和机械硐室,对这些噪音源若不进行有效的控制,必将影响矿区环境,影响职工的健康。

煤矿噪音的控制,行政管理措施和合理的规划固然都是重要的,但控制技术是不可忽视的基本手段。所有的噪音问题基本上都可以分为声源、传播途径和被危害人三部分。因此,一般噪音控制问题都是分为三部分来考虑的:首先是降低声源本身的噪音强度;如果技术上办不到,或者技术上可行而经济上不合算,则考虑从传播的途径上来采取措施,切断噪音源与被危害人员的联系;如果这种考虑还达不到要求或不合算,则可考虑被危害人的个人防护。

降低声源本身的噪音是治本的方法。比如用液压代替冲压，用斜齿轮代替直齿轮，用焊接代替铆接以及研究低噪音的发动机等，但是，从目前的科学技术水平来说，要想使得一切机器设备都是低噪音的，还是不可能的。这就需要从传播的途径和个人防护上来考虑，常用的办法有吸声、隔声、消声、隔振、阻尼、耳塞和耳罩等。

本章小结

矿业是工业的命脉并被誉为"工业之母"，是人类社会赖以生存和发展的基础产业，为国民经济提供主要的能源和冶金等原料。矿业工程是开发和利用资源的工程，即是把矿产资源从地壳中经济合理而又安全地开采出来并进行有效加工利用的科学技术。从学科角度来讲，矿业工程已发展成为学科综合度和交叉关联度很高的一门工程科学，矿业工程一级学科包含采矿工程、矿物加工工程、安全技术及工程等二级学科。矿产资源的开采由矿山企业来完成。矿山企业设计的基本内容，包括矿山可行性研究、矿区总体设计、矿山初步设计等。在矿山企业设计中，需要对每个方案主要的技术经济指标进行评价，以便确定最优方案，这些指标可分为反映资金占用的指标、产品成本指标、职工劳动生产率指标、投资效果系数与投资回收期指标、投资差额回收期指标，等等。

矿山企业要进行正常的生产，必须具有完备的生产系统，矿山生产系统包括地面生产系统与井下生产系统两大部分。本章以煤炭地下开采为例，首先介绍了井田开拓与巷道掘进的基本知识，然后介绍矿山主要的生产系统，包括煤炭的运输、加工、储存系统，输助运输系统，行政公共设施等地面生产系统；以及矿井运输系统、矿井提升系统、矿井通风系统、矿井供电系统等井下生产系统。煤矿企业的生产常常伴随着瓦斯、矿尘、火灾、水灾、冒顶等安全隐患，同时会对地表环境、大气环境、水环境、人的工作和生活环境造成破坏，为此本章最后介绍了矿山安全与环境保护的一些基本知识。

? 复习思考题

1. 矿业工程在我国国民经济中的地位与作用有哪些？

2. 矿产资源是如何分类的？

3. 矿山可行性研究的主要内容是什么？

4. 矿山初步设计分析研究和确定的主要问题包括哪些？

5. 评价矿山企业设计的主要技术经济指标有哪些？

6. 井田开拓的基本问题有哪些？

7. 矿山地下生产系统主要包括哪些？

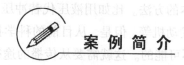

案例简介

轩岗矿区总体规划中的环境影响评价

晋北大型煤炭基地轩岗矿区位于山西省中北部、吕梁山脉北端的黄土高原，气候干旱、植被稀少、水土流失严重。矿区规划面积1 885 km², 煤炭开发总规模23.9 Mt/a。该矿区的开发与环境保护的矛盾比较突出，矿区涉及的环境保护目标众多，包括汾河、桑干河河源保护区，汾河源头生态功能保护区，芦芽山国家级自然保护区，管涔山国家森林公园，宁武万年冰冻国家地质公园，雷鸣寺泉域，马圈泉域，天池湿地保护区，明长城，引黄工程南干渠等，各种保护区范围相互重叠几乎覆盖了整个矿区。在该矿区的总体规划的编制过程中开展了规划环评，环评对规划矿区涉及的重要敏感保护目标进行了识别，分析了规划布局与重要保护区的冲突，提出了相应的规划调整建议。中国国际咨询公司在对该总体规划草案的评估过程中，结合规划环评结论和环评报告书技术审查小组意见，对规划在资源开发与环境保护方面存在的重大冲突进行了详细分析评估，向国家发改委提出了"根据国家环境保护部对轩岗矿区总体规划环境影响报告书的审查意见，在协调好各项保护区原则的基础上，重新研究轩岗矿区总体规划的必要性，并据此开展总体规划的修编工作，重新上报，再行决策"的评估意见。轩岗矿区总体规划从规划编制、环评、再到规划评估的过程，就是一个实现规划环评早期介入，作为规划决策部门重要参考依据的很好案例。

（资料来源：麦方代.对我国煤炭矿区总体规划环评的进展工作的认识与建议.煤炭工程, 2012.1）

案例思考

1. 编制矿区总体设计时应注意哪几个问题？
2. 如何协调矿产资源开采与环境保护的关系？

第7章
工 业 工 程

【学习目标】

通过本章的学习，了解工业工程的产生和发展，学习工业工程的基本概念；认识工业工程基础应用技术，了解方法研究和作业测定的基本工作研究的基本概念和分析技术；学习人因工程的基本概念，了解人因工程学的研究内容；学习物流与物流工程的概念，熟悉物流工程主要研究对象和内容；学习制造系统的概念，认识典型现代制造系统。

7.1　工业工程概述

7.1.1　工业工程的产生和发展

工业工程（Industrial Engineering，IE）是工业化的产物，最早起源于美国。19 世纪末 20 世纪初，美国等西方发达国家工业化生产迅速发展，生产系统规模越来越大、越来越复杂。传统小农经济和小作坊生产方式下的经验式管理由于缺乏科学的生产计划与组织，与社会生产力发展需求的矛盾日益突出，导致资源浪费、生产力不足、劳动效率低下。1911 年，美国工程师泰勒公开出版了《科学管理原理》一书，提出了工作定额、制定科学作业方法、专业分工、标准化、计件工资等理论，标志着工业进入"科学管理时代"，也标志着工业工程的诞生。泰勒被称为"工业工程之父"。

随着社会和科学技术的发展，工业工程的发展经历了四个相互交叉的阶段。

1. 科学管理阶段（18 世纪—20 世纪 30 年代）

这是 IE 的孕育和奠基期。18 世纪，瓦特改进蒸汽机促进了机械化生产，爆发了产业革命。19 世纪末，以泰勒、吉尔布雷斯夫妇、甘特为代表的科学管理先驱，通过一系列生产试验，提出了时间研究、动作研究、甘特图等重要理论。

2. 工业工程时代（20 世纪 30 年代—40 年代后期）

这是 IE 的成长时期。工业工程的概念、专业、研究机构和学会正式出现。心理学、社会学、数学和统计学的理论在工业工程中得到综合运用，产生了生产计划与控制、库存模型、工程经济、工厂布置、物料搬运、激励理论等工业工程原理和方法。

3. 工业工程与运筹学结合时期（20 世纪 40 年代后期—70 年代）

这是 IE 的成熟时期。作为第二次世界大战研究出的运筹学成果，数学规划、博弈论、存储论等优化理论，为工业工程提供了定量分析的方法，其技术内容得到极大的丰富。

4. 工业工程与系统工程结合时期(20 世纪 70 年代至今)

这是 IE 的革新发展时期。传统 IE 与系统工程、运筹学相融合,形成更加完备的学术体系。出现了从系统整体优化出发,研究各生产要素和子系统协调配合为特点的如决策理论、信息系统、优化理论等方法,产生了全面质量管理(TQC)、物料需求计划(MRP)、准时制(JIT)、敏捷制造(AM)、并行工程(CE)等最新技术方法。

7.1.2　工业工程的概念

1. 工业工程的定义

工业工程的发展迄今已有一百多年,现代 IE 已成为一个与数学、经济管理、人因学、各种工程技术密切联系的边缘学科。在其发展过程中,不同时期、不同国家的学术机构和学者对工业工程给出许多定义。最具权威性,今天仍被广泛采用的是美国工业工程师学会(AIIE)于 1995 年提出,几经修改的定义,其表述如下:

"工业工程是研究由人、物料、设备、能源和信息所组成的综合系统的设计、改善和设置的工程技术,它应用数学、物理学等自然科学和社会科学方面的专门知识和技术,以及工程分析和设计的原理和方法,来确定、预测和评价由该系统可得到的结果"。

该定义表明 IE 是一门方法学,为把人员、物资、设备、设施等组成有效的系统,需要运用哪些知识,采用什么方法和手段去分析、研究和解决问题。不足之处是没有明确指出 IE 的目标。

美国大百科全书对工业工程的解释是:工业工程是对一个组织中人、物料和设备的使用及费用详细分析研究,这种工作由工业工程师完成,目的是使组织能够提高生产率、利润和效率。

在日本,IE 被称为"经营工学"或"经营管理"。日本工业工程协会(JIIE)对 IE 的定义为:工业工程是将人、物料、设备视为一体,对发挥功能的管理系统进行设计、改革和设置,为了对这一系统的成果进行确定、预测和评价,在利用数学、自然科学、人文科学中特定知识的同时,采用工程技术的分析和综合的原理和方法。

有人对 IE 的定义简化为一句话:"IE 是质量和生产率的技术和人文状态。"或者说:"IE 是用软科学的方法获得最高的效率和效益。"

这些工业工程定义内容大同小异,都旨在说明:

(1)学科性质

IE 是一门技术与管理相结合的交叉学科。

(2)研究对象

IE 是由人员、物料、设备、能源和信息组成的各种生产系统、经营管理系统以及服务系统。

(3)研究方法

IE 运用数学、物理学的基本方法和工程学中的分析、规划、设计等理论和技术,特别是与系统工程的理论与方法以及计算机系统技术具有密切关系。

（4）任务

IE 是将人员、物料、设备、能源和信息等要素整合为一个高效率的集成系统，并不断改善，实现更有效的运行。

（5）目标

IE 是提高生产率与效率、降低成本、保证质量和安全、提高环境水平，获取多方面的综合效益。

（6）功能

为保障目标和任务的实现，IE 要对生产系统进行规划、设计、实施、评价和创新。

2. 工业工程的基本特征

工业工程既具有专业工程技术特性，又具有管理技术特性，是在技术与管理之间起着桥梁作用的学科。各国都根据自己的国情形成了富有自己特色的工业工程体系，如美国强调工业工程的工程性，突出技术与方法上的优化。日本强调现场管理，注重挖掘人的潜能。尽管各国特色不同，IE 本质特征可一致概括为以下几个方面。

（1）IE 是综合性的应用知识体系

工业工程是一个包括多种学科知识和技术的庞大体系。IE 的综合性集中体现在技术和管理的结合上。通常，人们习惯于把技术看做硬件，把管理看做软件。IE 不仅要研究和发展硬件部分，即制造技术、工具和程序，而且要提高软件水平，即改善各种管理与控制，使人和其他各种要素（技术、机器、信息等）有机地协调，使硬件部分发挥出最佳效用。所以，简单地说，工业工程实际上是把技术和管理有机地结合起来的学科，是包括自然科学、工程技术、管理科学、社会科学和人文科学在内的各种知识的综合运用。

（2）IE 注重研究人的因素

在生产系统的各组成要素之中，人是最活跃的和不确定性最大的因素，IE 强调人在系统中的决定性作用，在进行系统设计、实施控制和改善的过程中，都充分考虑到人和其他要素之间的关系和相互作用，以人为中心进行设计。从操作方式、工作站设计、岗位和职务设计直到整个系统的组织设计，IE 都十分重视研究人的因素，包括人机关系、环境对人的影响、人的工作主动性和创造性、激励方法等，使人能够充分发挥能动作用。

（3）IE 的核心是降低成本、提高质量和生产率

美国《工业工程手册》指出：“如果要用一句话来表明工业工程师的抱负，那就是提高生产率。”提高生产率和质量永远是工业工程追求的目标，随着生产技术、组织和环境发生变化，IE 始终把提高生产率、保证质量放在突出位置，研究生产率理论、测定方法及相关的问题，目的是更好地应用先进生产技术，发展现代制造系统，不断提高生产率和质量。

（4）IE 是系统优化技术

IE 追求系统的整体优化和合理性，不单是某个生产要素（人、物料、设备等）或某个局部（工序、生产线、车间等）的优化。从局部到整体的协调、开发都是为了一个目标，即整个生产经营系统的效益，各子系统的目标要服从系统的总目标。现代科技为 IE 提供了系统模型、

计算机仿真、复杂系统优化设计和现代控制理论等技术支持，以寻求各要素和子系统协调运行的最佳设计和方案。

3. 工业工程的基本职能

工业工程的基本职能是把人员、物料、设备、能源和信息组成一个更有效和有更高生产率的综合系统所从事的规划、设计、实施、评价和创新的一系列工程活动。

(1) 规划

规划是确定一个组织或系统在未来一定时期内从事生产或服务所应采取的特定行动的预备活动，内容包括：总体目标、方针政策、战略和战术、分期实施计划的制定。工业工程从事的规划侧重于技术发展规划，是协调"营利"与"资源利用"的一种重要手段，它的制订是一项工程。

(2) 设计

设计是一种为实现某一既定目标而创建具体实施系统的前期工作。内容包括：技术准则、规范、标准的拟订，设计方案选择和蓝图绘制。工业工程的设计侧重于工程系统的设计，包括系统的总体和部分设计，概念设计和具体工程项目设计等，通过建立系统总体设计方案，把各种资源组成一个综合的有效的运行系统。

(3) 实施

实施是对具体方案与项目进行实施。内容包括：各种生产技术准备工作，如产品的试制和试验、设备工装的购置与安装调试、材料配件的采购储备、劳动力的调配与培训、工艺方案的确定、工业规程的编制等；日常的工艺管理、生产控制，如生产调度、生产进度控制、生产统计核算等。

(4) 评价

评价是对现存的各种系统、各种规划和计划方案以及个人和组织的业绩，进行是否符合既定目标或准则的评审与评定的活动。内容包括：各种评价指标和规程的设计、制定以及评价工作的实施，并得出结论。工业工程评价是为高层管理者决策提供科学依据，是避免决策失误的重要手段。

(5) 创新

创新是对现存各种系统及其组成部分进行的改进和提出崭新的、富于创造性和建设性见解的活动。任何一个工业企业或生产系统，都将随着时间推移而变得陈旧和落后，而创新是系统维护和发展的重要途径。内容包括：产品、工艺及设施改进，组织改进，工作方法改进，技术革新等。只有创新才能赋予系统新的生命力。

7.1.3 工业工程的内容体系

1. 工业工程的范畴

美国国家标准委员会制订的 ANSI-Z94 标准，这种分类方法较正规和有代表性，它从学科角度把工业工程的知识和技术分为 17 个分支，即：(1) 生物力学；(2) 成本管理；(3) 数据处理与系统设计；(4)销售与市场；(5)工程经济；(6)设施规划(含工厂设计、维修保养、物料搬运等)；(7)材料加工(含工具设计、工艺研究、自动化、塑料加工等)；(8)应用数学(含运筹学、管理科学、统计质量控制、统计学和数学应用等)；(9)组织规划理论；(10)生产计划与控制(含库存管理、运输路线、调度、发货等)；(11)实用心理学(含心理学、社会学、工作评价、工资激励、人事实务等)；(12)作业测定及方法；(13)人因工程；(14)薪酬管理；(15)人体测量学；(16)安全工程；(17)职业卫生和医学。

2. 工业工程常用技术

美国 G 萨尔文迪主编的《工业工程手册》显示，根据哈里斯对英国 667 家公司应用 IE 的实际情况调查统计，常用的方法和技术有 32 种，按普及应用程度大小排列是：(1)方法研究；(2)作业测定(直接劳动)；(3)奖励；(4)工厂布置；(5)表格设计；(6)物料搬运；(7)信息系统开发；(8)成本与利润分析；(9)作业测定(间接劳动)；(10)物料搬运设备运用；(11)组织研究；(12)职务评估；(13)办公设备选择；(14)管理的发展；(15)系统分析；(16)库存控制与分析；(17)计算机编程；(18)项目网络技术；(19)计划网络技术；(20)办公室工作测定；(21)动作研究的经济成果；(22)目标管理；(23)价值分析；(24)资源分配网络技术；(25)工效学；(26)成组技术；(27)事故与可操作性分析；(28)模拟技术；(29)影片摄制；(30)线性规划；(31)排队论；(32)投资风险分析；

3. 工业工程的应用

IE 首先在制造业中产生和应用，通过改进生产方法，优化作业程序及标准，达到提高效率的目的。随着工业工程逐渐发展成为一门学科，其应用领域逐步扩展到其他领域，如建筑业、交通运输、销售、农场管理、航空、金融、医院、公共卫生、军事后勤、政府部门(主要是行业管理与规划)以及其他各种服务行业。但制造业仍然是最具代表性的一个领域，其在工业企业中的主要应用包括：

(1)工作研究

工作研究是工业工程体系中最重要的基础技术，利用方法研究和作业测定两大技术，分析影响工作效率的各种因素，消除人力、物力、财力和时间方面的浪费，减轻劳动强度，合理安排作业，用新的工作方法来代替现行的方法，并制定该工作所需的标准时间，从而提高劳动生产率和整体效益。

(2)设施规划与设计

设施规划与设计是对系统(如工厂、学校、医院、商店等)进行具体的规划和设计，内容包括：厂址选择、工厂平面布置、物流分析和物料搬运方法与设备选择等，使各生产要素和各子系统(设计、生产、制造、供应、后勤服务、销售等部门)按照工业工程要求进行合理的配置，组成更富有生产力的集成系统。它是工业工程实现系统整体优化，提高整体效益的关键环节。

(3)生产计划与控制

生产计划与控制主要研究生产过程和资源的组织、计划、调度和控制，内容包括生产过程的时间和空间组织、生产和作业计划、生产线平衡、库存控制等，通过对人、财、物、信息

的合理组织调度，加快物流、信息流和资金周转率，从而达到高效率和高效益的统一。它是保证整个生产系统有效运行的核心。

（4）工程经济

工程经济是工业工程必须应用的经济知识，即投资效益分析与评价的原理和方法。其通过对整个系统的经济性研究、技术方案的成本与利润计算、投资风险分析、评价与比较等，为选择技术先进、效益最高或费用最低的方案提供依据。内容主要包括：工程经济原理、资金的时间价值、工程项目可行性研究、技术改造与设备更新的经济分析等。

（5）质量管理与可靠性技术

质量管理是指为保证产品质量或工作质量所进行的与之有关的管理和控制活动，包括制定质量方针和质量目标以及质量策划、质量控制、质量保证和质量改进。其是以达到规定质量标准为要求，以质量控制为手段，以健全质量保障体系为目的。

可靠性技术是为维持系统有效运行的原理和方法，内容包括可靠性概念、故障及诊断分析、系统可靠性、可靠性设计与管理等。

（6）工效学

工效学也称人因工程学或人机工程学，是综合运用生理学、心理学、卫生学、人体测量学、社会学和工程技术等知识，研究生产系统中人、机器和环境之间的相互作用的一门边缘科学。其通过对作业中人体机能、能量消耗、疲劳程度、环境与效率的关系等研究，科学地进行作业环境、设施与工具的设计，确定合理的操作方法，从而提高工作效率。它是工业工程的重要专业基础知识。

（7）管理信息系统

管理信息系统由人和计算机网络集成，能进行信息的收集、传递、存储、加工、维护和使用的系统。它提供企业所需信息以支持高层决策、中层控制和基层操作，包括决策支持系统、工业控制系统、办公自动化系统以及数据库、模型库、方法库、知识库等。它是现代工业工程应用的重要基础和手段。

（8）现代制造系统

现代制造系统是工业工程进行企业系统设计和运作优化的重要内容，主要包括数控技术（NC、CNC）、成组技术（GT）、计算机辅助设计与制造（CAD/CAM）、计算机辅助工艺设计（CAPP）、柔性制造单元和系统（FMC、FMS）以及计算机集成制造（CIM）。它是生产系统的核心内容。现代IE的主要特征就是在计算机系统技术的基础上，发展集成生产和现代制造技术。

7.1.4 工业工程人才的素质结构

1. 工业工程技术人员职责

美国工业工程师学会（AIIE）对工业工程人员所做的定义如下："工业工程技术人员是为达到管理者的目标（目标的根本含义是使企业取得最大利润，且最小风险）而贡献出技术的人。工业工程技术人员协助上下各级管理人员，在业务经营的设想、规划、实施、控制方法等方面从事研究和发明，以期达到更有效地利用人力与各种经济资源。"

工业工程技术人员的职责主要就是把人员、物料、设备、能源和信息等联系在一起，使之有效地运行。他们主要从事生产系统的设计与改善，处理人与物、技术与管理、局部与整体的关系，以实现 IE 目标为最终目的。

2．工业工程师知识结构

工业工程技术人员应具备以下专业理论知识：

（1）具备机械工程、电子工程、信息工程等基础知识；

（2）具备运筹学、系统工程、管理学、组织行为学、项目管理等 IE 学科基础理论；

（3）掌握工作研究、工程经济、人因工程、设施规划与物流分析、生产计划与控制、管理信息系统等 IE 专业知识；

（4）掌握计算机应用、仿真及信息技术；

（5）掌握工程设计、产品设计与开发、生产工艺等知识；

（6）掌握经济与技术方面的法律、法规。

3．工业工程师技能结构

工业工程技术人员还应具备观察试验能力、调查研究能力、综合分析与集成能力、规划设计能力、协调与社交能力、适应能力、创新能力、语言与文字表达能力、外语阅读能力等。

4．工业工程意识

意识是对客观现实的反映形式，是社会实践的产物，也是事物的组成部分。工业工程实践产生的工业工程意识，是指导工业工程人才的思想方法。

（1）成本和效率意识

工业工程以提高生产率为目的，追求的是最佳的整体效益，必须树立提高质量和工作效率、降低成本的意识。一切工作要从总体目标出发，从大处着眼，从小处着手，力求节约，杜绝浪费，寻求具有更低成本、更高效率的方式去完成。

（2）问题和改革意识

工业工程师有一个基本信念，即任何工作都会找到更好的方法，改善无止境。工业工程就是基于识别问题、解决问题的综合技术。为寻找更合理的工作方法，必须树立问题和改革意识，不断发现问题，考察分析，寻求对策，勇于改革创新。

（3）工作简化和标准化意识

工作简化（Simplification）、专门化（Specialization）和标准化（Standardization）是 IE 自形成以来推行的重要原则，即所谓的"3S"。IE 中的工作研究就是追求以最简单的工具、方法完成最具有价值的作业，实现高效和优质的统一。每次生产技术的改进成果都以标准化形式确定下来并加以贯彻，通过更新标准，推动生产向更高水平发展。

（4）全局和整体优化意识

现代工业工程追求系统整体优化。各生产要素和子系统效率的提高，必须从全局和整体

的需要出发，针对研究对象的具体情况选择适当的工业工程方法，并注重应用的综合性和整体性，这样才能取得良好的效果。

（5）以人为中心的意识

人是生产经营活动中最重要的一个要素，是资源配置与优化的决定因素，其他要素都要通过人的参与才能发挥作用。现代 IE 强调以人为本，坚持以人为中心来研究生产系统的设计、管理、革新与发展，充分调动和发挥人员的创造性、主动性，人人参与和配合工作改进，增强企业凝聚力。

7.2 工业工程基础应用技术

7.2.1 生产率管理

工业工程的目标就是设计和不断改善生产系统，以追求整体效率为目的，也就是研究如何提高生产率。因此，生产率是衡量工业工程应用效果的指标，是工业工程师必须掌握的一个尺度。

1. 生产率的定义

生产是人类最基本、最重要的一项活动，具有将生产要素转换成有形财富的功能。生产率在经济学上是用来衡量生产系统转换效率的指标，一般定义为：一个生产系统的产出（产品、服务）与投入的资源或要素（劳力、设备、设施、材料、能源、信息等）之比。它表示物质转变或资源利用的有效程度，生产率的计算公式为：

$$生产率(P) = \frac{产出(O)}{投入(I)} \tag{7-1}$$

生产率定义适用于每一个企业、每一个行业，也可用于衡量一个地区或整个国家的生产率水平。

2. 提高生产率的意义

（1）生产率的提高速度决定国民经济的发展速度；

（2）提高生产率是增加工资和改善人民生活的基本条件；

（3）提高生产率可以缓和通货膨胀；

（4）提高生产率可以增强国际市场竞争力，保持国际贸易平衡；

（5）提高生产率对就业和社会发展有促进作用；

（6）生产率与质量是同步发展的关系。

3. 生产率的分类与测定

根据投入要素与管理需求的不同，生产率可划分为不同的种类。

（1）按生产要素的种类分类

① 劳动生产率：用劳动力作为投入计算的生产率。

② 资本生产率：用固定资产或折旧费作为投入计算的生产率。

③ 能源生产率：用投入某项能源计算的生产率。

④ 原材料生产率：以生产过程中投入的原材料重量或价值计算的生产率。

⑤ 总成本生产率：用所有生产要素的总成本作为投入计算的生产率。

(2)按生产要素数量分类

① 总生产率或全要素生产率：一个系统的总产出量与全部生产要素真实投入量之比，测算公式为：

$$全要素生产率 = \frac{产出总量}{全部资源投入量} \tag{7-2}$$

② 多要素生产率：一个系统的总产出量与几种要素的实际投入之比。其测算公式为：

$$多要素生产率 = \frac{产出总量}{多种资源投入量} \tag{7-3}$$

③ 单要素生产率：一个系统的总产出量与某一种要素的实际投入之比。其测算公式为：

$$单要素生产率 = \frac{产出量总和}{某要素投入量} \tag{7-4}$$

(3)按测定方式分类

① 静态生产率：某一给定时期的产出量与投入量之比，是一个测定期的绝对生产率。其测算公式为：

$$静态生产率 = \frac{测定期内总产出量}{测定期内要素投入量} \tag{7-5}$$

② 动态生产率：一个时期(测定期)的静态生产率被以前某个时期(基准期)静态生产率相除所得的商，反映不同时期生产率的变化。其测算公式为：

$$动态生产率指数 = \frac{测定期内静态生产率}{基准期静态生产率} \tag{7-6}$$

4. 生产率管理

美国生产率问题专家辛克教授(Sink D. S.)定义生产率管理为："生产率管理是一个较大的管理过程中的子系统，其内容包括根据系统的产出量与投入量之间的关系来进行规划、组织、指挥、控制和协调。"它是以提高生产率为目标和动力，不断改善生产系统，促进工业工程的应用和发展。

生产率管理过程包括：

(1)对生产率进行测量、分析和评价；

(2)根据测定和评价的信息，对生产率的控制和提高做出计划；

(3)控制和提高生产率的调节反馈；

(4)对控制和提高生产率的结果进行评价和反馈，进入新一轮的测定、控制及提高。

7.2.2 工作研究

1. 工作研究的概念

在工业工程的产生与发展中，工作研究是最早出现的科学管理技术之一，也是最重要的基础技术。工作研究起源于泰勒提倡的"时间研究"和吉尔布雷斯提出的"动作研究"。随着"时间－动作研究"的不断发展，逐步形成"方法研究"和"作业测定"，工作研究是两者结合的总称。

工作研究是以系统为对象，在不投资或投资很少的情况下进行生产或组织系统的分析，综合利用方法改进和时间研究，使各要素充分利用，增加现有资源产出率。工业工程的发展表明，工业工程的各项技术的应用基本上都是以工作研究为基础才取得较好的成效。

2. 工作研究的内容

工作研究包括方法研究和作业测定两大技术。方法研究是对现有的工作方法进行系统分析，寻求更简单有效的工作方法，主要包括：程序分析、操作分析和动作分析。作业测定是衡量完成某项或一系列操作所需时间，并制定科学合理工时定额的方法，主要包括：秒表测时、工作抽样、预订动作标准法和标准资料法。

工作研究中的方法研究和作业测定是相辅相成的。方法研究是以减少工作量为目的。作业测定是以减少无效时间为目的，是为方法研究所确定的改进方案制订时间标准。因此，方法研究是作业测定的前提，作业测定是方法研究的评价依据。

3. 工作研究的步骤

一项完整的工作研究，应按如下步骤进行：

(1)发掘问题，选定工作研究的对象；

(2)确定研究目标；

(3)观测，并选用合适的方法记录；

(4)详细分析现行方法；

(5)制定更经济的改进方法；

(6)制定作业标准和时间标准；

(7)新方法的组织实施；

(8)新方法的评价与调整。

4. 工作研究的分析技术

工作研究中常用的分析、改进技术，主要包括"5W1H"提问技术和"ECRS"原则。

(1)"5W1H"提问技术

"5W1H"提问技术也称六何分析法，是对某项研究工作或操作从对象、原因、时间、地点、人员、方法上进行提问，分析存在的问题，并寻求解决问题的方法，见表7-1。

(2)"ECRS"原则

"ECRS"原则是在改进、构思新的工作方法时应遵循的四大原则。

表 7-1　"5W1H"提问技术

考察点	第一次提问	第二次提问	第三次提问	结论
对象	做何事(What)	是否必要做	是否有更合适的目的	应该做什么
原因	因何做(Why)	为何需要做	是否不需要做	应该为何做
时间	何时做(When)	为何此时做	有无更合适的时间	应该何时做
地点	何处做(Where)	为何在此处做	有无更合适的地点	应该何处做
人员	何人做(Who)	为何此人做	有无更合适的人员	应该何人做
方法	如何做(How)	为何这样做	有无更合适的方法	应该如何做

① 取消(Eliminate)。在经过"做何事?"、"是否必要"及"为什么"等问题的提问,而不能有满意答复者应予取消。取消是不需要投资的改进,如取消不必要的工序、操作、动作,是改进的最高原则。

② 合并(Combine)。对于无法取消而又必要者,看是否能合并,以达到省时简化的目的。如合并一些工序或动作,或将由多人于不同地点从事的不同,改为由一个或一台设备完成。

③ 重排(Rearrange)。不能取消或合并的工序,可再根据"何人、何处、何时"三提问进行重新组合,使其达到最佳的作业顺序。

④ 简化(Simple)。经过取消、合并、重排后保留的必要工作,考虑能否采用最简单的设备和工具,采用最省时、省力的动作,以达到节省人力、时间及费用的目的。

5. 方法研究

(1)方法研究的概念

方法是指为获得某种东西或完成某项任务而采取的手段与行为方式。方法研究就是对现有的或拟议的工作(加工、制造、装配、操作等)方法进行系统的记录和严格的考查,从中发现更简单、更有效的工作方法。

(2)方法研究的目的

① 改进工艺和程序。

② 改进车间、工作场所和工厂的平面布置。

③ 经济地使用人、材、物等资源,减少不必要的浪费。

④ 改进机器、人力、物料的利用,提高生产率。

⑤ 改善工作环境,实现文明生产。

⑥ 降低劳动强度。

(3)方法研究与生产过程

生产过程是方法研究的主要对象,是从产品投产前一系列生产技术组织工作开始,直到把合格产品生产出来的全部过程,如图 7-1 所示。生产过程分为自然过程和劳动过程。劳动过程分为生产准备过程、基本生产过程、辅助生产过程和生产服务过程,基本生产过程又具体划分为工艺过程、检验过程和运输过程,分别由各自的工序组成。工序又分为各个操作,每个操作是若干动作的总和。动作则由动作要素构成。

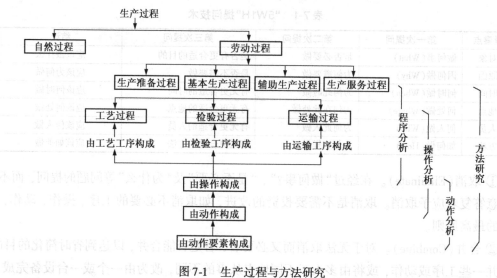

图 7-1　生产过程与方法研究

方法研究既包括以物为对象的生产过程的研究，也包括以人为对象的操作活动的研究，其内容包括程序分析、操作分析和动作分析，分别对应生产过程中的工序、操作和动作三个层面，如图 7-1 所示，是从宏观到微观、从整体到局部的研究过程。

7.2.3　程序分析

1．程序分析的概念

程序分析是以整个生产过程为研究对象，研究分析完整的工艺程序，从第一个工作地到最后一个工作地，是否存在多余、重复、不合理的作业，作业顺序是否合理，搬运是否太多，等待是否太长等现象，并制定改进方案的一种分析技术。

2．程序分析常用符号及改进重点

程序分析是利用符号和图表对工作的流程记录和分析。美国机械工程师学会规定了 5 种符号，见表 7-2，分别表示生产过程中的加工、搬运、检验、等待和存储这五种基本活动。表 7-2 列出了五种活动的改进重点。

表 7-2　程序分析基本符号及改进重点

符　号	名　称	含　义	改进重点
○	加工	加工对象发生物理、化学等变化	优化产品设计，新技术，取消或合并
→	搬运	加工对象位置变化	改善设施布置，合理搬运量，缩短距离
□	检验	检验原材料、零件、制品特性和数量	改进检验方法、手段和工具，减少次数
D	等待	原材料、零件、制品等暂时滞留	消除等待
▽	存储	物料在仓库有计划的存放	制定存储策略，科学管理

3．程序分析的步骤

（1）选择

确定研究的工作。

（2）记录

采用程序分析的有关图表，对现行的工作方法全面记录。

（3）分析

用"5W1H"提问技术，对记录的事实进行逐项提问；并根据"ECRS"四大原则，对有关程序进行取消、合并、重排、简化。

（4）建立

在选择、记录、分析的基础上，建立最实用、最经济合理的新方法。

（5）实施

采取措施，实施新方法。

（6）维持

对新方法进行经常性检查，不断改善。

4．程序分析的种类

依据研究对象的不同，程序分析可以分为工艺程序分析、流程程序分析、线路图和线图分析、管理事务分析。

（1）工艺程序分析

工艺程序分析是对现场的宏观分析，它以整个生产系统为分析对象，记录和分析生产过程中的加工和检验两个工序，目的是改善不合理的工艺方法、工艺内容、程序和作业现场空间配置。如图7-2所示为电视机及遥控器装箱的工艺程序图。

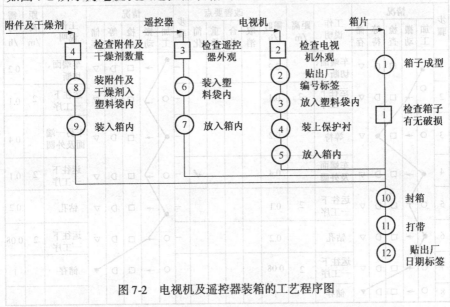

图 7-2　电视机及遥控器装箱的工艺程序图

工艺程序图是工艺程序分析的主要分析工具，它是记录产品从原材料投入开始，经过各道工序加工为成品的生产过程图。它是按照工艺加工或装配的先后顺序从右向左依次画出，同时注明了各项材料和零件的进入点、规格、型号、加工时间和要求等。工序程序图清晰地

表明工艺程序的全面概括、各工序关系及各种材料或零件引入工艺的过程，便于研究人员从总体上发现问题，提出改进措施。

（2）流程程序分析

流程程序分析是程序分析中最重要的分析技术，它是以生产系统中某一产品或某个零件的加工制造过程为研究对象，把工艺流程中的加工、检验、搬运、等待存储等五种状态加以记录，分析改进作业流程的方法。

流程程序分析通过获得生产流程、设备、方法和时间的资料，有助于研究者进一步了解产品等制造全过程，对于优化生产流程、制定生产计划、设施布置等提供重要依据。

流程程序分析的工具为流程程序图，它与工艺程序图相似，但它主要是对生产现场某一重点研究对象的制造过程进行详细记录，一般无分支，内容比工艺程序图多用到搬运、等待和存储三个工序符号。实际工作中，一般都使用预先设计好的流程程序图表。如图 7-3 所示为套筒加工流程程序分析图。

工作部别：3车间　　编号：11				统计表			
工作名称：加工套筒　　编号：5				项别	现行方法	改良方法	节省
开始：棒料待加工				加工次数：○	3	3	0
结束：加工出套筒				搬运次数：→	3	3	0
研究者：　　　日期：＿年＿月＿日				检查次数：□	0	0	0
审阅者：　　　日期：＿年＿月＿日				等待次数：D	1	0	1
				储存次数：▽	1	1	0
				搬动距离/m	6	6	0
				搬动距离/h	2.28	2.08	0.2

	现行方法											改良方法							
	情况								改善要点					情况					
步骤	加工	搬动	检查	等待	储存	工作说明	距离/m	需时/h	取消	合并	重排	简化	步骤	加工	搬动	检查	等待	储存	工作说明	距离/m	需时/h
1	●	→	□	D	▽	车端面、切断		0.2						●	→	□	D	▽	车端面、切断		0.2
2	○		□	D	▽	运往下一工序	2	0.1						○		□	D	▽	运往下一工序	2	0.1
3	○	→	□		▽	等待		0.2						○		□	D	▽	车另一端面及外圆		0.4
4	●	→	□	D	▽	车端面及外圆		0.4				✓		○		□	D	▽	运往下一工序	2	0.1
5	○		□	D	▽	运往下一工序	2	0.1						●		□	D	▽	钻孔		0.2
6	●		□	D	▽	钻孔		0.2						○		□	D	▽	运往下一工序	2	0.08
7	○		□	D	▽	运往下一工序	2	0.08						○		□	D	▽	储存		1
8	○	→	□	D	●	储存		1													

图 7-3　套筒加工流程程序分析图

（3）线路图和线图分析

线路图是以作业现场为分析对象，将机器、工作台、运行路线等的相互位置按比例缩尺绘制于图上，以图示方式表明产品或工人的流通线路。线路图主要用于"搬运"和"移动"路线的分析，通过分析达到改善现场布局和物流线路、缩短搬运距离的目的。如图7-4所示为某外购件接收、检验线路图。

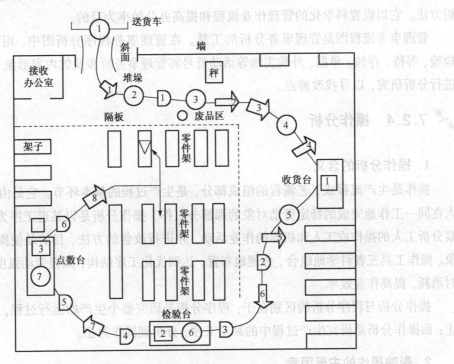

图7-4 某外购件接收、检验线路图

线图是按比例绘制的平面布置图，在图上用线条表示并度量工人、物料或设备在规定的全部活动中所移动的路线，如图7-5所示。线图是线路图的一种特殊形式，可以精确记录工人或物料的运行距离和次数，便于发现存在的问题。

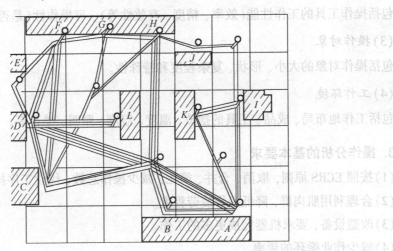

图7-5 线图

（4）管理事务分析

管理事务分析是以业务处理、生产控制、信息管理、办公自动化等管理过程为研究对象，通过对现行管理业务流程的调查分析，改善不合理的流程，设计出科学、合理流程的一种分析方法。它以设置科学化的管理作业流程和提高办公效率为目的。

管理事务流程图是管理事务分析的工具。在管理事务程序分析图中，用到操作、搬运、检验、等待、存储、单据、外购实物等活动符号将管理事务所涉及的内容形象化地记录下来，进行分析研究，以寻找改善点。

7.2.4　操作分析

1. 操作分析的含义

操作是生产流程或工艺流程的组成部分，是生产过程的基本环节。它是由一个或多个工人在同一工作地完成的特定劳动对象的那部分工作。操作分析是以某道工序为研究对象，观察分析工人的操作或工人和机器的作业活动，并进行改善的方法，目的是使操作者、操作对象、操作工具三者科学地组合、合理地布置，达到优化工序结构，减轻劳动强度，减少操作工时消耗，提高作业效率。

操作分析与程序分析的区别在于：程序分析是研究整个生产的运行过程，分析到工序为止；而操作分析是研究生产过程中的某道工序，分析到操作为止。

2. 影响操作的主要因素

（1）操作者素质

包括操作者技能水平、熟练程度、工作态度。

（2）操作工具

包括操作工具的工作性能（效率、精度、有效性等）、可操作性（是否方便、简单）。

（3）操作对象

包括操作对象的大小、形状、复杂程度和特殊性。

（4）工作环境

包括工作地布局、成品、工具的摆放，温度、湿度、照明、噪音等。

3. 操作分析的基本要求

（1）按照 ECRS 原则，取消、合并、简化，减少操作总数，优化工序排列。

（2）合理利用肌肉群，降低操作疲劳程度。

（3）改造设备，要求机器完成更多的工作。

（4）减少作业循环的频率。

（5）工作地点要有充足的空间和良好的工作环境，便于操作者的作业活动。

（6）消除不合理的空闲时间，尽量实现人机同步工作。

4.操作分析的类型

根据不同的分析对象,操作分析分为人机操作分析、联合操作分析和双手操作分析三种。

(1)人机操作分析

人机操作分析是以机械化作业为研究对象,通过对某一项作业现场观察,分析操作者和机器设备之间的相互配合关系,尽量消除操作者和机器空闲,以提高人机作业效率的一种分析方法。人机操作分析的主要工具是人机操作分析图,它可以显示操作者和机器的工作和空闲情况。

(2)联合操作分析

联合操作分析是对生产现场两个或两个以上操作人员同时作业于某一台设备的操作过程进行的分析,着力解决各操作者协作中的不合理、不均衡和浪费等,以提高机器利用率、平衡人员负荷的一种分析方法。联合操作分析工具是联合操作分析图,它可以显示各操作者与机器的待工情况及工作效率。

(3)双手操作分析

双手操作分析是以操作人员双手为研究对象,发现笨拙、无效动作,改善工具、物料、设备的布局,以达到平衡左右手的负荷、减轻疲劳、提高作业效率的一种方法。双手操作分析工具是双手操作分析图,它是通过程序分析的符号记录工作人员双手的动作及其相互关系。

7.2.5　动作分析

1.动作分析的定义

作业操作是由一系列的动作所组成的,如寻找、伸手、抓取、移动等,动作的顺序、快慢、多少等,直接影响生产效率的高低。因此,在经过程序与操作分析之后,需要对作业的活动进行分析改善,这就是动作分析。动作分析就是研究分析操作者的细微动作,以特定的符号记录身体部位的动作内容,消除不合理现象,简化操作方法,制定出轻松、省时、高效、安全的标准动作序列。动作分析由吉尔布雷斯夫妇始创。

2.动作分析的目的

(1)发现操作者的动作浪费,简化操作方法,减少工作疲劳。
(2)设计出最适合工作的工艺设备及位置,改善作业现场布置。
(3)确定最合理的操作时间,为制定劳动定额和标准时间提供科学依据。
(4)提高操作者的技能水平。

3.动作经济原则

动作经济原则的基本思想是:以最合理的作业动作,尽可能减少工人的疲劳,再配备有效的加工工具、机械设备和合理的工作布置,达到提高作业效率的目的。

吉尔布雷斯夫妇首创动作经济与效率法则，后经若干学者发展，并由加州大学巴恩斯将其分为三大类22条。

第一类：关于人体的运用原则

(1)双手应同时开始并同时完成其动作。

(2)除规定的休息时间外，双手不应同时空闲。

(3)双臂动作应该对称、反向并同时进行。

(4)手的动作应用最低的等级而能得到满意的结果。

(5)物体的动量应尽可能地利用，但是如果需要肌力制止时，则应将其减至最小程度。

(6)连续的曲线运动，比方向突变的直线运动更佳。

(7)弹道式的运动，较受限制或受控制的运动轻快自如。

(8)动作应尽可能地运用轻快的自然节奏，因节奏能使动作流畅自然。

第二类：关于工作地布置原则

(9)工具物料应放置在固定的地方。

(10)工具物料及装置应布置在工作者前面近处。

(11)零件物料的供给，应利用其重量坠送至工作者的手边。

(12)堕落应尽量利用重力实现。

(13)工具物料应依最佳的工作顺序排列。

(14)应有适当的照明，使视觉舒适。

(15)工作台及坐椅的高度，应保证工作者坐立适宜。

(16)工作椅式样及高度，应能使工作者保持良好姿势。

第三类：关于工具设备原则

(17)尽量解除手的工作，而以夹具或脚踏工具代替。

(18)可能时，应将两种工具合并使用。

(19)工具物料应尽可能预放在工作位置上。

(20)手指分别工作时，各指负荷应按照其本能予以分配。

(21)设计手柄时，应尽可能增大与手的接触面。

(22)机器上的杠杆、十字杆及手轮的位置应能使工作者极少变动姿势，且能最大地利用机械力。

4．动作分析的方法

(1)动素分析

动素是人完成操作动作的最基本组成元素，吉尔布雷斯认为人的作业是由17种动素按不同方式和顺序组成，后由美国机械工程师学会修正为有效动素、辅助动素、无效动素共三大类18种，见表7-3。

动素分析就是观察人的操作动作，用动素符号记录和分析动作活动，并加以改善的一种方法。

表 7-3　动素符号及名称

类别	符号	名称	缩写	类别	符号	名称	缩写
	⌒	伸手	TE		⌒	寻找	SH
	⌒	握取	G		⌒	发现	F
有效动素	⌒	移物	TL	辅助动素	→	选择	ST
	⌒	放物	RL		⌓	计划	Pn
	#	装配	A		⌇	定位	P
	#	拆卸	DA		8	预对	PP
	∪	应用	U	无效动素	∩	持住	H
					⌓	休息	R
	○	检验	I		⌒	迟延	UD
					⌇	故延	AD

(2)影像分析

影像分析是使用摄影机等对作业操作动作进行拍摄,记录人的动作,并通过放映进行分析研究的一项技术。根据拍摄速度的不同,影音分析分为细微动作分析和慢速摄影动作分析,它具有精度高、可重复、易操作的特点,适用于产品周期短、复杂性高、动作复杂的操作分析。

7.2.6　作业测定

1.作业测定概述

作业测定始于泰勒创立的时间研究。国际劳工组织为作业测定下的定义是:"作业测定是运用各种技术来确定合格工人按规定的作业标准,完成某项工作所需的时间。"它是在方法研究的基础上,对工作细节进行分析并制定标准时间的一种方法。

2.作业测定的目的

(1)制定作业系统的标准时间。

(2)为设计和选择最佳作业系统提供参考。

(3)为衡量生产能力和制定生产计划提供依据。

(4)确定机器工时利用率和劳动定额。

(5)平衡生产线。

3.标准时间

标准时间是指在适宜的操作环境下,用最合适的操作方法,以普通熟练工人的正常速度完成标准作业所需要的劳动时间。

标准时间由正常时间和宽放时间构成,如图 7-6 所示。其中正常时间是观测时间经评比修正得到,宽放时间是指工作者所需的停顿或休息时间,包括私事宽放、疲劳宽放、程序宽放、特别宽放、政策宽放等。

4.作业测定的程序

(1)确定研究的作业,并使其标准化。

(2)收集操作者及作业的有关资料,做好测定准备。

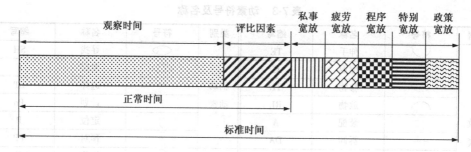

图 7-6　标准时间的构成

（3）选定适当的测定方法。

（4）观测并得出"观测时间"。

（5）对"观测时间"进行评比，确定评比系数，获得"正常时间"。

（6）决定宽放值。

（7）确定标准时间。

5. 作业测定的方法

（1）秒表测试法

它是在一段时间内，利用秒表或电子计时器对作业的执行情况做直接的连续观测，把工作时间以及与标准概念相比较的对执行情况的估价等数据，一起记录下来并给予一个评比值，加上参考组织机构所制定的政策允许的非工作时间作为宽放值，最后确定出该项作业的时间标准。

（2）工作抽样

它是在较长时间内，以随机的方式、分散地观测操作者。利用分散抽样来研究工时利用效率，具有省时、可靠、经济等优点，因此而成为调查工作效率、合理制定工时定额的通用技术。

（3）预定动作时间标准法

它是利用预先为各种动作制定的时间标准来确定进行各种操作所需要的时间，而不是通过直接观察或测定。该方法不需对操作者的熟练、努力等程度进行评价，就能对其结果在客观上确定出标准时间，是国际公认的制定时间标准的先进技术。

（4）标准资料法

它是指对由秒表测时、工作抽样、预定时间标准等获得的测定值分析整理，组成有关作业标准时间的基本数据，将该数据应用于同类工作的作业条件上，使其获得标准时间的方法。

7.3 人因工程

7.3.1 人因工程概述

1. 人因工程学的起源与发展

人因工程学起源于欧洲，形成于美国，其形成与发展经历了三个阶段：

(1)经验人因工程学(19世纪末至第二次世界大战)

泰勒通过著名的"铁锹实验",提出了提高工作效率的科学操作方法,包括人使用的机器、工具、材料及作业环境的标准化,以及改善不合理动作减少疲劳等,为人因工程学的发展奠定了基础。本阶段研究者多是心理学家,人机关系研究主要特点是以机械为中心,通过选拔和培训,使人适应于机器。

(2)科学人因工程学(第二次世界大战至20世纪60年代)

第二次世界大战时多次出现武器操作失误,人们认识到"人的因素"在设计中是不可忽视的重要条件。因此,生理学、心理学、人体测量学等知识被引入到设计中。本阶段主要特点是重视工业与工程设计中"人的因素",力求使机器适用于人。

(3)现代人因工程学(20世纪60年代至今)

科学技术的进步,促进了人因工程学的发展。控制论、信息论、系统论和人体科学等学科应用于人-机系统的研究。现代人因工程学的研究方向是:把人-机-环境系统为统一整体来研究,以创造最适合于人操作的机械设备和作业环境,使人-机-环境系统相协调,从而获得系统的最高综合效能。

2.人因工程学的定义

人因工程学又称为人机工程学或工效学,是研究人、机器和工作环境三者相互关系的应用学科。国际人类工效学学会定义为:研究人在某种工作环境中的解剖学、生理学、心理学等方面的各种因素;研究人和机器及环境的相互作用等方面的各种因素;研究人和机器及环境的相互作用;研究在工作中、家庭生活中和休假时怎样统一考虑工作效率、人的健康、安全和舒适等问题的学科。

《中国企业管理百科全书》定义为:研究人和机器、环境的相互作用及其合理结合,使设计的机器和环境系统适合人的生理、心理等特点,达到在生产中提高效率、安全、健康和舒适的目的。

3.人因工程学的研究内容

(1)人的生理和心理特性

主要研究工业工程中与人体有关的问题。例如人的形态特征参数、人的感知特性、反应特性以及人在劳动中的心理特征等。研究机械设备、工具、作业场所以及各种用具和用品的设计如何与人的生理、心理特点相适应,才有可能为作业者创造安全、舒适、健康、高效的工作条件。

(2)人机系统总体设计

主要研究如何优化人机系统的总体设计,使系统在整体上"机"与人体相适应,以此提高其工作效能。人机配合成功的基本原因是两者都有自己的特点,在系统中可以互补彼此的不足。系统基本设计是人与机器之间的分工,以及人与机器之间有效的信息交流。

(3)人机界面设计

主要研究人机界面的组成并使其优化匹配。人机系统中,人与机相互作用的过程就是利用人机界面上的显示器与控制器，实现人与机的信息交换的过程。合理的人机界面设计，能提高和改进产品的功能、质量、可靠性、造型及外观，也会增加产品的技术含量和附加值。

（4）工作场所设计和改善

主要研究工作场所总体布置、工作台或操作台与座椅设计、工作条件设计等。工作场所设计的合理性，对人的工作效率有直接影响，也能有效保护和有效利用人力资源，发挥人的潜能。

（5）工作环境及其改善

主要研究工作环境下人的生理、心理的反应，环境（如照明、颜色、温度、噪音等）对工作生活的影响，研究控制、改善和预防不良环境的措施，使之适应人的需求。

（6）作业方法及其改善

主要研究人从事体力作业、技能作业和脑力作业时的生理和心理反应、工作能力及信息处理特点；研究作业时合理的负荷和能量消耗，作业条件、作业程序和工作制度等。

（7）系统的安全性和可靠性

主要研究人为失误的特征和规律，人的可靠性和安全性，找出人为失误的各种因素，以改进人-机-环境系统。

（8）组织与管理的效率

主要研究人的决策行为模式，研究如何改进生产或服务流程，研究使复杂的管理综合化、系统化；研究人才的选拔、训练和能力开发，改进绩效，研究组织形式，提高员工参与管理和决策。

4. 人因工程学的研究方法

（1）调查研究法，指通过访谈、考察或问卷等方法获取有关研究对象的资料。

（2）观察法，是研究者通过观察、测定和记录自然情境下发生的现象来认识研究对象的一种方法，如对作业操作动作的观察。

（3）实测法，是利用仪器设备进行实测的方法，如人体生理参数（能量代谢、呼吸、脉搏、血压等）的测量。

（4）实验法，是在人为设计的环境中测试实验对象的行为或反应的一种研究方法，如人对仪表值的认读速度、误读率、观察者的疲劳度等的研究。

（5）模拟和模型试验法，是指运用各种技术和装置的模拟，对操作系统进行逼真的试验，得到所需的符合实际的数据的一种方法。如操作训练模拟器、人体模型等。

（6）计算机数值仿真法，是指在计算机上利用系统的数学模型进行仿真性实验研究的方法，如设计阶段对未来系统的仿真。

（7）分析法，是在通过上述方法获得一定数据和资料的基础上，进一步研究分析的方法。

5. 人因工程学的研究步骤

（1）机具的研究步骤

① 确定设计和改进机具的目的，并找出实现目的的手段。

② 对人与机具进行功能分配，以充分发挥各自的特长。

③ 通过模型对系统进行具体的描述。

④ 对人、机具和系统的特性进行分析。

⑤ 模型的实验。

⑥ 机具的设计与改进。

(2) 作业的研究步骤

① 确定作业的目的和实现该目的的功能。

② 作业中人员和机具的功能分配。

③ 用作业模型表示作业对象的顺序、数量、时间、使用的机具和材料等。

④ 对作业人员的特性进行计测、数据处理和分析。

⑤ 提出方案，并进行作业研究和评价，以确定最佳的作业方案。

⑥ 对作业进行设计、改进和评价。

(3) 环境的研究步骤

① 明确研究环境的重点因素，如照明、噪声、微气候等。

② 通过实验和理论研究分析环境因素对人的影响。

③ 提出方案，在进行分析评价的基础上，确定最佳方案。

④ 对环境进行设计、改进和评价。

7.3.2 人体测量

1．人体测量的概念

人体测量是指对人类身体各方面特性数据的度量，特别是人体的尺寸、形状和耐力，为各种设计活动提供依据，目的是使人–机系统中的人与机能有效的匹配。

人体测量仪器包括：测高仪、人体测量用直角规、人体测量用弯脚规、人体测量用角度针和人体测量用软尺等。

2．人体测量的分类

(1) 形态测量

包括人体尺寸、体重体型、体积表面积等。

(2) 生理测量

包括知觉反应、肢力体力、体能耐力、疲劳及生理节律等。

(3) 运动测量

包括动作范围、各种运动特性等。

3．人体测量数据的应用

(1) 确定所设计产品的类型和等级。

(2) 确定人体尺寸的百分位数。百分位数表示设计的适应域，用 PK 表示，如 P50 表示 50% 的人群尺寸小于此值。

(3)根据功能需求,进行数据修正。

(4)根据心理需求,进行数据修正。

(5)确定产品功能尺寸。

7.3.3　作业能力与作业疲劳

1.作业能力的概念

作业能力是指作业者完成某种作业所具备的生理、心理特征,综合体现了个体所蕴藏的内部潜力。在体力劳动的作业中,作业能力可以通过单位作业时间内作业者生产的产品产量和质量间接地体现。在脑力劳动的作业中,作业能力可以用感受性、视觉反应时间等衡量。

2.作业能力的动态规律

作业者在作业过程中反映的作业能力状况是随时间变化的,年度内、月份内、8小时工作内是不一样的,通常用作业能力曲线来反映。作业曲线的形状与劳动者的体质状况、技术熟练程度、作业性质、作业环境等有一定的关系,并呈现出一定的规律性。

3.作业能力的影响因素

(1)生理和心理因素

身体条件、情绪。

(2)环境因素

工作场所的温度、湿度、照明、色彩、噪音、粉尘、劳动组织等。

(3)工作条件和性质

生产工具的设计,工作内容是否多样化、艺术性,劳动强度,劳动速度,劳动时的体位和姿势,工作时间、精度、危险性和范围等。

(4)锻炼和熟练效应

动力定型(以熟练和习惯为基础的相当稳定的条件反射)、预定位(预先意识的一种生理、心理的数量效应现象)、动觉的自然性(身体器官的位觉和运动感觉)、感觉的熟练性(视觉、听觉、嗅觉、味觉、肤觉、平衡觉、动觉等)。

4.作业疲劳的概念

作业疲劳是指在作业过程中,操作者由于生理和心理状态的变化,产生作业机能衰退、劳动能力下降,有时伴有疲倦感等自觉症状的现象。作业疲劳是劳动生理的正常表现,疲劳程度的轻重取决于劳动强度的大小和持续劳动时间的长短。

作业疲劳会降低作业能力,导致作业效率下降,容易引发事故,长期疲劳会造成操作者身体健康的问题。

5.疲劳的种类

(1)局部疲劳

在作业过程中,由于某些部位参与的活动强度大、活动频率高,首先产生疲劳的现象。如焊接造成眼部疲劳,搬运造成肩部疲劳。

（2）全身疲劳

一般是全身参与较繁重的体力劳动所致，或由于局部肌肉疲劳逐渐扩散而产生的全身性反应。如长时间作业、长跑等造成全身肌肉、关节酸痛、疲乏、反应迟钝、打瞌睡等。

（3）智力疲劳

智力疲劳指长时间从事紧张的思维活动所引起的头昏脑胀、失眠或贪睡、全身乏力、无精打采、心情烦躁、倦于工作等表现，如参加考试。

（4）技术疲劳

技术疲劳是指需要脑力、体力劳动并重，尤其神经系统相当紧张的劳动而引起的疲劳。如汽车驾驶、电话接线员出现瞌睡、头昏脑胀等现象。

6. 作业疲劳的产生原因

（1）工作条件因素

包括工作强度、工作速度、工作方式、工作持续时间以及照明、噪音、高温等作业环境，是引发疲劳最客观、最直接的原因。

（2）生理因素

不同性别、年龄、身体素质都是导致对生理疲劳和心理疲劳的感受不同的因素。

（3）心理因素

个体的情绪、兴趣、态度、动机、意志等都会对疲劳发生作用和影响。

7. 提高作业能力及降低疲劳的途径

（1）改进操作方法、合理应用体力

① 合理选择作业姿势和体位，包括避免和减少静态作业和不良体位，采用随意姿势，设计合适的座椅、工作台等。

② 合理设计作业中的用力方法，包括按生物力学原理和人体活动特点设计操作方法和工具，合理安排负荷，降低动作等级等。

（2）合理安排作业休息制度

① 休息时间。人连续作业不能超过最大能耗界限，要按作业能力的动态变化，在进入疲劳期之前适时安排工间休息时间。

② 休息方式。包括积极休息和消极休息，脑力劳动和较轻体力劳动一般采用积极休息，如活动颈部、伸腰等动作；重体力劳动一般采用消极休息，如静坐、静卧等。

③ 换班制度。应当根据行业的特点、劳动性质及劳动者身心需要合理安排轮班方式。

④ 休息日制度。休息日制度直接影响劳动者的休息质量与疲劳的消除。

（3）改善工作内容，克服单调感

① 作业变换。通过工种的变换，减少单调作业所产生的枯燥、乏味。

② 工作延伸。对现有工作内容进行扩展延续，如工人参与研究、开发、制造等。

③ 操作再设计。将若干操作时间短的工序合并为一个长工序，丰富作业内容，克服单调感。

④ 突出目的性。操作中设置目标，达到目标后，有成就感和进步感。

⑤ 动态信息报告。在工作地放置标识板，每隔相同时间向工人报告作业信息，让工人知道自己的工作成果。

⑥ 改善作业环境。利用照明、颜色、音乐等条件，调节工作环境，使作业者感觉舒适。

⑦ 合理调节作业速率。按照人的生理确定最经济的工作速率。

7.3.4 作业空间设计

1. 作业空间设计的概念

作业空间是指人在操作机器时所需的活动空间，以及机器、设备、工具和操作对象所占空间的总和。

广义的作业空间设计是指按照作业者的操作范围、视觉范围和操作姿势等生理、心理因素对作业对象、机器、设备和工具进行合理空间布局，给人、物等确定最佳的流通路线和占有区域，以提高系统总体可靠性、舒适性和经济性。狭义的作业空间设计就是设计合理的工作岗位，以保证作业者安全、舒适、高效的工作。

2. 作业空间的分类

(1) 近身作业空间

近身作业空间是指作业者在某一工作岗位上，考虑身体尺寸，保持站或坐等姿势时，为完成作业所涉及的空间范围。

(2) 个体作业场所

个体作业场所是指作业者周围与作业有关的，包含设备等因素在内的作业区域，如电脑、计算机桌、椅子。

(3) 总体工作空间

总体工作空间是由多个相互联系的个体作业场所布置在一起构成的作业空间，如工厂车间、计算机房。

3. 作业空间设计与人体因素

(1) 人体测量数据的运用

主要包括对设计至关重要的人体尺寸，如设计座椅时的坐高、腿长等。

(2) 人体视觉范围

包括眼高、视野、主要视力范围、视觉运动规律。

(3) 工作体位

包括坐姿、立姿和坐、立交替。

4. 作业姿势与作业空间设计

(1) 坐姿作业空间设计

坐姿全身放松，不易疲劳，适合从事精细、准确，持续时间较长，操纵范围不大的工作。

坐姿作业空间设计包括工作面、作业范围、座椅及人体活动余隙等的尺寸设计。

（2）立姿作业空间设计

立姿是能够进行较大范围活动和较大力量的作业姿势，适合从事操作活动幅度较大或用力较大，需要改变体位的作业。立姿作业空间设计包括工作面、作业范围、工作活动余隙及立姿垂直方向布局等设计。

（3）坐、立交替作业空间设计

坐、立交替既能够减少疲劳，又能在较大的范围内活动，对操作者身体及精神有益，适合操作动作、力度多变的作业。坐、立交替作业空间设计主要是工作台设计高度要同时适合于立姿和坐姿，并提供脚踏板。

5．工作场所性质与作业空间设计

（1）主要工作岗位的空间尺寸设计

包括工作间活动尺寸、机器设备与设施间的布局尺寸、办公室管理岗位和设计工作岗位尺寸。

（2）辅助性工作场地的空间设计

包括出入口，通道和走廊，楼梯、扶梯和斜坡道，平台和护栏的设计。

7.3.5　人机系统

1．人机系统的概念

人机系统是指人为了达到某种预定目的，由相互作用、相互依存的人和机器两个子系统构成的一个整体系统。

2．人机系统的基本类型

（1）手工劳动系统

手工劳动系统是由人和辅助机械或手工工具构成，人既是控制者，又是主要动力来源，系统的效率主要取决于人。

（2）半自动化系统

半自动化系统是由人和半自动化机械设备构成，人主要充当控制者，动力由机械系统提供。

（3）自动化系统

自动化系统是由人和自动化机械设备构成，人只是管理者和监视者，机械运转不依赖于人的控制。

3．人与机的结合方式

（1）人与机串联

人直接操作机器或工具，人与机任何一方停止工作或发生故障，都会中断整个系统工作。

（2）人与机并联

人间接地作用于机器，主要管理、监视机器运行。人与机可以相互取代，可靠性强。如机器运转出现异常，可变为手动控制。

（3）人与机串并混联

该方式是人与机最常用的结合方式，是串联和并联两种方式的结合，同时具有两种方式的基本特性。

4．人机系统的设计思想

（1）让人适应机器的设计思想。

（2）让机器适应人的设计思想。

（3）人和机器相互适应的系统设计思想。

5．人机系统的设计程序

（1）明确系统的任务、目标、环境条件及要求。

（2）人和机械的功能分析。

（3）人和机械的功能分配。

（4）对系统或机械的设计。

（5）对系统进行分析评价。

7.4 物 流 工 程

7.4.1 物流工程概述

1．物流工程的产生和发展

物流工程（Logistics Engineering）最早起源于早期制造业的工厂设计。早在1776年，苏格兰经济学家亚当·斯密在《国富论》中提出"专业分工"能提高生产率的理论。18世纪末，美国发明家惠特尼提出"零件的互换性"的概念，并发明、设计、制造他提议的机器，布置他的工厂。20世纪初，泰勒倡导"科学管理"，对工厂、车间进行调查试验，研究工厂生产组织存在的各种问题。当时工厂设计包括3项活动，即操作法工程、工厂布置和物流搬运。其中操作法工程研究的是工作测定、动作研究等工人的活动；工厂布置是研究机器设备、运输通道和场地的合理配置；物料搬运就是对原材料到制成产品的物流控制。

第二次世界大战后，运筹学和计算机技术的发展应用，出现了一些先进的规划与设计的方法，应用范围也扩大到了非工业设施，"工厂设计"被"设施规划"取代。20世纪50年代起，管理科学、工程数学、系统分析的应用，为工厂设计由定性分析转向定量分析创造了条件。20世纪70年代以来，计算机辅助设计广泛应用于规划设计的各个阶段。20世纪90年代，结合现代制造技术、柔性制造系统（FMS）、计算机集成制造系统（CIMS）和现代管理技术等进行物料搬运和平面布置的研究，物流系统的研究扩大到从产品订货开始到销售的整个过程。

2. 物流与物流系统的概念

美国物流管理协会对物流所下的最新定义为：物流是供应链过程的一部分，是对货物、服务及相关信息从起源地到消费地的有效率、有效益的正向和反向流动和储存进行计划、执行和控制，以满足顾客要求。

我国《物流术语国家标准》定义物流为：物品从供应地向接收地的实体流动工程。根据实际需要，将运输、储存、装卸、搬运、包装、流通加工、配送、信息处理等基本功能实施有机结合。物流中的"物"是指有形和无形的物质资料，物流中的"流"是指各种运动状态。

美国密歇根大学斯麦基教授倡导的"物流 7R 理论"的内容是：物流就是将恰当的质量（right quality）、恰当的数量（right quantity）、恰当的价格（right price）、恰当的商品（right commodity），在恰当的时间（right time），送到恰当的场所（right place）、恰当的顾客（right customers）手中。

物流系统是指在一定的时间和空间里，由所需输送的物料和包括有关设备、输送工具、仓储设备、人员以及物流信息等若干相互制约的动态要素构成的具有特定功能的有机整体。最基本的物流系统由产品的包装、仓储、装卸、运输、检验、流通加工、配送及信息处理等子系统中的一个或几个组成。

3. 物流系统的特点

(1) 物流系统是一个"人–机系统"

物流系统是由人和形成劳动手段的设备、工具所组成。它表现为物流劳动者运用运输设备、装卸搬运机械、仓库、港口、车站等设施，作用于物资的一系列生产活动。

(2) 物流系统是一个大跨度系统

在现代经济社会中，企业间物流经常会跨越不同地域，通常采取储存的方式解决产需之间的时间矛盾，时间跨度往往也很大。

(3) 物流系统是一个可分系统

作为物流系统无论其规模多么庞大，都可以分解成若干个相互联系的子系统。这些子系统的多少和层次的阶数，是随着人们对物流的认识和研究的深入而不断扩充的。

(4) 物流系统是一个动态系统

社会物资的生产状况、社会物资的需求变化、资源变化、企业间的合作关系，都随时随地地影响着物流，物流受到社会生产和社会需求的广泛制约。

(5) 物流系统是一个复杂系统

物流系统运行对象遍及全部社会物质资源，资源的大量化和多样化带来了物流的复杂化。在物流活动的全过程中，始终贯穿着大量的物流信息，物流系统要把信息收集全、处理好，并使之指导物流活动。另外，物流系统的范围横跨生产、流通、消费三大领域。

(6) 物流系统是一个多目标函数系统

物流系统的总目标是实现宏观和微观的经济效益。通常，对物流数量，人们希望最大；

对物流时间,希望最短;对服务质量,希望最好;对物流成本,希望最低。物流系统要满足人们的各种要求,必须建立多目标函数,并求得物流的最佳效果。

4.物流与物流系统的研究范围

物流系统由宏观物流系统和微观物流系统组成。

（1）宏观物流

① 部门物流,指国民经济各部门之间物资资料的流动。

② 区域物流,指在一定区域范围内或不同区域之间的物流。

③ 国际物流,指国家之间经济交往、贸易活动中的物资资料流转。

（2）微观物流

① 供应物流,指为生产企业提供原材料、零部件或其他物品时,物品在提供者和需求者之间的实体流动。

② 生产物流,指生产过程中,原材料、在制品、半成品、产成品等在企业内部的实体流动。

③ 销售物流,指生产企业、流通企业出售商品时,物品在供方与需方之间的实体流动。

④ 回收物流,指不合格物品的返修、退货以及周转使用的包装容器从需方返回到供方所形成的物品实体流动。

⑤ 废弃物流,指经济活动中失去原有使用价值的物品,根据实际需要进行收集、分类、加工、包装、搬运、储存,并分送到专门处理场所时所形成的物品实体流动。

5.物流工程及其研究意义

物流工程是指在物流管理中,从物流系统整体出发,把物流、信息流融为一体,看做一个系统,把生产、流通和消费全过程看做一个整体,运用系统工程的理论和方法进行物流系统的规划、管理、控制,选择最优方案,以低的物流费用、高的物流效率、好的顾客服务,达到提高社会经济效益和企业经济效益目的的综合性组织管理活动过程。其重要意义表现在:

（1）大幅度减少工作量,减少劳动力数量,减轻工人的劳动强度;

（2）大幅度缩短生产周期,加速资金周转;

（3）降低物流费用,可降低生产成本,减少流动资金占用,增加企业利润,提高企业经济效益;

（4）提高产品质量;

（5）促进技术改造,为企业发展提出新的要求;

（6）文明生产、安全生产。

6.物流工程的研究对象和内容

（1）研究对象

主要有企业物流系统、运输及储存业物流系统、社会物资流通调配系统、服务和管理系统和社区、城市、区域规划系统。

（2）研究内容

主要包括设施规划与设计、企业物流系统设计与仿真、物流搬运系统设计、仓储设计与管理、配送和运输系统设计、物流信息系统设计和物流设备、器具设计。

7.4.2　设施规划与设计

1. 设施规划的含义

设施通常被广泛认为是一种有形的固定资产，在"设施"内，人、物料、设备等为了转换为产品或服务而集合在一起。对于工厂来说，设施就是所占用的土地、建筑物、生产和辅助设备、各类公用设施等。为了以最少的自然资源等制造产品或提供服务，必须对"设施"进行恰当的规划、设计和管理。美国出版的梅纳德所著《工业工程手册》对设施解释为："设施布置是一个设施内处理和支持方面的规划、设计和物理排列。其目的在于生成支持公司与运作战略的设计。一个好的布置能优化资源的利用，同时满足其他的评价标准，如质量控制和许多其他的因素。因为这些因素使设施布置很复杂。"

设施规划有很多不同的定义，但其表述有两个共同之处：一是设施规划的对象是整个系统或服务系统而非其中的一个环节；二是设施规划的目的是使设施得到优化布置，支持系统实现有效的运营，以便在经济合理投入时获得期望的产出。因此，"设施规划"可解释为：是为新建和改建的制造或服务系统，综合考虑各种因素，做出分析、规划和设计，使资源合理配置，系统建成后能有效运营达到各种预期的目标。

2. 设施规划与设计的目标

设施规划的总目标是：使人力，财力、物力和人流、物流、信息流得到最合理、最经济、最有效的配置和安排。其主要目标为：

（1）简化加工过程。

（2）有效地利用设备、空间、能源和人力资源。

（3）最大限度地减少物料搬运。

（4）缩短生产周期。

（5）力求投资最低。

（6）为职工提供方便、舒适、安全和卫生的职业条件。

3. 设施规划与设计的范围

从工业工程学科的范围来说，设施规划与设计的主要任务是场址选择和设施设计。设施设计主要包括以下内容：

（1）布置设计

布置设计是对建筑物、机器、设备、运输通道、场地，按照物流、人流、信息流的合理需要，做出有机组合和合理配置。

（2）物料搬运系统设计

物料搬运系统设计是对物料搬运的路线、运量、搬运方法、设备、储存场地等做出合理安排。

（3）建筑设计

建筑设计是根据对建筑物和构筑物的功能和空间的需要，满足安全、经济、适用、美观的要求，进行建筑和结构设计。

（4）公用工程设计

公用工程设计是对热力、煤气、电力、照明、给水、排水、采暖、通风、空调等公用设施进行系统、协调的设计。

（5）信息通信设计

信息通信设计是对信息通信的传输系统进行全面设计。

4. 设施的场址选择

（1）设施选址的分类

工厂选址分两种情况。一种是单一设施的选址，主要根据已有的产品、新产品和生产规模等目标为一个独立的设施选择最佳位置；另一种为复合设施的选址，即为一个企业所属的多个工厂、仓库、销售点、服务中心等选择合适的地址，并使设施数量、位置和规模达到整体优化。

（2）影响场址选择的主要因素

场址选择要考虑不同设施的不同性质和特点，主要有以下影响因素：

① 市场情况。设施的地理位置一定要和客户接近，要考虑地区对产品和服务的需求情况、消费水平和同类企业竞争情况。

② 社会环境。主要考虑当地政府政策法规、金融、税收等情况和制度。如国内有各种工业园区和经济开发区，为了招商引资，有很多优惠政策。

③ 资源条件。主要考虑企业所需原材料、燃料、动力、水、电等资源条件，如纺织厂应建在棉花产区，酿酒应建在水资源充足地区。同时还应考虑人力资源情况。

④ 基础设施。主要考虑地区的居住条件、交通道路、邮电通信、文化娱乐、医院、学校、商店等。

⑤ 物料的供应与搬运。主要考虑地区内是否有企业所需的各种配套件的供应商、供应地到备选地的运输路程与费用、地区交通运输条件等。

（3）设施选址的步骤

设施选址分为4个阶段。

① 准备阶段，包括企业产品品种及数量，要进行的生产、储存、维修等作业，设施的组成，计划供应的市场及流通渠道，需要资源的数量、质量及供应渠道，运输量及运输方式，职工人数，外部协作条件，信息获取等。

② 地区选择阶段，包括走访行业主管部门，选择地区并收集材料，进行方案比较。

③ 地点选择阶段，包括取得备选地的地形图和城市规划图，从气象等部门取得气温、气压、湿度、降雨、风力、地质等历史资料，初步勘查测量，收集交通运输、供水、供电、供热等设施资料，收集有关运输费用、施工费用、建筑造价、税收等资料，比较选定方案。

④ 编制报告阶段，包括整理调查研究资料，根据技术经济分析统计的成果编制综合材料，绘制设施位置图和平面布置图，编写设施选址报告，对所选场址进行评价，报决策部门审批。

7.4.3 企业物流系统设计与仿真

1. 企业物流系统的概念

企业物流就是企业内部的物品实体流动。一个生产企业，从原材料的采购进厂开始，经过一道道工序加工成半成品，装配成产品，储存或运至客户，始终离不开物流的流动。这种在企业内部的物料按照工艺流程的要求，借助相应的搬运手段和工具，从一个单位流入另一个单位，形成了企业物流。企业中存在的物流网络整体称为企业物流系统。

按照物流活动发生的时间和先后，企业物流系统分为企业供应物流、企业生产物流、企业销售物流、企业回收物流与废弃物物流5个部分。

2. 企业物流系统分析原则

（1）相近原则

物流中物料间的流动距离越短越好，可以有效减少运输与搬运量，而运输与搬运只会增加系统成本，不会增加产品价值。

（2）优先原则

在设施规划与设计时，应尽可能把物流量大的相关设施布置得近一些，彼此间物流量小的设施可布置得稍远些。

（3）避免迂回和倒流原则

迂回和倒流属于不合理现象，严重影响生产系统的效率和效益，必须使其减少到最低程度，尤其是系统中的关键物流。

（4）在制品和库存量最少原则

生产过程必须有在制品的储存，以保证生产的连续进行。但物料与在制品库存量越大，资金占用越高，成本也越高。所以，尽可能使在制品库存数量保持在最低限度。

（5）集装单元和标准化搬运原则

物料搬运过程中使用的各种托盘、料箱、料架等工位器具，要符合集装单元和标准化原则，有利于提高搬运效率、物料管理和系统机械化和自动化水平。

（6）简化搬运作业、减少搬运环节原则

物料的搬运不仅要有科学的设备、容器，还要有合理的操作方法，使搬运作业尽量简化，中间环节尽量减少，提高物流系统的可靠性。

（7）重力利用原则

在物流系统中，使用重力方式进行物料搬运是最经济的手段。利用高度差，采用滑板、滑道等方法可节约能源，方便有效。

（8）合理提高搬运的机械化水平

提高搬运的机械化水平，可提高搬运质量和效率，一般要根据物流量、搬运距离和资金条件等因素，选择合适的机械搬运设备。

（9）安全原则

搬运设备、装卸设备、工位器具和操作空间要满足安全设计的原则，确保搬运工程中操作者的安全。

（10）自动化原则

计算机管理是物流系统控制的重要手段，也是物流系统现代化的基本标志。尽量采用计算机辅助管理，提高自动化水平。

（11）系统化原则

物流系统是生产与管理系统的子系统，因而它的结构、功能、目标要与管理目标一致，在注重物流环节合理化的同时，也要物流系统的整体优化。

（12）柔性化原则

企业产品结构、生产规模、工艺条件的变化，都会引起物流系统结构，包括平面布置的变化。因此，发达国家的工业企业的厂房多是组合式，为将来设备改进留有调整余地。

（13）满足环境要求

物流系统的设计要符合可持续发展战略，应与自然、社会等环境很好地协调，不应只为追求物流系统功能而损失和破坏环境。

3. 企业物流系统的分析过程

（1）外部衔接分析

外部衔接分析是指对确定系统边界物流系统，研究物料输入和输出工厂系统的方式（运输车辆、路线入口等）、频率及时间、工厂周围环境等。

（2）P-Q 分析

P-Q 分析是产品种类（P）与产品数量（Q）的分析。本阶段主要进行产品（P）、产量（Q）、生产路线（R）、辅助部门（S）及时间安排（T）等原始资料的收集。产品品种的多少和产量的高低，决定工厂的生产类型，进而影响工厂设备的布置形式。

（3）当量物流量计算及物流分类

当量物流量是指一定时间内通过两个物流节点间的物流数量。通过对收集到的资料分析和处理，按照系统中物料的价值和数量，对其进行分类。

（4）物流系统流程分析（R 分析）

物流分析的基础是生产路线（R），可以根据收集的工艺路线内容为物流分析提供依据。如采取绘制工艺程序图等和平面图、流程图、物流图等工具进行物流系统流程分析。

（5）物流系统状态分析

通过流量距离图对物流系统中每两点间的流量大小和距离进行分析，发现不合理物流，进行平面布置调整，并记录各设施、设备之间物料搬运的设备、容器的状况。

（6）可行方案的建立和调整

根据上述分析，确定可行方案，并根据生产系统的环境和条件，以减少系统搬运量为目标，对方案进行调整，最终通过综合评价确定最优物流系统方案。

4. 企业物流系统的仿真

（1）系统仿真的概念

现代物流系统越来越复杂，其构成要素及要素之间的关系错综复杂，通常很难用一种准确的数学模型来进行描述并加以分析，往往需要采用计算机仿真的方法来进行处理。物流系统仿真通过对物流系统建立具有一定逻辑关系的仿真模型，预演或再现物流系统的运行规律，以便对物流系统的规划、设计和运行进行科学管理与决策的一种方法。仿真模型的价值是在模型上进行试验，从而预测真实系统的性能。

（2）系统仿真的优点

① 符合人们的思维习惯，有助于系统分析；

② 系统仿真能够研究系统的各方面的细节问题，对各种复杂的系统具有很好的适应性；

③ 系统仿真有利于解决动态环境中的随机因素的影响；

④ 在仿真模型上进行各种虚拟试验，经过较短的时间获得试验的结果；

⑤ 系统仿真可以帮助系统优化。

（3）物流仿真常用软件

目前，在物流系统中常用的仿真软件有 ProModel、AutoMod、Flexsim3.0、Extend、Arena、RaLC 等。这些软件可以通过三维虚拟物流的模拟，完成对制造系统、仓储系统、物料处理、企业内部物流、港口、车站及控制系统等的仿真。

7.4.4 物料搬运系统设计

1. 物料搬运的概念

物料搬运是物流系统的一个子系统，它由物料装卸和物料搬运两部分组成，是任何形式的物料移动、包装、存储和控制等搬上、卸下、空间位置变动的活动。

物料搬运系统是指协调、合理地将物料等进行移动、储存和控制的一系列的相关设备和装置。因为物料搬运只增加成本，不增加产品使用价值，所以物料搬运系统的合理与否，直接影响生产效率和经济效益。

2. 物料搬运的基本原则

（1）规划原则

以获得系统整体最大工作效益为目标，规划所有的物料搬运和存储工作。

（2）系统化原则

尽可能把供货、收货、储存、生产、包装、发货、运输等搬运活动看做一个整体，使之相互协调。

（3）物流顺畅原则

在确定生产顺序与设备平面布置时，应力求物流系统的最优化。

（4）精简原则

取消或合并不必要的运输和设备，简化搬运工作。

（5）利用重力原则

尽量利用重力搬运物料，但要考虑安全。

（6）利用空间原则

最大可能地充分利用仓储的整个空间。

（7）集装单元化原则

采用标准的容器与装载工具来集装物料搬运。

（8）机械化原则

合理采用机械设备进行搬运。

（9）自动化原则

在生产、搬运和储存过程采用合理的作业自动化。

（10）最少设备原则

考虑物料的运动方式和搬运方法，选择最少的设备搬运方案。

（11）标准化原则

包括搬运方法、搬运设备、搬运器具的类型和尺码标准化。

（12）灵活性原则

采用的搬运方法和设备应适应各种不同的搬运任务的要求。

（13）减轻自重原则

降低移动式设备的自重与载荷的比例。

（14）充分利用原则

使人员和搬运设备得到充分利用。

（15）维修保养原则

为搬运设备制定保养和维修制度。

（16）摒弃落后原则

合理更新陈旧设备与过时的方法。

（17）控制原则

利用物料搬运工作改进对生产、库存和订单发货等工作的控制管理。

(18)生产能力原则

利用搬运设备促使系统达到所要求的生产能力。

(19)搬运作业效能原则

以搬运一件单元货物所耗成本的指标考核搬运作业的效能。

(20)安全原则

搬运方法和设备要确保搬运的安全。

7.4.5 库存控制与仓库规划

1. 库存的概念

库存是指暂时处于闲置状态的作为今后按预定目的使用的物料或商品。库存是把双刃剑,一方面它占用了资金,增大了成本,降低了企业资金的利用效率;另一方面,库存可以整合需求和供给,维持生产系统中各项活动的顺利进行。

2. 库存的作用

(1)保持生产运作的独立性,维持生产均衡、平稳;

(2)满足需求的变化,防止发生缺货;

(3)增强生产计划的柔性;

(4)克服原料交货时间的波动,起到应急和缓冲作用,使生产不中断;

(5)利用订购批量,形成规模经济。

3. 库存成本

库存成本包括存储成本、生产准备成本、订购成本和缺货成本。

(1)存储成本

存储成本是指存货过程中发生的各项费用,如占用资金、保管费用、仓库占用等。

(2)生产准备成本

生产准备成本是指为生产的顺利进行所做准备工作发生的费用,如设备调试、材料装卸和转移等工作产生的费用和时间损失。

(3)订购成本

订购成本是指向外部供应商发出采购订单的成本,如差旅费、订购手续费等。

(4)缺货成本

缺货成本是指由于库存缺货影响正常生产所造成的损失,如延期交货、销售损失、信誉损失等。

4. 库存控制的意义

库存控制是指在系统运行的过程中,对各种物料、产品等的存储数量和存储时间进行管理和控制,使其保持经济合理。其意义表现在:

(1)保证需求的前提下，使得库存量保持在合理的水平上。

(2)掌握库存量动态，适时、适量地提出订货要求，避免货物短缺或过剩。

(3)减少库存空间的占用，降低库存总费用。

(4)控制库存资金占用，加速资金周转速度。

5. 库存控制系统的要素

库存控制系统中，起较大作用的要素包括：

(1)企业的选地和选产，是决定库存控制结果的最初元素

企业选地决定了企业与原材料产地的距离和运输条件，直接影响未来库存控制水平。同样，企业的产品决策决定了原材料的需求，应符合选地的供应条件。

(2)订货

企业库存控制是建立在一定要求的输出前提下，需要优化和调整的是输入，而输入依赖于订货，订货批次和订货数量直接影响库存成本。

(3)运输

运输是企业库存能否按制定的订货批次和数量实现控制的保障。如运输提前和延误都会影响库存控制水平。

(4)信息

在库存控制系统中，监控信息的采集、传递、反馈是库存控制的关键。

(5)管理

库存控制系统并不靠一条流水线、一种高新技术工艺等硬件系统支持，而是靠管理。

6. 仓库规划

仓库是连接生产、供应、销售的中转站，是生产过程中必备的周转场所，贯穿于企业生产经营的整个过程。

(1)仓库的规划目标

① 空间利用最大化。

② 设备利用最大化。

③ 劳动力利用最大化。

④ 所有物料最容易接近。

⑤ 所有物料得到最好的保护。

(2)仓库合理布置的要求

① 应该按照仓库作业的顺序如进库、储存、出库等做出布置，便于提高作业效率。

② 缩短货物与人员移动距离，节约仓库空间，也便于提高生产效率。

③ 应便于仓库各种设施、各种搬运和储存设备等都能充分发挥效率。

④ 充分利用仓库的空间，提高仓库利用率。

⑤ 保证仓库安全，要符合防火、防水、防盗和防爆的各种要求。

(3)仓库规划和设计要解决的问题

① 储存系统的大小。

② 对个别物品的储存和拣货办法。

③ 货品储存位置的分配。

④ 达到一定程度的高效率和高水平所增加的成本。

7.4.6　物流运输管理

1.运输的概念

物流的运输专指"物"的载运及输送。它是在不同地域范围间(如两个城市、两个工厂之间),以改变"物"的空间位置为目的的活动,是对"物"进行的空间位移。运输是物流主要的功能要素之一,虽然运输过程不改变"物"的数量和形状,但它能够通过创造"物"的时间效用和空间效用提高它的使用价值。

运输的方式主要包括:公路运输、铁路运输、水路运输、航空运输、管道运输等。

2.运输管理的工作

(1)制定货运计划;

(2)运输方式的选择;

(3)选择运输公司;

(4)运价协商和服务协商;

(5)运输预算和资金预算;

(6)安排运输服务工作。

3.不合理运输的表现形式

(1)与运输方向有关的不合理运输,如相向运输、倒流运输。

(2)与运输距离有关的不合理运输,如迂回运输、过远运输。

(3)与运量有关的不合理运输,如重复运输、无效运输、返程或起程空驶。

(4)与运力有关的不合理运输,如弃水走陆的运输、运距与运输工具不匹配的运输、货运量与运力不匹配的运输。

4.运输合理化的有效途径

(1)合理配置运输网络;

(2)选择最佳的运输方式;

(3)提高车辆的运行效率;

(4)发展社会化运输体系;

(5)采用先进的运输技术设备;

(6)采用合理的运输策略与模式。

7.5 现代制造系统

7.5.1 制造系统概述

1. 制造系统的概念

制造活动是把原材料通过加工，转化为社会所需要的产品的过程，它是社会最基本的活动。人们为了以最有效的方式实现从原材料到产品的转换，必须用系统论的观点来分析和研究制造过程。

制造系统的定义为：由制造过程及其所涉及的硬件、相关产品和制造信息等组成了一个具有特定功能的有机整体。其中，硬件包括人员、生产设备、材料和能源等；相关产品包括制造理论、技术、工艺、方法、标准、规范等；特定功能主要是与外界进行物质、能量和信息交换，实现资源转换以满足社会需求，包括市场分析、产品设计、工艺规划、制造实施、销售服务等环节的活动。

制造系统可分为离散型制造系统和连续型制造系统。离散型制造系统的产品是由许多独立加工的零部件构成，通过部件装配成为产品，如机械制造、家具制造、电子设备制造等行业；连续型制造系统是指生产对象按照固定的工艺流程连续不断地通过一系列设备和装置，被加工、处理成为产品，如化工、造纸、水泥等行业。

2. 先进制造系统的特点

不同的先进制造系统的目标与具体实现技术是有所区别的，虽没有一个固定模式，但存在以下共同特点：

(1) 集成特性

它的实质是强调制造系统的相关特性，通过优化制造系统的内部联系提高系统的运行效率。

(2) 以顾客为中心

制造系统必须采取面向顾客的策略，才能把握市场、赢得市场竞争。

(3) 快速响应

快速响应能力是先进制造系统的重要特性，哪个企业先生产出市场需求的产品，就能较快占领市场，获得丰厚的利润。

(4) 满意质量

制造业经历了产品导向、制造导向、销售导向和发展到今天的市场导向阶段，质量的含义也随之发生变化。先进制造系统的满意质量特性就是恰当地满足顾客全方位的需求。

(5) 绿色特性

它是指为了制造系统的可持续发展，应尽可能地减少能源和不可再生资源的消耗，减少对空气、水等环境的污染。

7.5.2 典型的现代制造系统

1. 并行工程

(1) 并行工程的概念

美国国防部防御分析研究所(IDA)的报告定义并行工程(Concurrent Engineering, CE)为: 对产品及其相关过程(包括制造过程和支持过程)进行并行、一体化设计的一种系统化的工作模式。这种工作模式力图使开发者从一开始就考虑到产品全生命周期中的所有因素,包括质量、成本、进度和用户需求。

并行工程的目标是缩短产品投放上市时间、降低成本、提高质量和增强产品竞争能力。

(2) 并行工程的特点

① 并行性。并行工程最大的特点就是把有时间先后的串行作业转变为尽可能同时并行处理的过程。

② 整体性。并行工程强调全局性,以产品整个生命周期中的所有因素为研究对象,追求整体最优。

③ 协同性。并行工程强调一体化、并行地进行产品及其相关过程的协同设计,同时利用群体的力量提高整体效益。

④ 集成性。并行工程是管理者、设计者、制造者和用户的集成,是企业各部门功能的集成,也是各种技术、方法的集成。

2. 敏捷制造

(1) 敏捷制造的概念

敏捷制造(Agile Manufacturing, AM)是美国国防部为了支持 21 世纪制造业发展而制定的一项研究计划。该计划由通用汽车公司、波音公司、IBM、摩托罗拉等著名公司和国防部代表共 20 人组成了核心研究队伍。敏捷制造就是此项研究提出的一种新的生产方式。

敏捷制造是指制造企业采用现代通信手段,通过快速配置各种资源(包括技术、管理和人员),以有效和协调的方式响应用户需求,实现制造的敏捷性。敏捷性是指企业在不断变化、不可预测的经营环境中善于应变的能力。

(2) 敏捷制造的目的

敏捷制造的目的可概括为:"将柔性生产技术,有技术、有知识的劳动力与能够促进企业内部和企业之间合作的灵活管理(三要素)集成在一起,通过所建立的共同基础结构,对迅速改变的市场需求和市场实际做出快速响应"。从这一目标中可以看出,敏捷制造实际上主要包括三个要素:生产技术、管理和人力资源。

(3) 敏捷制造的实际内涵

敏捷制造体系可以认为有两个实际内涵:虚拟企业和虚拟开发。

① 虚拟企业。虚拟企业也称企业动态联盟,是指某一企业经过市场的调查研究后完成

某一产品的概念设计，然后组织其他具有某些设计制造优势的企业组成经营动态组织，快速完成产品的设计加工，抢占市场。虚拟企业具有适应市场能力的高度灵活性。

② 虚拟开发。产品的生命周期包括概念设计、结构设计、制造装配、使用等各方面。各因素之间的相互关系比较复杂，且相互影响。只有借助现代化的计算机设备构成一个包括虚拟设计、虚拟制造、虚拟装配和决策支持系统的虚拟开发环境，才能更快地完成产品设计开发的全过程。

（4）敏捷制造的特点

① 从产品开发开始的整个产品生命周期都是为满足用户需求的。

② 采用多变的动态的组织结构。

③ 战略着眼点在于长期获取经济效益。

④ 建立新型的标准体系，实现技术、管理和人的集成。

⑤ 最大限度地调动、发挥人的作用。

3. 虚拟制造

（1）虚拟制造的概念

美国空军 Wright 实验室提出："虚拟制造（Virtual Manufacturing，VM）是仿真、建模和分析技术及工具的综合应用，以增强各层制造设计和生产决策与控制"。

虚拟制造虽然不是实际的制造，但却实现实际制造的本质过程，通过对产品制造过程的设计、加工、装配等统一建模，形成一个可运行的虚拟制造环境，借助计算机及软件技术，从制造的角度考察设计，为设计的优化提供依据，也为优化制造过程提供分析和辅助工具，达到缩短开发周期、降低产品成本的目的。

（2）虚拟制造的主要作用

① 运用软件对制造系统中的人、组织管理、物流、信息流、能量流等要素进行全面仿真，使之达到高度集成，为先进制造技术的进一步发展提供更广大的空间。

② 加深人们对生产过程和制造系统的认识和理解，有利于对生产过程、制造系统整体进行优化配置。

③ 在虚拟制造与现实制造的相互影响和作用过程中，可以全面改进企业的组织管理工作，如对生产计划、交货期、生产产量等做出预测，及时发现问题并改进现实制造过程。

④ 虚拟制造技术的应用将加快企业人才的培养速度。如模拟驾驶室对驾驶员的培养，虚拟制造也会产生类似的作用。

4. 计算机集成制造

（1）计算机集成制造的概念

美国哈林顿博士首次提出计算机集成制造（Computer Integrated Manufacturing，CIM），并概括为两个基本观点：一是企业的各个生产环节是一个不可分割的整体；二是整个生产制造过程实质上是对数据的采集、传递、加工处理的过程，最终形成的产品可以看成是数据的物质表现形式。

我国 863 计划 CIMS 主题专家组提出："计算机集成制造是信息技术、现代管理技术和制造技术相结合，并应用于企业产品全生命周期的各个阶段。通过信息集成、过程优化及资源优化，实现物流、信息流、价值流的集成和优化运行，达到人、经营和技术三要素的集成。以改善企业新产品开发的时间（T）、质量（Q）、成本（C）、服务（S）、环境（E），从而提高企业的市场应变能力和竞争能力。"

（2）计算机集成制造系统的组成

① 信息管理子系统。它是 CIMS 的神经中枢，包括预测、经营决策、各级生产计划、生产技术准备、销售、供应、财务、成本、设备、人力资源的信息管理功能。

② 工程设计子系统。它是 CIMS 的主要信息源，通过计算机来辅助产品设计、制造准备以及产品测试等系列工作。

③ 制造自动化子系统。它是 CIMS 中信息流与物流的结合点，它以能源、原材料、配套件和技术作为输入，在计算机控制下完成加工和装配。

④ 质量保证子系统。它包括质量决策、质量检测、产品数据的采集、质量评价、生产加工过程中的质量控制与跟踪功能。

⑤ 计算机网络子系统。它是 CIMS 各个子系统的信息集成工具，是企业内部的局域网，是支持 CIMS 各子系统的开放型网络通信系统。

⑥ 数据库管理子系统。它是 CIMS 的支撑系统，用于存储和管理企业生产经营活动的各种信息和数据，实现 CIMS 各子系统的数据共享和信息集成。

5．大规模定制

（1）大规模定制的概念

大规模定制（Mass Customization，MC）是一种集企业、客户、供应商、员工和环境于一体，在系统思想指导下，用整体优化的观点，充分利用企业已有的各种资源，在标准技术、现代设计方法、信息技术和先进制造技术的支持下，根据客户的个性化需求，以大批量生产的低成本、高质量和高效率提供定制产品和服务的生产方式。

（2）大规模定制的分类

大规模定制分为按订单销售、按订单装配、按订单制造和按订单设计四种类型：

① 按订单销售。它是指按库存生产的大批量生产方式。在该生产方式中，只有销售活动是由客户订单驱动的，客户需求改变只影响产品库存，对生产活动没有影响，如家用电器。

② 按订单装配。它是指企业接到客户定单后，将企业中已有的零部件经过再配置后向客户提供定制产品的生产方式，如个人计算机。

③ 按订单制造。它是指接到客户订单后，在已有零部件的基础上进行变型设计、制造和装配，最终向客户提供定制产品的生产方式，如机械产品。

④ 按订单设计。它是指根据客户定单中的特殊需求，重新设计能满足特殊需求的新零部件或整个产品，在此基础上向客户提供定制产品的生产方式，如特制的大型设备。

6. 成组技术

(1) 成组技术的概念

成组技术(Group Technology，GT)是在多品种的生产活动中，揭示和利用有关事务的相似性，按照一定的准则分类成组，通过寻求同一的方法处理同组事务，以达到提高经济效益目的的一门技术。

成组技术的核心是成组工艺，它是把结构、材料、工艺相近似的零件组成一个零件族，按零件族制定工艺进行加工，从而扩大了批量、减少了品种、便于采用高效方法、提高了劳动生产率。

(2) 成组技术的应用

① 产品设计方面。通过成组技术指导设计，赋予各类零件以更大的相似类，在制造管理方面实施成组技术就会取得更好的效果。同时，以成组技术为指导的设计合理化和标准化工作将为实现计算机辅助设计(CAD)奠定良好的基础，可减少设计人员的重复性劳动。

② 制造工艺方面。在制造工艺方面，成组技术把加工方法、安装方式和机床调整相近的零件归结为零件组，设计出适用于全组零件加工的成组工序。成组工序允许采用同一设备和工艺装置，以及相同或相近的机床调整加工全组零件；此外，由于组内各零件的安装方式和尺寸相近，可设计出成组夹具。

③ 生产组织管理方面。成组加工要求将零件按工艺相似性分类形成加工族，同一加工族有相应的一组加工设备。因此，在一个生产单元内，可采取一组工人操作一组设备，生产一个或若干个相近的加工族的生产组织形式；同时，成组技术能把信息分类成组，有利于计算机辅助管理系统的顺利实施。

7. 精益生产

(1) 精益生产的概念

精益生产(Lean Production，LP)来源于日本的丰田生产方式。它是美国麻省理工学院专家对日本"丰田 JIT(Just In Time)生产方式"成功经验的总结。精，即少而精，不投入多余的生产要素，只是在适当的时间生产必要数量的市场急需产品；益，即所有经营活动都要有益有效，具有经济性。精益生产是当前工业界最佳的一种生产组织体系和方式。

精益生产是指通过系统结构、人员组织、运行方式和市场供求等方面的变革，使生产系统能很快适应市场需求的不断变化，并能使生产过程中一切无用、多余的东西被精简，最大限度地为企业谋求经济效益的一种生产方式。

(2) 精益生产的核心

① 以满足市场需求为出发点，追求快速反应；

② 以"简化"为手段，消除一切浪费；

③ 以人为中心，充分发挥人的主观能动性；

④ 以"尽善尽美"为目标，追求无库存生产，取消无效劳动。

（3）精益生产的特点

① 拉动式准时化生产。以最终用户的需求为生产起点，强调物流平衡，追求零库存，要求上一道工序加工完的零件立即可以进入下一道工序。

② 全面质量管理。强调质量是生产出来而非检验出来的，由生产中的质量管理来保证最终质量，生产过程中对质量的检验与控制在每一道工序都进行。

③ 团队工作法。每位员工在工作中不仅是执行上级的命令，更重要的是积极地参与，起到决策与辅助决策的作用。

④ 并行工程。在产品的设计开发期间，将概念设计、结构设计、工艺设计、最终需求等结合起来，保证以最快的速度按要求的质量完成。

7.5.3 先进制造装备及技术

1. 几种先进制造装备

（1）数控机床

数控机床（Numerical Control Machine Tools，NCMT）是指采用数字化控制技术对机床的加工过程进行自动控制的一类机床。它可以根据零件图样及工艺要求等原始条件编制数控加工程序，对数控系统输入预先编制好的一系列程序指令，控制数控机床中刀具与工件的相对运动，从而完成零件的车、铣、刨、磨等加工。

（2）加工中心

加工中心是备有刀库，能自动更换刀具、对工件进行多工序加工的数控机床。具有加工精度高、生产率高、自动化程度高的特点。

（3）工业机器人

工业机器人是一种具有自动控制的操作和移动功能，能完成各种作业的可编程操作机。

（4）装配线

装配线是指工件以一定的速率连续、均匀地通过一系列装配工作站，并按照一定要求在各装配工作站完成相应装配工作的生产线。

2. 柔性制造系统

（1）柔性制造系统的概念

美国国家标准局定义柔性制造系统（Flexible Manufacturing System，FMS）为：它是由一个传输系统联系起来的一些设备，传输装置把工件放在其他连接装置上送到各加工设备，使工件加工准确、迅速和自动化。柔性制造系统有中央计算机控制机床和传输系统，有时可以同时加工几种不同的零件。

（2）柔性制造系统的组成

① 加工系统。它的功能是以任意自动化加工各种工件，并能自动地更换工件和刀具。

② 物流系统。它的功能是物料的贮运，自动按节拍连接各加工装置传递物料。

③ 信息系统。包括过程控制和过程监控两个系统。过程控制系统进行加工系统及物流系统的自动控制；过程监控系统进行状态数据的自动采集和处理。

本章小结

工业工程于20世纪初产生于美国，是一门以提高质量和效率、降低成本为目标的集成多种工程技术和管理于一体的交叉性学科。工业工程的研究对象是由人员、物料、设备、能源和信息组成的各种生产系统；研究方法是应用自然科学和社会科学的专门知识和技术，以及工程分析和设计的原理及方法；任务是将各生产要素整合为一个高效率的集成系统，并不断改善，实现更有效的运行；功能是对生产系统进行规划、设计、实施、评价和创新。工业工程师应树立成本和效率、问题和改革、工作简化和标准化、全局和整体优化、以人为中心等工业工程意识。

在工业工程发展中，工作研究是最早出现的，也是最重要的基础技术。工作研究包括方法研究和作业测定两大技术。方法研究是对现有的工作方法进行系统分析，寻求更简单有效的工作方法，主要包括程序分析、操作分析和动作分析。作业测定是衡量完成某项或一系列操作所需的时间，并制定科学合理的工时定额的方法，主要包括秒表测时、工作抽样、预定动作标准法和标准资料法。

人因工程学是研究人和机器、环境的相互作用及其合理结合，使设计的机器和环境系统适合人的生理、心理等特点，达到在生产中提高效率、安全、健康和舒适的目的。研究内容包括人的生理和心理特性、人机系统总体设计、人机界面设计、工作场所设计和改善、工作环境及其改善、作业方法及其改善、系统的安全性和可靠性、组织与管理的效率等。

物流工程起源于早期制造业的工厂设计，它是运用系统工程的理论和方法进行物流系统的规划、管理、控制，选择最优方案，以低的物流费用、高的物流效率、好的顾客服务，达到提高经济效益目的的综合性组织管理活动过程。物流工程的研究内容包括设施规划与设计、企业物流系统设计与仿真、物流搬运系统设计、仓储设计与管理、配送和运输系统设计、物流信息系统设计和物流设备、器具设计等。

制造系统是由制造过程及其所涉及的硬件、相关产品和制造信息等组成的一个具有特定功能的有机整体。现代制造系统具有集成、以顾客为中心、快速响应、满意质量、绿色的特点。典型的现代制造系统包括并行工程、敏捷制造、虚拟制造、计算机集成制造、大规模定制、成组技术、精益生产等。

复习思考题

1. 什么是工业工程，其发展经历了哪些阶段？

2. 工业工程的基本特征有哪些？

3. 工业工程的基本职能是什么？

4. 工业工程师应树立哪些意识？

5. 什么是生产率和生产率管理，提高生产率有什么重要意义？

6. 什么是 5W1H 提问技术？ECRS 原则是什么？

7. 什么是方法研究？方法研究的目的是什么？

8. 方法研究的主要分析技术有哪几类？它们之间有什么关系？

9. 程序分析有哪些种类？常用符号有哪些？它们的含义是什么？

10. 动作分析的定义及其目的是什么？

11. 动素的符号及含义是什么？分为几类？

12. 标准时间由哪几部分内容构成？

13. 作业测定的方法有哪些？

14. 什么是人因工程？其研究内容包括哪些？

15. 人因工程的研究方法有哪些？

16. 人机系统的基本类型和结合方式有哪些？

17. 什么是物流系统？物流系统的特点是什么？

18. 物流工程的研究对象、研究内容及研究意义是什么？

19. 企业物流系统分析的原则包括哪些？

20. 物料搬运系统的基本原则有哪些？

21. 库存的作用有哪些？库存成本包括哪些？

22. 先进制造系统的特点是什么？

23. 典型现代制造系统包括哪些？

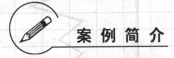

打热水双手操作分析

以学生生活中到热水房使用保温瓶打热水为例进行双手操作分析，首先分析一只手使用两个保温瓶打热水的方法。

内容：右手提两个保温瓶进入水房，先将两个保温瓶放置在接水台上，用右手打开保温瓶 1 瓶盖，然后移至水龙头 1

下，打开水龙头并调至最大；右手打开保温瓶2瓶盖，然后移至水龙头2下，打开水龙头。等待保温瓶1接满后关闭水龙头，右手移动保温瓶至合适位置后盖上保温瓶1的瓶盖；等待保温瓶2接满后关闭水龙头，右手移动保温瓶至合适位置后盖上保温瓶2的瓶盖。用右手提起两个保温瓶，离开水房。其双手操作分析图如图7-7所示。

通过双手操作分析，动作内容改善为：

进水房时左右手各提一个保温瓶，双手同时放下两保温瓶，同时打开瓶盖，同时移至水龙头1和2下，同时打开两个水龙头至最大，等待接满水，同时关闭水龙头，同时移开保温瓶，同时盖上瓶盖，最后同时抓起保温瓶离开水房。改善后的双手操作分析图如图7-8所示。

（资料来源：刘洪伟，齐二石.《基础工业工程》.北京:化学工业出版社. 2011年.）

工作名称：打热水双手操作分析（改善前）		活动内容	左手	右手	工作地布置图		
操作者：	研究者：	操作 ○	0	8	水房		
研究日期：		搬运 →	0	7			
编号：		等待 D	19	2	①②		
开始动作：右手抓两个空保温瓶		保持 ▽	0	2	操作者		
结束动作：右手抓两个接满水的保温瓶		总动作数	19	25	①②表示保温瓶1、2		
		总时间(秒)	38.5				

序号	左手动作	操作 ○	搬运 →	等待 D	保持 ▽	操作 ○	搬运 →	等待 D	保持 ▽	右手动作	时间(秒)
1	等待			D					▽	抓着保温瓶（进入水房）	3
2	等待			D			→			放置平台	0.5
3	等待			D		○				打开瓶1瓶盖	2
4	等待			D			→			移动瓶1至水龙头1	1
5	等待			D		○				开水龙头阀门至最大	3
6	等待			D						移动至瓶2	0.5
7	等待			D		○				打开瓶2瓶盖	2
8	等待			D			→			移动瓶2至水龙头2	1
9	等待			D		○				开水龙头阀门至最大	3
10	等待			D				D		等待瓶1接满水	8
11	等待			D		○				关闭水龙头1	2.5
12	等待			D						移动瓶1至合适位置	0.5
13	等待			D						盖好瓶1的瓶盖	1
14	等待			D				D		等待瓶2接满水	2.5
15	等待			D		○				关闭水龙头2	2.5
16	等待			D						移动瓶2至合适位置	0.5
17	等待			D		○				盖好瓶2的瓶盖	1
18	等待			D						抓起两个保温瓶	1
19	等待			D					▽	抓着保温瓶（离开水房）	3

图7-7 改善前打热水双手操作分析图

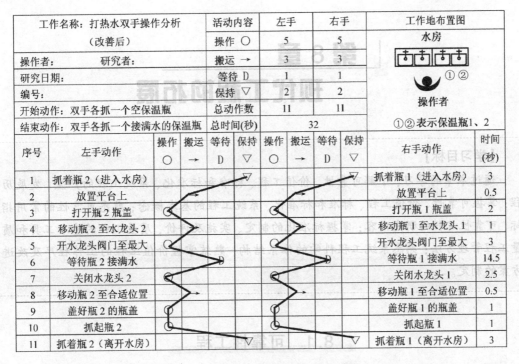

工作名称：打热水双手操作分析（改善后）			活动内容	左手	右手	工作地布置图
操作者：	研究者：		操作 ○	5	5	水房
研究日期：			搬运 →	3	3	
编号：			等待 D	1	1	
开始动作：双手各抓一个空保温瓶			保持 ▽	2	2	操作者
结束动作：双手各抓一个接满水的保温瓶			总动作数	11	11	①②表示保温瓶1、2
			总时间(秒)	32		

序号	左手动作	操作 ○	搬运 →	等待 D	保持 ▽	操作 ○	搬运 →	等待 D	保持 ▽	右手动作	时间(秒)
1	抓着瓶2（进入水房）				▽				▽	抓着瓶1（进入水房）	3
2	放置平台上									放置平台上	0.5
3	打开瓶2瓶盖	○				○				打开瓶1瓶盖	2
4	移动瓶2至水龙头2									移动瓶1至水龙头1	1
5	开水龙头阀门至最大									开水龙头阀门至最大	3
6	等待瓶2接满水			D				D		等待瓶1接满水	14.5
7	关闭水龙头2									关闭水龙头1	2.5
8	移动瓶2至合适位置									移动瓶1至合适位置	0.5
9	盖好瓶2的瓶盖	○				○				盖好瓶1的瓶盖	1
10	抓起瓶2	○				○				抓起瓶1	1
11	抓着瓶2（离开水房）								▽	抓着瓶1（离开水房）	3

图7-8　改善后打热水双手操作分析图

案例思考

1. 双手操作分析遵循的原则、方法与目的是什么？

2. 案例中改善前操作存在哪些问题？改善后效果体现在哪些方面？

3. 操作者几秒钟的工作改善对于企业生产率的提高是否会产生显著效果？

第8章 现代工程的拓展

【学习目标】

通过本章的学习，了解可靠性、价值工程、标准和标准化、系统工程的产生、发展历程；掌握可靠性、价值工程、标准和标准化、系统工程的基本概念；熟悉可靠性的常用指标、可靠性工程的研究内容；掌握标准化的制定、实施及评价，质量工程的基本工具和质量工程管理方法；熟悉系统工程科学的体系结构；熟练掌握价值工程的工作程序及改进方案的制定。

8.1 可靠性工程

8.1.1 可靠性工程的产生和发展

可靠性工程起源于第二次世界大战。当时，德国在使用火箭袭击中出现多次事故，迫切要求对飞机、火箭及电子设备的可靠性进行研究。德国的科学技术人员提出并运用了串联模型得出火箭系统可靠度，研制出第一个运用系统可靠性理论的飞行器。到了20世纪50年代，美国为了发展军事的需要，投入了大量的人力、物力对可靠性进行研究，先后成立了"电子设备可靠性专门委员会"、"电子设备可靠性咨询组（AGREE）"等研究可靠性问题的专门机构。1957年，电子设备可靠性咨询组发表了《军用电子设备可靠性》的研究报告，该报告成为可靠性发展的奠基性文件和重要里程碑。

1961年，前苏联发射第一艘有人驾驶宇宙飞船时，可靠性研究人员把宇宙飞船系统的可靠性转化为各元器件的可靠性进行研究，取得了成功。20世纪70年代，美国建立了统一的可靠性管理机构，负责组织、协调国防部范围的可靠性政策、标准、手册和重大研究课题。随着电子设备在各个领域的广泛应用，其可靠性直接影响着系统、设备的效率和安全，对可靠性问题的研究变得日益重要，可靠性已成为产品设备综合指标的一个重要组成部分。

我国从20世纪50年代开始在广州成立了亚热带环境适应性试验基地，1972年组建成为我国电子产品可靠性与环境试验研究所，从国外引进了可靠性工程的概念和方法。1978年在电视机质量工作会议上对电视机等产品明确提出了可靠性、安全性要求和可靠性指标。20世纪80年代，我国在武器装备中开展可靠性工程，各工业部门及兵种部纷纷进行可靠性普及培训教育，建立了可靠性工作组织管理机构，进行可靠性试验和可靠性设计及信息收集与反馈工作；同时，还组织制定了一系列有关可靠性的国家标准、国家军用标准和专业标准，使可靠性管理工作在我国纳入了标准化轨道。

8.1.2　可靠性的概念

1. 可靠性的定义

1966 年美国的军队标准给出了传统的或经典的可靠性定义："产品在规定的条件下和规定的时间内完成规定功能的能力"。我国国家标准给出的可靠性定义也与此相同，其内涵包括：

(1)产品是指作为单独研究和分别试验的对象的任何元器件、设备和系统，可以是零件也可以是由它们装配而成的机器，或由许多机器组成的机组和成套设备，甚至还把人的作用也包括在内。

(2)规定的条件是指产品所处的使用环境与维护条件，包括使用条件(使用者技术水平、连续工作等)，运输、储存、使用时的环境条件(温度、压力、湿度、载荷、振动、腐蚀、磨损等)，使用方法、维修水平(如保养措施、修理技术水平)等。条件不同，可靠性也会不同。

(3)规定的时间是指产品执行任务的时间，是可靠性区别于产品其他质量属性的重要特征。时间包括被研究产品的任何观察期间或是实际的工作时间、储存期、周期、起落次数、里程等。不同的时期和不同的时间，对产品失效的影响也不相同。

(4)规定的功能是指产品设计文件上对产品规定的技术性能。各个产品在系统中承担着不同的任务，有着不同的功能。产品完成了规定的功能要求，就算是可靠的，否则，就说是不可靠的，产品丧失规定功能称为失效，对可修复产品通常也称为故障。

(5)能力是完成功能的能力，表示可靠性的定性要求。而对能力的度量需用概率和数理统计的方法，包括概率(失效率、可靠度、维修度、有效度等)、平均寿命、平均修复时间等。

从定量角度来讲，可靠性就是系统在时间 t 内不失效的概率 $p(t)$ 。如果 T 为系统从开始工作到首次发生故障的时间，系统无故障工作的概率有下式：

$$p(t) = p(T > t) \tag{8-1}$$

2. 可靠性的三要素

可靠性包括耐久性、可维修性、设计可靠性三大要素。

(1)耐久性

产品能够无故障的使用较长时间或使用寿命长就是耐久性。例如，当空间探测卫星发射后，人们希望它能无故障地长时间工作。

(2)可维修性

当产品发生故障后，能够很快很容易地通过维护或维修排除故障，就是可维修性。像自行车、手表等通过维修能够排除故障。产品的可维修性与产品的结构有很大的关系。

(3)设计可靠性

由于人机系统的复杂性，以及人在操作中可能存在的差错和操作使用环境等因素影响，

存在发生错误的可能性，所以设计的时候必须充分考虑产品的易使用性和易操作性，这就是设计可靠性。一般来说，产品越容易操作，发生人为失误或其他问题造成的故障和安全问题的可能性就越小；从另一个角度来说，如果发生了故障或者安全性问题，采取必要的措施和预防措施就非常重要。例如汽车安全气囊保护。

3. 可靠性中的名词术语

（1）基本可靠性

产品在规定的条件下和规定的时间内，无故障工作的能力。

（2）任务可靠性

产品在规定的任务剖面内完成规定功能的能力。其中任务剖面是指产品在完成规定的任务这段时间内所经历的全部事件和环境的时序描述。

（3）固有可靠性

设计和制造赋予产品的，并在理想的使用和保障条件下所具有的可靠性。

（4）使用可靠性

产品在实际的环境中使用时所呈现的可靠性，它反映产品设计、制造、使用、维修、环境等因素的综合影响。

（5）故障

产品不能执行规定功能的状态，如自行车掉链。

（6）失效

产品丧失完成规定功能的能力的事件，如灯泡损坏。

（7）可靠性特征量

表示产品总体可靠性高低的各种可靠性参数指标。

4. 可靠性工程及其研究内容

可靠性工程是指为了保证产品在设计、生产及使用过程中达到预定的可靠性指标，应该采取的技术、组织管理、试验和生产等一系列工作的总和，它与系统整个寿命周期内的全部可靠性活动有关。其研究内容包括：

（1）可靠性设计

通过设计奠定产品的可靠性基础。研究在设计阶段如何预测和预防各种可能发生的故障和隐患，以及确保产品的维修性。

（2）可靠性试验

通过试验测定和验证产品的可靠性。研究在有限的样本、时间和使用费用下，找出产品薄弱环节。

（3）可靠性分析

研究导致薄弱环节的内因和外因，找出规律，给出改进措施和改进后对系统可靠性的影响。

(4) 制造阶段的可靠性

通过制造实现产品的可靠性。研究制造偏差的控制、缺陷的处理和早期故障的排除，保证产品设计目标的实现。

(5) 使用阶段的可靠性

通过使用维持产品的可靠性。研究产品运行中的可靠性监视、诊断、预测，以及采用售后服务与维修等策略，防止可靠性劣化。

(6) 可靠性管理

通过对各个阶段的可靠性工程技术活动进行规划、组织、协调、控制和监督，经济性的实现产品计划所要求的定量可靠性。

可靠性工程不能完全依靠对系统的检验和试验来获得，还必须从设计、制造和管理等方面加以保证。

5. 可靠性研究的意义

产品可靠性问题和人身安全、经济效益密切相关。因此，可靠性研究具有十分重要的意义：

(1) 提高产品的可靠性，可以防止故障和事故的发生，尤其是避免灾难性的事故发生，从而保证人民生命财产安全

1986 年 1 月 28 日，美国航天飞机"挑战者"号由于 1 个密封圈失效，起飞 76 秒后爆炸，其中 7 名宇航员丧生，造成 12 亿美元的经济损失；又如自动生产线上一台设备出了故障，会导致整条线停产，影响正常生产。

(2) 提高产品可靠性，可以获得较高的经济效益

产品可靠性的提高要通过设计、分析、试验、选用较好的零部件等，虽然需要增加一些费用，但产品可靠性水平的提高却大大减少了维修费和停工损失费，从而降低总费用，提高经济效益。如飞机、汽车、机床的购置费用与维修费用之比为 5 倍、6 倍和 8 倍。

(3) 提高产品的可靠性，可以提高企业竞争能力

产品可靠性的提高，也会提高产品信誉和品牌价值，使产品拥有更多忠诚的顾客，其市场竞争能力也随之增强。产品能够打入更多的市场，市场占有率会得到提高。如日本的汽车曾一度因可靠性差，在美国造成大量退货，几乎失去了美国市场，日本总结了经验，提高了汽车可靠性水平，因此使日本汽车在世界市场上竞争力很强。

8.1.3 可靠性的常用指标

1. 可靠度

可靠度是产品在规定的条件下和规定的时间内，完成规定功能的概率。可靠度是一个和时间有关的定量指标，一般用 $R(t)$ 表示。它是可靠性的概率度量，是时间的函数，也称为可靠度函数。

如产品的总数为 N_0，工作到 t 时刻产品发生的故障数为 $r(t)$，则产品在 t 时刻的可靠度的观测值为：

$$R(t) = \frac{N_0 - r(t)}{N_0} \tag{8-2}$$

例如：某电子元件共 10 000 只，一年内有 100 只发生故障，可靠度为：

$$R(365) = \frac{10\ 000 - 100}{10\ 000} = 0.99$$

2. 失效率

失效率是指产品或系统在工作了规定的时间 t 后，在单位时间内发生失效或故障的概率，也称为产品的故障率，其反映了产品发生故障的程度，一般用 $\lambda(t)$ 表示，可通过下式进行计算：

$$\lambda(t) = \frac{\Delta r(t)}{N_s(t) \Delta t} \tag{8-3}$$

式中，$\Delta r(t)$ 为 t 时刻后，Δt 时间内发生故障的产品数；Δt 为所取时间间隔；$N_s(t)$ 为在 t 时刻没有发生故障的产品数。

如上例中电子元件在 1 年后过了 5 天，又有 2 个元件出现故障，则其失效率为：

$$\lambda(t) = \frac{2}{9\ 900 \times 5} \approx 0.000\ 040\ 4 / \text{天}$$

对于可靠度高、低故障的产品，失效率的单位一般采用菲特（Fit）表示，$1\text{Fit} = (1 \times 10^{-9})\ \text{h}$。

失效率随着产品工作时间或寿命的增长而变动。在产品寿命期间发生失效一般分为三个阶段，即早期失效期、偶然失效期和耗损失效期。

(1) 早期失效期

许多产品在投入使用初期，具有相对较高的故障率，且具有迅速下降的特征。产品出现故障主要原因是设计与制造中的缺陷，如设计不当、材料缺陷、加工缺陷、安装调整不当等。早期故障一般在出厂前就会暴露出来，可以通过加强质量管理等办法来减少早期故障。这一时期又称老炼期、调整期、试运转期或试用期等。

(2) 偶然失效期

产品投入使用一段时间后，产品的故障率可降到一个较低的水平，基本处于平稳状态，近似为一个常数。产品发生故障的原因是由于一些难于确定的、不可测的原因引起。这一时期为最佳应用期。

(3) 耗损失效期

产品投入使用相当长的时间后，故障率会随时间的增加而明显上升，故障发生的原因主要是组成产品的元器件老化、疲劳、磨损、维护保养不当等因素引起。这一时期又称衰老期、老化期。

（4）浴盆曲线

浴盆曲线是典型的不可修复产品的失效期的变化曲线。它是以使用时间为横坐标，以失效率为可靠性特征值，描述产品从投入到报废为止的整个寿命周期内可靠性变化规律的一条曲线，如图 8-1 所示。因该曲线两头高，中间低，有些像浴盆，所以称为"浴盆曲线"。

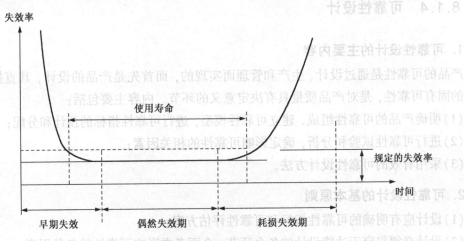

图 8-1　失效率曲线—浴盆曲线

3．平均故障间隔时间

平均故障间隔时间是指产品或系统在两相邻故障间隔期内正确工作的平均时间，也称平均无故障工作时间。它是标志产品或系统能平均工作多长时间的量，用 MTBF 表示。

如一个可修复产品在使用过程中发生了 N_0 次故障，每次故障修复后又重新投入使用，测得其每次工作持续时间为 t_1，t_1，$\cdots$，t_{N_0}，其平均故障间隔时间 MTBF 为：

$$\mathrm{MTBF} = \frac{1}{N_0} \sum_{i=1}^{N_0} t_i \tag{8-4}$$

4．平均故障修复时间

平均故障修复时间是指设备出现故障后到恢复正常工作时平均所需要的时间。是排除故障所需实际维修时间的平均值，用 MTTR 表示。

如产品修复次数为 n，每次修复时间为 t_i，则平均故障修复期为：

$$\mathrm{MTTR} = \frac{\sum_{i=1}^{n} t_i}{n} \tag{8-5}$$

5．维修度

维修度是指在规定的条件下使用的产品，在规定时间内，按照规定的程序和方法进行维修时，保持或恢复到能完成规定功能状态的概率，用 $M(t)$ 表示。产品的可靠度反映了产品不易发生故障的程度，而维修度反映了当产品发生故障后其维修的难易程度。

6．有效度

有效度是指可维修的产品在规定的条件下使用时，在某时刻具有或维持其功能的概率，即产品正常工作的概率。对于不可维修的产品，有效度等于可靠度。它是评价产品可靠性的综合指标，用 $A(t)$ 表示，其表达式为：

$$A(t) = \frac{工作时间}{工作时间 + 修复时间} = \frac{MTBF}{MTBF + MTTR} \tag{8-6}$$

8.1.4　可靠性设计

1．可靠性设计的主要内容

产品的可靠性是通过设计、生产和管理而实现的，而首先是产品的设计，其直接影响着产品的固有可靠性，是对产品质量具有决定意义的环节。内容主要包括：

（1）明确产品的可靠性组成，建立可靠性模型，进行可靠性指标的预计和分配；

（2）进行可靠性试验和分析，确定影响可靠性的相关因素；

（3）采用有效的可靠性设计方法。

2．可靠性设计的基本原则

（1）设计应有明确的可靠性指标和可靠性评估方案；

（2）设计必须贯穿于功能设计的各个环节，全面考虑影响可靠性的各种因素；

（3）应针对故障模式（即系统、部件、元器件故障或失效的表现形式）进行设计，最大限度地消除或控制产品在寿命周期内可能出现的故障（失效）模式；

（4）设计时要积极采用先进的设计原理和可靠性设计技术；

（5）设计时要对产品的性能、可靠性、费用、时间等各方面因素进行权衡，追求总体效果最优化。

8.1.5　可靠性模型

1．可靠性模型的定义

可靠性模型是通过数学方法描述系统各单元存在的功能逻辑关系而形成的可靠性框图及数学模型。其中，可靠性框图是用方框表示产品各单元故障如何导致产品故障的逻辑关系图。建立可靠性模型的目的是定量分配、计算和评价产品的可靠性。

2．可靠性模型的分类

产品的可靠性模型按用途分为基本可靠性模型和任务可靠性模型。基本可靠性模型是将产品组成单元进行全串联的模型，用以估计产品及其组成单元引起的维修及综合保障要求；任务可靠性模型较复杂，它用于描述在完成任务过程中产品各单元的预定用途。

产品的可靠性模型按结构类型主要包括串联、并联、混联、桥联和旁联等。

8.1.6　可靠性预测

1．可靠性预测的定义

可靠性预测是指在设计阶段对产品进行可靠性估计，以便在事前采取必要的措施。它是根据系统、部件、零件的功能、工作环境及其有关资料，推测该系统将具有的可靠度，是一个由局部到整体，由小到大，由下到上的过程。

可靠性预测工作用于新研产品、老旧产品改进等各类有可靠性指标要求的产品，一般在方案阶段就应开始进行，并延续至详细设计阶段，根据设计方案的更改和细化反复迭代，从而使产品设计达到所规定的可靠性。

2. 可靠性预测的目的

(1)了解产品的可靠性是否满足设计与技术要求的指标；

(2)在设计的最初阶段，找出影响可靠度的关键因素和薄弱环节，并采取改进措施；

(3)可靠性预测是可靠性分配的依据，有助于确定合理的可靠性指标值；

(4)有助于选择正确的零部件；

(5)根据零部件的可靠度来预测全系统的可靠度；

(6)为可靠性试验等方面的研究提供依据。

3. 可靠性预测的程序

(1)选择预测系统；

(2)确定分系统；

(3)找出影响系统可靠度的主要零件；

(4)确定各分系统中所用的零部件的失效率；

(5)计算分系统的失效率并进行修正；

(6)计算系统失效率的基本数值并进行修正；

(7)预计系统的可靠度。

8.1.7 可靠性分配

1. 可靠性分配的定义及目的

可靠性分配是指在产品设计阶段，将系统规定的可靠性指标合理地分配给组成系统的各部件的过程。可靠性分配结果是可靠性预测的依据和目标，可靠性预计相对结果是可靠性分配与指标调整的基础。

可靠性分配的目的包括：

(1)落实系统可靠性指标；

(2)明确设计时对各组成单元控制的重点；

(3)通过分配，暴露系统的薄弱环节，为改进设计提供依据；

(4)促使设计者全面考虑，以便获得合理设计。

2. 可靠性分配的原则

(1)关键部件，可靠性分配指标高一点；

(2)比较复杂的分系统，可靠性分配指标低一点；

(3)环境不好，可靠性分配指标低一点；

（4）可维修的，可靠性分配指标低一点；

（5）难以提高的部件，可靠性分配指标低一点。

8.1.8 可靠性试验

1．可靠性试验的定义

可靠性试验是为了检验、分析、评定产品的可靠性水平而进行的试验，通过试验既可以检查产品是否符合可靠性要求，同时也可以发现和暴露影响产品可靠性的因素，如产品设计、元器件、零部件、原材料和工艺方面的缺陷，以便采取有效的纠正措施，提高产品可靠性。

2．可靠性试验的分类

（1）按试验性质可分为工程试验和统计试验两大类。工程试验包括环境应力筛选试验和可靠性增长试验；统计试验包括可靠性鉴定试验和可靠性验收试验。

（2）按试验场所划分为现场试验和模拟试验。

（3）按样本破坏情况划分为破坏性试验和非破坏性试验。

（4）按试验项目划分为环境试验、寿命试验、加速试验和各种特殊试验（如雷击试验）。

8.2 标准化工程

8.2.1 标准化工程概述

1．标准化发展历程

（1）标准化思想的产生

人类的祖先为了生存，在最初的生产和社会活动中，逐渐地学会使用石器、木棒等工具进行狩猎和劳动。通过考古资料发现，这些不同时期、不同地点出土的石器，其形状和样式极其相似。同时，人类为了交流和传达信息，又创造了能够共同理解的原始语言、符号、象形文字等表达方式，这些不自觉形成的无意识标准，就是标准化的萌芽状态。

（2）古代标准化

随着小农经济和手工业生产的发展，原来靠摸索和模仿形式产生的标准变为有意识地制定，标准化活动涉及范围逐步扩大，比如社会分工引起生产的发展和产品的交换，从而产生统一的计量器具——度量衡；秦始皇统一六国后，以法令的形式统一了货币、文字、兵器以及车道宽度等；北宋时期毕昇发明的"活字印刷术"被认为是"标准化发展历史上的里程碑"。虽然这时的标准化没有理论指导，还不是一项有组织的活动，但都成功运用了标准化的方法和原理，为标准化的发展奠定了基础。

（3）近代标准化

近代标准化是机器大工业生产的产物，欧洲开始的工业革命，使生产力有了巨大的发展。随着生产规模的不断扩大，提高生产率、扩大市场需求和调整产品结构成为每个工业迫切需要解决的问题，从而形成了许多职业的标准化队伍，制定了一批以机器大生产为基础，以生产技术管理为中心的企业标准。这期间包括美国的惠特尼利用互换性原理生产了标准化的零件；英国机械工程师惠特沃思设计的惠氏螺纹，被英国等国家采用并形成统一的螺纹制度；福特公司创始人亨利·福特根据泰勒的科学管理理论，运用标准化的原则和方法，把汽车品种、零部件进行规格化；1901年英国建立了工程标准委员会，这是世界上第一个标准化组织，1906年成立国际电工委员会（IEC），1946年国际标准化组织（ISO）成立。

（4）现代标准化

计算机及网络的普及和发展和以世界贸易组织（WTO）为标志的经济全球化，使社会生产力产生巨大的飞跃。标准化也向着系统、综合、国际和科学的方向发展，系统化、国际化、目标和手段现代化是当前标准化的三大特征，主要内容包括：要以系统论的观点，处理和分析标准化工作中存在的问题，并形成一个标准化系统；国际标准化成为现代标准化的主流，采用国际标准成为各国标准化工作的重要方针和政策；以方法论、系统论、控制论、信息论和行为科学理论为指导，以系统的最优化为目标，运用数学方法和计算机技术等手段，建立与全球经济一体化、技术现代化相适应的标准体系。

2．标准和标准化概念

（1）标准

我国国家标准 GB/T20 000.1—2002 对标准的定义为：为了在一定范围内获得最佳秩序，经协商一致制定并由公认机构批准，共同使用的和重复使用的一种规范性文件。

标准的含义包括：

① 制定标准的目的：获得最佳秩序、取得最佳效益；

② 标准产生的基础：科学研究的成就、技术进步的成果和实践积累的经验，并协商一致制定；

③ 制定标准的对象：重复性的事物；

④ 标准应协商制定；

⑤ 标准是一种规范性文件；

⑥ 标准的本质特征：统一；

⑦ 标准的权威保证：必须经一个公认机构的批准。

（2）标准化

我国国家标准 GB/T20 000.1—2002 中对标准化的定义是：为了在一定范围内获得最佳秩序，对现实问题或潜在问题制定共同使用和重复使用的条款的活动。标准化活动主要包括制定、发布及实施标准的过程。

标准化的含义包括：

① 标准化的活动过程包括制定、实施、修订标准；

② 标准化是在一定范围内的有组织的活动；

③ 标准化的目的是对产品、过程或服务的适用性进行改进，防止贸易壁垒，并促进技术合作；

④ 标准化对象：产品、过程或服务；

⑤ 对实际问题和潜在问题制定共同使用和重复使用的规则。

3. 标准化研究的内容

(1)标准化理论原则和方法在实践过程中的发展；

(2)标准化过程的程序和每个环节的内容；

(3)标准化的结构、分类及各种具体形式；

(4)标准化系统的构成要素和运动规律；

(5)标准化系统的外部联系；

(6)研究标准化活动的科学管理。

4. 标准化的作用

(1)标准化是科学管理的重要技术基础；

(2)标准化是组织现代化大生产和专业化协作生产的必要条件；

(3)标准化是提高产品质量、保障人身及财产安全、维护消费者合法权益的重要手段；

(4)标准化是发展市场经济、促进贸易交流的技术纽带；

(5)标准化是构架现代技术发展的平台和通道，也是现代技术竞争的关键；

(6)标准化是合理利用资源、消除浪费的重要手段。

8.2.2 标准种类及标准体系

1. 标准种类

根据我国及国际普遍使用的标准化分类方法，对标准可进行如下划分：

(1)按标准的约束性分类，标准分为强制性标准和推荐性标准

① 强制性标准：为保障人体的健康、人身、财产安全的标准和法律、行政法规定强制执行的标准，如药品标准、食品卫生标准。

② 推荐性标准：不强制厂商和用户采用，而是通过经济手段或市场调节促使他们自愿采用的国家标准或行业标准，如保鲜冰箱标准、洗衣机烘干标准。

(2)按标准化的对象分类，标准可分为技术标准、管理标准和工作标准三大类

① 技术标准：对标准化领域中需要协调统一的技术事项所制定的标准，它包括基础标准、产品标准、设计标准、工艺标准、工艺设备标准以及安全、卫生、环保标准等。

② 管理标准：对标准化领域中需要协调统一的管理事项所制定的标准。管理标准包括管理基础标准，技术管理标准，经济管理标准，行政管理标准，生产经营管理标准等。

③ 工作标准：对标准化领域中需要协调统一的工作事项所制定的标准，是对工作的范围、责任、权利、程序、要求、效果、检查方法等所做的规定，是按工作岗位制定的有关工作质量的标准。工作标准包括管理业务工作标准和作业标准。

(3)按标准的外在形态，标准可分为文字形态标准和实物形态标准

① 文字形态标准：用文字或图表对标准化对象做出的统一规定，是标准的基本形式。

② 实物形态标准：某些标准化的对象难以用文字准确地描述，可制成实物标样，如颜色的深浅程度。

2. 标准的级别

我国标准分为国家标准、行业标准、地方标准和企业标准四个级别。

(1)国家标准

对需要在全国范围内统一的技术要求，应当制定国家标准，国家标准是指由国家的官方标准机构或国家政府授权的有关机构批准、发布并在全国范围内统一和使用的标准。国家标准具有科学性、权威性、统一性的特点，为基础性、通用性较强的标准，是我国标准体系中的主体。

国家标准范围包括：

① 互换、配合、通用技术语言要求；

② 保障人体健康和人身、财产安全的技术要求；

③ 基本原料、材料、燃料的技术要求；

④ 通用基础件的技术要求；

⑤ 通用的试验、检验方法；

⑥ 通用的管理技术要求；

⑦ 工程建设的重要技术要求；

⑧ 国家需要控制的其他重要产品的技术要求。

国家标准用"国标"两个汉语拼音的第一个字母"G"和"B"表示。强制性标准的代号为"GB"，推荐性标准的代号为"GB/T"。国家标准的编号由国家标准代号、标准发布顺序号和发布的年号组成，如2001年发布的GB/T8618—2001标准。

(2)行业标准

行业标准是指对没有国家标准而又需要在某个行业范围内全国统一的标准化对象所制定的标准。行业标准由国务院有关行政主管部门主持制定和审批发布，具有专业性强的特点，是国家标准的补充。

行业标准范围包括：

① 专业性较强的名词术语、符号、规则、方法等；

② 指导性技术文件；

③ 主要的产品标准；

④ 通用零部件、配件、特殊原材料；

⑤ 通用的工艺方面的标准；

⑥ 统一的管理标准。

行业标准的编号由行业标准代号、标准发布顺序号和发布的年号组成。电子行业代号为"SJ"、石油化工行业代号为"SH"、电力行业为"DL"等。推荐性标准在行业代号后加"/T"，如SJ/T 11365—2006。

（3）地方标准

地方标准是指在国家的某个省、自治区、直辖市范围内需要统一的标准。地方标准由省、自治区、直辖市标准化行政主管部门制定。

地方标准范围包括：

① 工业产品的安全、卫生要求；

② 药品、兽药、食品卫生、环境保护、节约能源等法律、法规规定的要求；

③ 其他法律、法规规定的要求。

地方标准编号由地方标准代号、地方标准顺序号和发布的年号三部分组成。地方标准代号由汉语拼音字母"DB"加上地方行政区划代码前两位数字，如河北省地方强制性标准代号为 DB13。

（4）企业标准

企业标准是由企业制定的产品标准和为企业内需要协调统一的技术要求和管理、工作要求所制定的标准，在企业内部适用。

企业标准范围包括：

① 没有相应国家标准和行业标准，需要企业制定；

② 为促进技术进步和提高产品质量而制定，严于国家或行业标准；

③ 对国家标准和行业标准加以补充规定；

④ 企业对产品、原材料、半成品、零部件、工具、量具、工艺、安全、卫生、环保及管理等方面的标准。

企业标准的编号由企业标准代号、标准顺序号和发布年号组成。企业标准代号由"Q/"加上用汉语拼音字母表示的企业代号组成。

3. 标准体系

（1）标准体系的定义

标准体系是指一定范围内的标准按其内在联系形成的科学的有机整体。范围是指标准的范围，如国家、行业、地方和企业。

（2）标准体系的特征

① 目的性。每个标准体系都是围绕着一个特定的标准化目的而形成的。其目的包括了体系的构成、体系的范围及组成该体系的各标准以何种方式发生联系。

② 整体性。标准体系内各项标准之间相互联系、相互作用、相互约束、相互补充，具有整体性功能。

③ 协调性。标准体系中各标准的相关性，决定了各标准必须互相一致、互相衔接和互为条件的协调发展。任何一个发生变化，其他有关单元都要做出相应地调整。

④ 动态性。标准体系随着时间的推移而变化、发展和更新的特性。

（3）标准体系表

标准体系表是指一定范围的标准体系内的标准，按一定形式排列起来的图表。它是标准体系的一种表示形式，反映了某一行业、专业范围内整体标准体系的概况、总体结构以及标准之间的联系。同时，标准体系表是一种指导性技术文件，指导制定标准、修订计划的编制和完善现有标准体系。

8.2.3 标准化的形式

标准化的形式是标准化内容的存在方式，主要的标准化形式包括简化、统一化、通用化、系列化、组合化、模块化等。

1. 简化

简化是在一定范围内缩减对象（事物）的类型数目，使之在一定时间内足以满足一般需要的标准化形式。

简化一般是事后进行的，其目的是控制产品的品种、规格的盲目膨胀，消除多余的、无用的和低功能的种类，使产品结构更加合理。简化应用包括：物品品种的简化、原材料的简化、工艺装备简化、零部件简化、数值简化、结构要素简化等。

2. 统一化

统一化是指将两种以上同类事物的表现形态归并为一种或限定在一定范围内的标准化形式。

统一化的实质是使对象的形式、功能或其他技术特征具有一致性，并通过标准确定下来。其目的是消除由于不必要的多样化而造成的混乱，为人类正常活动建立共同遵循的秩序。在工业企业标准中，统一化应用包括：计量单位、术语、图形、符号、代码等的统一，产品零部件、元器件、形状、尺寸等的统一，产品质量的统一，检验方法的统一等。

3. 通用化

通用化是在互换性的基础上，尽可能地扩大同一对象（包括零件、部件、构件等）的使用范围的一种标准化形式。

通用化的目的是最大限度地减少零部件在设计和制造过程中的重复劳动，实现成本的降低、管理的简化、周期的缩短和专业化水平的提高。通用化既包括对物（如零部件）的通用化，也包括对事（如方法、程序）的通用化。

4. 系列化

系列化是对同一类产品的结构形式和主要参数规格进行科学规划的一种标准化形式。系列化是标准化的高级形式。

系列化通过对同类产品发展规律研究，预测市场需求，将产品的型式、尺寸等做出合理的安排和规划，其目的是使某一类产品系统的结构优化，功能达到最佳。产品系列化包括制定产品参数系列标准、编制系列型谱和开展系列设计三个方面的内容。

5. 组合化

组合化是按照标准化的原则，设计并制造出一系列通用性很强且能多次重复应用的单元，根据需要拼合成不同用途的产品的一种标准化形式。

组合化既是建立在系统的分解与组合的基础上，又是建立在统一化成果多次重复利用的基础上。其目的包括：以较少的种类单元组合成功能各异的制品；容易改变产品结构和功能，快速响应市场；适应多品种、小批量、产品性能多变的生产方式；充分满足消费者需求等。组合化主要应用于机械、仪表、工艺装备、家具等的设计和制造。

6. 模块化

模块化是以模块为基础，综合了通用化、系列化、组合化的特点，解决复杂系统类型多样化、功能多变的一种标准化形式。

模块化的基础是模块，由模块组合成产品或工程。模块不同于一般产品的部件，是具有独立功能，可单独制造、销售的产品，通常是标准化产品。模块化的目的包括：以最少要素组合最多产品；通过变换模块，轻易实现产品变型；降低设计和组装难度；以少变求多变的产品开发等。模块化通常包括模块化设计、模块化生产和模块化装配。

8.2.4 标准化的制定与实施

1. 标准化制定

（1）制定标准的原则

① 符合国家政策、法令和法规；

② 积极采用国际先进标准；

③ 合理利用国家资源；

④ 充分考虑使用要求；

⑤ 正确实行产品的简化、选优和通用互换；

⑥ 技术先进、经济合理；

⑦ 具有可操作性，便于实施；

⑧ 标准间协调配套；

⑨ 从全局出发，考虑全社会的综合效益；

⑩ 适时制定，适时复审。

（2）制定标准的程序

① 确定标准项目与计划；

② 组织标准制定工作组；

③ 调查研究和试验验证；

④ 编写标准草案征求意见稿；

⑤ 征求意见，确定标准送审稿；

⑥ 审查、审定标准；

⑦ 标准的批准和发布；

⑧ 标准的修改、补充和定期复审。

2. 标准化的实施

（1）标准实施的程序

标准的实施是一项有组织、有计划、有措施的将标准规定的内容贯彻到生产、流通、使用等领域的过程。标准经过实施才能发挥其作用和效果，才能衡量、评价标准的质量和水平，才能发现存在的问题，为修订标准提供依据。实施标准的程序包括：

① 计划，主要包括根据标准的实施对象、类型、重要程度等选择方法，确定时间和进度计划，编制计划方案等。

② 准备，主要包括建立机构、做好思想宣传工作、准备技术和物质条件工作等。

③ 实施，主要是采取行动，把标准中所规定的内容，在有关领域按预期目标加以实现。

④ 检查验收，主要包括对图样和技术文件的标准化检查、产品从方案论证到出厂的各环节的标准化检查。

⑤ 总结，主要包括各种文件、资料的归类、整理等归档工作，贯彻中的问题和建议等。

(2)标准实施的一般方法

① 直接采用上级标准；

② 压缩选用上级标准；

③ 对上级标准内容做补充后实施；

④ 制定并实施配套标准；

⑤ 制定并实施严于上级标准的企业标准。

8.2.5 标准化的经济效果评价

1.标准化经济效果的概念

标准化经济效果就是实现标准化获得的有用效果与实现标准化所需的劳动耗费的比较。其表达式为：

$$标准化经济效果 = \frac{标准化有用效果}{标准化劳动耗费} \tag{8-7}$$

标准化的活动目的就是用尽可能少的劳动耗费，取得尽可能多的标准化的有用效果，实现尽可能大的标准化经济效果。

2.标准化经济效果的指标体系

我国评价标准化经济效果的指标体系主要包括标准有效期内的总经济效益、标准有效期内的年度经济效益、标准化投资回收期、标准化追加投资回收期、标准化投资收益率和标准化经济效果系数等指标。

(1)标准有效期内的总经济效益（X_Σ）

标准有效期内的总经济效益（X_Σ），是各年度标准化节约总和扣除标准化投资后的差额，计算公式为：

$$X_\Sigma = \sum_{j=1}^{i} J_j - K \tag{8-8}$$

式中，J为标准化年节约额(元/年)；K为标准化投资(元)；i为标准有效期(年)。

(2)标准有效期内的年经济效益（X_n）

标准有效期内的年经济效益（X_n），是年度标准化节约额减去折算为一年的标准化投资的差值，计算公式为：

$$X_n = J - aK \quad (8\text{-}9)$$

式中，a 为标准有效期内，标准化投资折算成一年的费用系数。

（3）标准化投资回收期（T_K）

标准化投资回收期（T_K），是标准化所需的投资与标准化所获得的节约之比，计算公式为：

$$T_K = \frac{K}{J} \quad (8\text{-}10)$$

（4）标准化追加投资回收期（t_K）

标准化追加投资回收期（t_K），表示每节约一元年度经营费用，需要追加的投资费用数额，计算公式为：

$$t_K = \frac{K_2 - K_1}{C_1 - C_2} \quad (8\text{-}11)$$

式中，K_1，K_2 为分别为方案 1 和方案 2 的标准化投资（元）；C_1，C_2 为分别为方案 1 和方案 2 的年生产成本（元/年）。

（5）标准化投资收益率（R_K）

标准化投资收益率（R_K），是贯彻标准所获得的年节约与投资之比，计算公式为：

$$R_K = \frac{J}{K} \quad (8\text{-}12)$$

标准化投资收益率是标准化投资回收期的倒数。

（6）标准化经济效果系数（E）

标准化经济效果系数（E），是某项标准化措施在标准有效期内获得的总节约与总投资之比，计算公式为：

$$E = \frac{\sum_{i=1}^{t} J_i}{K} \quad (8\text{-}13)$$

标准化经济效果系数表明标准化每一元钱的投资在标准有效期内获得的节约额。

8.3 系 统 工 程

8.3.1 系统工程科学的提出

系统工程学起源于美国。它发展的萌芽阶段，可追溯到 20 世纪初的泰罗系统，它从合理定排工序、提高工作效率入手，研究管理活动的行动与时间的关系，探索管理科学的基本规律。到了 20 世纪 20 年代，逐步形成为"工业工程"，主要是研究生产在空间和时间上的管理技术。20 世纪 40 年代以后，数学——运筹学进入了管理领域，使得管理工作与最优化发生了关系。进入 20 世纪 50 年代以后，电子计算机系统投入使用，运筹学扩大了计算机的应用范围，并对系统管理提供了方法，于是产生了系统工程的概念。贝尔电话公司在发展美国微波通信网络全国电视网时，为了缩短科学发明投入应用的时间，在全国电视网中采用新技术，提出系统工程的名称。它采用了一套方法论按照时间顺序，把工作划分为规划、研究、研制、研制阶段的研究和通用工程 5 个阶段。

系统工程的主要任务是根据总体协调的需要，把自然科学和社会科学中的基础思想、理论、策略和方法等从横的方面联系起来，应用现代数学和电子计算机等工具，对系统的构成要素、组织结构、信息交换和自动控制等功能进行分析研究，借以达到最优化设计、最优控制和最优管理的目标。

系统工程大致可分为系统开发、系统制造和系统运用 3 个阶段，而每一个阶段又可分为若干小的阶段或步骤。系统工程的基本方法是：系统分析、系统设计与系统的综合评价(性能、费用和时间等)。系统工程的应用日趋广泛，至 20 世纪 70 年代已发展成许多分支，如经营管理系统工程、后勤系统工程、行政系统工程、科研系统工程、环境系统工程、军事系统工程等。

系统工程(Systems Engineering)是系统科学的实际应用，包括人类社会、生态环境、自然现象、组织管理等，如环境污染、人口增长、交通事故、军备竞赛、化工过程、信息网络等。系统工程是以大型复杂系统为研究对象，按一定目的进行设计、开发、管理与控制，以期达到总体效果最优的理论与方法。系统工程是包括了许多工程技术的工程技术门类，涉及范围很广，不仅要用到数、理、化、生物等自然科学，还要用到社会学、心理学、经济学、医学等与人的思想、行为、能力等有关的学科。系统工程所需要的基础理论包括运筹学、控制论、信息论、管理科学等。

1957 年，古德与麦克尔(H. Goode & R. E. Machol)出版了《系统工程学》，标志着系统工程学科正式形成。20 世纪 60 年代初，自动控制理论从研究单输入、单输出系统的经典理论发展为研究多变量最优控制系统的现代控制理论。与此同时，系统工程学已形成独立学科。美国电工电子工程师学会在科学与电子部门设立了系统工程学科学委员会。美国的一些大学开始建立系统工程学系、专业或研究中心。从 1964 年起，美国每年都要举行系统工程学年会，出版专刊。1965 年出版了一本《系统工程学手册》，它包括系统工程学的方法论、系统环境、系统元件，主要叙述了军事工程及卫星的各个主要组成部件、系统理论、系统技术、系统工程数学等。1970 年以后，又有人提出一门新学科——"政策科学"。现在，美、俄罗斯等国政府部门均设有专门机构从事这项工作，一些大型企业也都设立系统工程研究部，并设立研究班，培养自己需要的系统工程人员。系统工程研究部制定出各种可供选择使用的方案，并协助实施所选择的方案，因此被誉为有关部门的智囊团。

20 世纪 60 年代末，日本深感缺乏系统工程学研究所造成的困难，不得不从美国引进这方面的技术和资料，并于 20 世纪 70 年代初组织出版了"系统工程学讲座"丛书，尽力加速培养这方面的人才。在英国，1965 年，兰开斯特大学第一个成立系统工程学系。以后其他学校也陆续设立相应的系或专业。从 20 世纪 60 年代末到 70 年代初，一些专家多次到美国考察系统工程学的研究与教育情况。于是，英国在这方面的工作很快就开展起来了。据称，美国 20 世纪 70 年代初期有系统工程师 17 万 5 千人，日本到 1975 年已有系统工程师 11 万多人。

系统工程学的应用范围很广。除了在大量的工业企业、军事、农业、水利、交通、环境保护等部门应用外，还在人体系统和社会系统等方面获得显著的成效。美国阿波罗计划的实现，就是一个卓有成效的例子。阿波罗计划，历时 11 年(1961 – 1972)，涉及 42 万技术人员，2 万多家公司和工厂，120 多所大学，300 万个零部件，耗资 300 多亿美元，如果有一个环节发生故障或拖延，都会使登月飞船无法如期发射。由于采取了系统工程学的组织管理方法，终于使这个非常复杂而又庞大的计划按期完成了。再如，日本政府在拟定 21 世纪初的发展规划时，也利用系统工程学的方法，把人口(生、老、病、死等)、资源(矿山、农林、渔、海洋开发等)、工业(劳动生产率、产品、产量、质量、市场)、环境污染四个主要变量汇编成数学模型，用数字计算机模拟求解，得到预期的、较为理想的调节效果，从而制定了他们的规划方案和经济政策。

8.3.2 系统工程学的界定

由于系统工程学目前尚处在继续发展阶段，加之涉及范围极其广泛，因而人们对它的认识尚不一致，各国学者对它的定义也不尽相同，甚至连名称也各有区别。1975 年，美国科学技术辞典中，关于"系统工程学"的条目界定为：系统工程学是研究许多密切联系的元件所组成的复杂系统的设计的科学。设计该复杂系统时，应有明确的预定功能及目标，并使得各个组成元件之间以及各元件与系统整体之间有机相联、配合协调，从而使系统总体能够达到最佳目标。在设计时，同时要考虑到参与系统中的人的因素与作用。而 1977 年，美国人 A. P. Sage 在《系统工程学及其应用导论》一文中指出，系统工程学的功能定义是：系统工程学是系统的数学理论与行为理论的恰当结合，因而特别适用于解决世界问题。系统工程的目的在于研究、制订有关管理、指导与调节控制总体系统的规划、研制、生产和运行活动的政策。而政策的目的是实现行为、调节行为或抑制行为。英国学者 P. B. 契克兰等人认为：系统工程学是一种基于科学，又给科学以补充的思想，它提供一种手段，用以统一各门学科中所体现出来的分析方法。这种思想预示着将要出现一种新的世界观。在日本，有些学者认为：系统工程学是以系统的分析、综合以及管理为目标的工程学。国外有关系统工程的定义还很多，就不一一列举了。经过学习研究反复揣摩，系统工程学可界定为：系统工程学的任务是把工程技术和科学理论方法用于规划和设计大规模的、复杂的、考虑到人机因素的大系统，使之达到信息、能量与物质等的综合平衡，而又具有良好的性能指标和经济指标。由于不断完善规划与设计，整个大系统能够最优地实施、最佳地运行。由于系统工程学牵涉的领域很多，是门高度综合性的边缘科学，因而其知识面很广，它的基础理论主要有：运筹学、概率论和统计学、模糊数学、图论、自动控制理论、电子计算机技术、仿真技术、经济学、哲学、心理学等。

8.3.3 系统工程科学与系统科学

下面就系统工程科学与系统科学的联系与区别做出一定解释，以消除不必要的误会。按照钱学森对现代科学技术部门的分类及对每个部门提出的"三个层次和一个桥梁"说，系统工程处在系统科学这一部门的应用技术层次。原则上，笔者同意钱学森对系统工程应用性质的定位。但如果仅仅定位在应用技术学科层次，就不能准确概括系统工程自身已经并仍将发生的种种变化。首先，系统科学的基础理论、应用理论和工程技术三个层次的主战场都已转向复杂性问题。在这种情况下，系统工程必须扩大自己的学科内容范围，多一些深层次的理论和方法论探讨，其作为应用学科的生命力才能更长久。其次，我国特殊的国情和发展道路，决定了系统科学及系统工程在国民经济建设和社会发展中的特殊地位与作用。尤其胡锦涛总书记在两院院士大会的报告中，明确提出落实科学发展观是一项系统工程，需要采用系统科学的方法加以分析解决。这就把系统工程和系统科学提到了前所未有的高度，且突出了"学"以致"用"的命题。基于以上原因提出的系统工程科学，意在强调系统工程是一个包含从思想、理论、方法论到方法、技术、应用的完整学科体系。总之，系统工程科学与系统科学既有紧密联系，又有明显区别，前者更侧重应用，而后者主要是作为一类科学技术。

8.3.4　系统工程科学的体系结构

按照"是什么——为什么——怎么做——何处用"的四维逻辑叙事结构，有学者提出构建"系统工程科学"体系必须回答的四个关键问题：如何从思想认识上溯本清源，给系统工程研究一个清晰的历史脉络？如何从理论探索上融会贯通，使系统工程研究达到左右逢源的局面？如何从技术操作上继承创新，为系统工程研究提供丰富的工具选项？如何从实践应用上举一反三，让系统工程研究实现它应有的新辉煌？对这四个问题的回答，就形成了"认知系统工程学—理论系统工程学—技术系统工程学—实践系统工程学"这一系统工程学科体系的新构建，如图8-2所示。

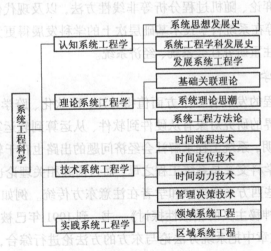

图8-2　系统工程学科体系示意

新体系包含着以下思路：首先，从历史发展的角度论述对系统工程的全面认知；其次，从哲学方法论的层面论述系统工程的深层基石；再次，从技术支撑方面论述系统工程的一般方法；最后，论述系统工程在纵横两个方面的广泛应用。认知系统工程学，包括"系统思想发展史"、"系统工程学科发展史"和"发展系统工程学"三部分，主要梳理系统思想的萌芽、发展到系统工程学科正式建立的历史，给出系统工程发展的规律，从认知的角度深入剖析系统工程学。理论系统工程学，包括"基础关联理论"、"系统理论思潮"和"系统工程方法论"三部分，从总体上给出系统工程背后的深层基础，即与系统工程相关的科学理论、思潮和方法论。技术系统工程学，包括"时间流程技术"、"空间定位技术"、"系统动力技术"和"管理决策技术"四部分，从时、空、内部动力和外部应用四个方面论述系统工程的技术支撑。实践系统工程学，包括"领域系统工程"和"区域系统工程"两部分，从通常所说的"条条块块"，即纵横两个方面论述系统工程的实践应用。

1. 认知系统工程学分析

(1) 系统思想发展史

在西方，亚里士多德之后的千余年，系统思想一直没有突破性进展，直到贝塔朗菲横空出世。继贝塔朗菲之后，美国系统学家拉兹洛成为推动"系统运动"最强有力的人物。近二十多年来，中国系统学界对许多问题进行了广泛深入的研究，取得了大量成果，初步构建出系统哲学的理论框架，形成了具有中国特色的系统哲学理论体系。

(2) 系统工程学科发展史

1957年，古德和麦克霍尔出版第一本以系统工程命名的专著，随后还编著了《系统工程手册》。20世纪60年代初，霍尔发表《系统工程方法论》，1969年又提出霍尔三维结构。20世纪70年代后期，钱学森、许国志等发表《组织管理的技术——系统工程》，把系统工程看成是系统科学中直接改造客观世界的工程技术。运筹学、管理科学、控制论及信息论等应用基础层次上学科群的形成，使系统科学从思辨的方法论层次发展为定量的以数学科学为基础的学科。非线性规划、博弈论、随机过程分析等非线性方法，以及现代信息理论和技术，使控制论、运筹学、信息论等在系统科学技术基础层次上的学科发展得更为成熟和完善。在具体应用方面，人们更多地注重研究社会系统、经济系统。

(3) 发展系统工程学

展望未来，系统工程的发展有三个方面值得关注，即软化、跨学科融合和多文明交汇。顾基发认为，当前学术界的研究对象有从硬件到软件、从运算到软运算、从运筹到软运筹等的软化趋势。事实也证明，系统工程求解社会经济问题的出路也在于软化。系统工程本身就是跨学科研究的产物，学科交叉是系统工程之母，而目前其相关理论也大都依托于另外一门科学。近年来，已有一些西方系统学家和学者在注意东方传统。例如卡普拉所著《物理学之道——现代物理和东方神秘主义的相似性探讨》一书，到1991年已被译成十几种语言出版。普里斯曼在1992年的文章中把系统方法论与东方的方法论进行综合，认为可以形成一个新的方法论。韩国系统学家李永辟1997年的一篇文章专门介绍老子的《道德经》，并将它用于解释近代物理理论中的现象和观点。

2. 理论系统工程学分析

(1) 基础关联理论

系统工程的基础关联理论，是自20世纪40年代至50年代崛起的一个横向学科群。综合国内学术界较有代表性的观点，其主要内容应包括：贝塔朗菲创立的一般系统论、维纳创立的控制论和申农建立的信息论，即通常所说的"老三论"；普利高津为首的布鲁塞尔学派创立的耗散结构理论、哈肯等的协同学和托姆的突变论，即通常所说的"新三论"；非线性科学的主体，即混沌理论、分形几何学和孤立子理论；复杂性科学中的 CAS 理论、人工生命和人工智能等。这些理论的发展历程贯穿半个多世纪，体现出系统工程独特的学科特点。

(2)系统理论思潮

系统工程发展历程中出现的各种理论，都是在同时代各种思潮的大背景下产生的。如结构功能主义、整体主义与还原主义、不确定性理论等，都对系统工程各种理论的产生有不同程度的影响。

现代社会学中的结构功能主义是在以往功能主义的思想基础上形成和发展起来的。美国社会学家帕森斯在 20 世纪 40 年代提出结构功能主义这一名称，他在以后的许多论著中，为形成结构功能主义的系统性理论做出了很大努力，成为结构功能分析学派的领袖人物。

还原主义和整体主义是研究复杂系统的两种相对的基本思想。还原主义将高层次还原为低层次、将整体还原为各组分加以研究。整体主义则强调研究高层次本身和整体的重要性。由于生物体是最为复杂的系统，还原主义和整体主义在生物学史上的对抗最为强烈。现代还原主义和现代整体主义，并不像它们的前身那样针锋相对，而是有许多相同之处。随着社会的进步、科学的发展，人类对社会实践的认识越来越深入，系统理论由经典的确定性系统理论向不确定性系统理论逐步发展，特别是近几十年中，不确定性系统理论已发展到了高级阶段。随着科学技术的飞速发展，人们越来越发现，无论在哪个领域，总是无法用标准化的分析方法来理解和解决某些系统。这些系统被称为复杂适应系统，它们由许多相互作用的实体组成，具有自组织、自适应等功能。近年来，针对这一问题，掀起了复杂性理论研究的热潮。

(3)系统工程方法论

系统工程方法论的研究对象包括：各种系统工程方法的形成和发展、基本特征、应用范围、方法间的相互关系以及如何构建、选择和应用系统方法。系统工程方法论的建立是在系统思想的指导下进行的，有一定的思想才能形成一定的认识，进而研究一定的方法论。因此，系统工程方法论的发展过程与系统思想发展过程在规律性上是一致的。现代系统思想兴起后，学界逐步将实践中用到的方法提升到方法论高度。西方系统工程方法论的发展大致经历了以下阶段：以霍尔三维结构为标志的硬系统工程方法论；在霍尔三维结构基础上提出的统一规划法；以切克兰德为代表人物的软系统工程方法论；整合方法论。我国对系统工程方法论的研究起步较晚，但取得了较多的成果，主要包括：定性和定量相结合的综合集成方法，从定性到定量的综合集成研讨厅体系，旋进原则，以及物理—事理—人理系统方法论。这些方法论都是在东方系统思维的指导下提出的，是对系统工程方法论的完善与补充。

3.技术系统工程学

(1)时间流程技术

系统工程的实际应用不仅需要理论和方法论作为基础，也需要各种技术来具体实现。首先从时间角度，将系统工程处理问题的流程划分为建模、仿真、控制与预测共四个技术阶段。这些内容已为大家熟知，在此不予详述。

（2）空间定位技术

空间定位技术，主要以地理信息系统、遥感、全球定位系统为研究对象，内容包括空间信息、空间模型、空间分析和空间决策等。全球定位系统和遥感分别用于获取点、面空间信息或监测其变化，地理信息系统用于空间数据的存储、分析和处理。由于三者在功能上存在明显的互补性，只有将它们集成在一个统一的平台中，其各自的优势才能得到充分发挥。20世纪90年代开始，地理信息系统、遥感、全球定位系统的集成日益受到关注和重视，并逐渐发展成为一个新的交叉学科：地球空间信息学。地理信息系统、遥感、全球定位系统集成技术的发展，形成了综合、完整的对地观测系统，提高了人类认识地球的能力。作为地理学的一个分支学科，地球空间信息学对现代测绘技术的综合应用进行探讨和研究，同时推动了其他学科的发展，如地球信息科学、地理信息科学等，成为"数字地球"提出的理论基础。

（3）系统动力技术

确定系统常用的动力技术包括主成分分析、灰色关联度分析等。不确定系统的动力技术主要以系统动力学和混沌动力学作为理论基础。系统动力学由麻省理工学院的弗瑞斯特在1956年创建，是一门以系统反馈控制为理论基础，以计算机仿真技术为主要手段，定量研究系统动态行为的一门应用科学。系统动力学的研究内容主要有系统的组成、结构和功能，它解决问题的基本步骤是系统分析、构建模型和模型检验。系统动力学主要用于研究处理具备高阶次、非线性和多回路特点的复杂系统。混沌理论描述的系统，其动力学方程是完全确定的，然而这种系统的长期演化行为又存在着随机性。它用已有的动力学理论来研究一些复杂系统，使确定性的动力学规律描述的系统出现了统计性结果，从而突破了确定论与随机论之间不可逾越的障碍。

（4）管理决策技术

管理决策技术，主要以管理信息系统和决策支持系统作为研究对象。管理信息系统一词最早出现在1970年，但直到1985年才由戴维斯教授对其给出了一个比较完整的定义。随着管理信息系统的发展，人们发现传统的系统分析方法对系统中人的因素和作用考虑不够，而缺乏有效的手段去考虑是造成这种现象的重要原因。这种反思产生了一个重要结论：系统分析人员和信息系统本身都不能取代决策者去做出决策，支持决策者才是他们正确的地位。1971年，莫顿在《管理决策系统》一书中第一次指出计算机对于决策的支持作用。1975年以后，决策支持系统作为这一领域的专有名词逐渐被大多数人承认。1978—1988年，决策支持系统得到了迅速发展，许多实用系统被开发并投入实际应用，产生明显效益。近年来，专家系统发展很快，为决策支持系统注入了新的活力。目前，如何让机器和人一起完成一系列信息处理活动，仍然是决策支持系统研究的重要目标。

4. 实践系统工程学

（1）领域系统工程

系统工程发展至今形成了众多的应用领域，这从中国系统工程学会专业委员会的数量即可看出。典型的领域系统工程包括军事系统工程、社会经济系统工程、管理系统工程、人-机-环境系统工程等。这里以军事系统工程为例。军事系统工程又称军事运筹学，是最早将系统工程思想应用于实践的一个领域。第二次世界大战时期，一些科学工作者以大规模军事行动为对象，提出了解决战争问题的一些决策和对策的方法和工程手段，出现了运筹学。这一时期，英、美等国在反潜、反空袭、商船护航、布置水雷等项军事行动中，应用系统工程方法取得了良好效果。

20世纪五六十年代，美国为改变空间技术落后于苏联的局面，先后制定和执行了北极星导弹核潜艇计划和阿波罗登月计划，这些都是系统工程在国防和军事中应用的范例。20世纪70年代末，钱学森指出要用现代科学技术来研究战争的规律，研究战争这一门科学，在此基础上就形成了现代军事科学。钱学森对我国军事科学研究提出了重要思想和观点，直接倡导了军事系统工程和军事运筹学学科的建立与发展。迄今，系统工程在我国的军事领域已得到广泛应用。

（2）区域系统工程

区域系统工程就是"块块系统工程"（相对领域系统工程的"条条系统工程"而言）。可将区域系统工程划分为城市系统工程和县域系统工程。改革开放以来，我国城市化进入加速阶段，城市整体面貌发生很大变化。在这些变化中，既包括令人欣喜的新成就，也有值得深思的新问题。分析这些问题可以发现，不少学者对城市发展研究的视界主要集中在城市的设计、规划、建设与管理上，而较少从系统工程角度发现并总结相关问题。城市系统工程就是要从系统哲学、系统科学和系统工程等角度展开对城市整体的研究，以演化、控制、博弈论等方法研究城市的增长、管理和稳定等问题，其实质即以自组织、他组织以及作为统合两者的制度统摄城市研究。研究县域系统工程，目的仍在于促进县域及其居民的全面发展。县域经济是县域发展的核心。研究县域发展，应首先注意到中国县域问题的特殊性。其次应对县域经济进行系统分析，包括县域经济的基本内涵和特征、结构、动态演变机制及时空演化规律等。最后，要研究县域经济发展战略和县域经济发展模式，以及县域可持续发展问题。对于县域发展中的其他问题，如农业结构调整、经济与生态环境协调发展、县级政治体制改革、完善农村教育管理体制等也应进行研究。

8.4 价 值 工 程

8.4.1 价值工程的产生与发展

1. 价值工程的起源

价值工程起源于美国。1941年第二次世界大战爆发后，美国通用电气公司和其他公司转型生产军用装备，当时公司采购部一位叫麦尔斯的工程师，从事原材料的采购工作。由于当时军事工业发展迅速，公司需要的石棉板供应紧缺，价格昂贵，麦尔斯分析了石棉板的功能，找到了一种功能完全起到石棉板的隔热、防火功能，而又廉价的纸板，节约了大量费用开支。

麦尔斯用代用品的方法获得极大成功后总结发现：采购某种材料的目的并不在于该材料的本身，而在于材料的功能。在一定条件下，虽然买不到指定的材料，但可以找到具有同样功能的材料来代替，仍然可以满足其使用效果。于是，他从研究代用材料开始，逐渐摸索出一套特殊的工作方法，把技术设计和经济分析结合起来考虑问题，用技术与经济价值统一对比的标准衡量问题，把"以最低费用向用户提供所需功能"作为产品设计的依据，逐渐总结出一套比较系统和科学的方法。因为用户是按照产品的功能满足程度付款购买商品的，并把它看成产品的价值，麦尔斯把他创造的方法叫作"价值分析"（Value Analysis，VA），并于1947年以《价值分析》为题正式发表了研究成果。1954年美国海军舰船局把这种方法定名为"价值工程"（Value Engineering，VE）。

1955年，日本引进价值工程，并把价值工程与全面质量管理结合起来，形成具有日本特色的管理方法。1960年，价值工程在日本的物资采购、新产品设计、系统分析等方面得到应用。1965年，日本成立了价值工程师协会（SJVE），价值工程得到了迅速推广。

20世纪70年代末期，价值工程由日本传入我国。1984年国家经委将价值工程作为18种现代化管理方法之一，向全国推广，在机械、电气、化工、纺织、建材、冶金、物资等多种行业中得到了广泛应用。

2. 价值工程的发展过程

国外发展价值工程的过程，从研究对象来看大致经历了以下四个阶段：

（1）降低材料费用

价值工程应用的最初阶段主要以降低材料成本进行的分析研究，如改变产品形式、尺寸和材质等。

（2）改进现有产品

材料费用的降低不能从根本上降低成本，必须对现有产品进行重新设计，通过设计、工艺、生产、物资供应等部门专家协作，有组织的进行价值工程活动。如改变设计、加工方法等。

（3）新产品的价值工程

产品成本的70%～80%是由产品的开发设计阶段决定的。新产品一经投产，再要降低成本会非常困难，而产品的再设计会给企业带来巨大损失。所以，在新产品开发时运用好价值工程尤其重要。

（4）系统的价值工程

价值工程的应用，从产品扩大到包括产品在内的整个系统的其他组成部分，如设备、程序、工艺、流通、组织体制等。

3. 价值分析的创新点

麦尔斯的价值研究对提高产品价值的管理技术具有重大的贡献，其研究的创新观点内容包括：

（1）麦尔斯发现，用户在购买产品时，实际上购买的并非产品本身，而是产品所具有的功能。

（2）用户在购买产品所具备的功能时，希望所花的费用越少越好。

（3）从功能和实现这个功能所消耗的费用之间的关系，提出了"价值"的概念，并使之公式化，能够进行量化测定。

（4）研究产品的功能和实现这种功能所投入的资源之间的关系，提出提高价值的方法，从而提高产品价值，就是价值分析。

8.4.2 价值工程的概念

1.价值工程的定义及特点

价值工程，是指以产品或作业的功能分析为核心，以提高产品或作业的价值为目的，力求以最低寿命周期成本实现产品或作业使用所要求的必要功能的一项有组织的创造性活动。

从定义中可知，在价值工程活动中，涉及价值、功能和寿命周期成本三个基本要素，其具有以下特点：

（1）价值工程的目标是以最低的总费用即寿命周期成本，实现产品必要的功能。

（2）价值工程的研究对象范围很广。包括所有为获取功能而发生费用的事物，如产品、工艺、工程、服务或他们的组成部分等。

（3）价值工程将产品价值、功能和成本作为一个整体同时来考虑。

（4）价值工程的核心是对研究对象进行功能分析。

（5）价值工程要求将功能转化为能够与成本直接相比的量化值。

（6）价值工程强调不断改革和创新。

（7）价值工程是一种综合运用创造工程的理论和技巧，开发集体智力资源、有组织的多领域协作活动。

2.价值工程中的价值

（1）价值定义

价值工程中的"价值"是指研究对象所具有的功能与获得该功能的寿命周期成本之比，即功能与费用之间的比值。如果用 F 表示功能，C 表示寿命周期成本，则价值 V 可写成：

$$V = \frac{F}{C} \tag{8-14}$$

从公式可以看到，价值是每单位费用所实现的价值，是一种评价事物有益程度的系数。如果一项产品或服务有恰当的功能和成本，就认为有良好的价值，如人们购物所希望的"物美价廉"；反之，则认为没有好的价值。

（2）价值提高的途径

价值工程是通过功能与成本的比值来判断产品的价值，而要提高产品的价值，可以在提高产品的功能和降低产品的成本上下工夫，主要包括以下5种途径：

① 功能提高，成本降低，即：$V\uparrow = \dfrac{F\uparrow}{C\downarrow}$

② 功能不变，成本降低，即：$V\uparrow = \dfrac{F\rightarrow}{C\downarrow}$

③ 功能提高，成本不变，即：$V\uparrow = \dfrac{F\uparrow}{C\rightarrow}$

④ 功能大幅提高，成本小幅提高，即：$V\uparrow = \dfrac{F\uparrow\uparrow}{C\uparrow}$

⑤ 功能小幅降低，成本大幅下降，即：$V\uparrow = \dfrac{F\downarrow}{C\downarrow\downarrow}$

3. 价值工程中的功能

我国国家标准 GB8223 将功能定义为："对象能够满足某种需求的任何一种属性。"即凡能满足使用者需求的任何一种属性都是功能，包括产品或服务的性能、用途、功用。功能是使用价值的具体表现形式，生产者进行生产的成果，实际上是产品所具有的功能；人们购买产品，实际上是购买这个产品所具有的功能，如购买洗衣机是它自动洗衣的功能。

功能可以用性能指标和货币单位进行衡量，价值分析主要应用后者。

4. 产品寿命周期成本

(1) 产品寿命周期

产品寿命周期包括自然寿命与经济寿命。

① 自然寿命。产品从研究设计开始，经过生产制造、市场销售、用户使用，直到没有使用价值，完全报废所经历的时间。

② 经济寿命。随着经济发展和科技进步，产品会因为技术性能落后或经济效益低下而被淘汰。经济寿命是产品从研制到淘汰所经历的时间。

(2) 产品寿命周期成本

产品寿命周期成本指产品在其寿命期内所发生的全部费用，包括生产成本和使用成本两部分。用公式表示：

$$LCC = C_1 + C_2 \tag{8-15}$$

式中，LCC 是寿命周期成本，C_1 是生产成本，C_2 是使用成本。

生产成本是指发生在生产企业内部的成本，即制造费和外协费，包括研究开发、设计及制造过程中的费用。

使用成本是指用户在使用过程中支付的各种费用的总和，包括运输、安装、调试、管理、保养、维修、耗能等方面的费用。

(3) 产品成本与功能之间的关系

如图 8-3 所示，C_1 是生产成本曲线，与功能成正比关系；C_2 是使用成本曲线，与功能成反比关系；C 是寿命周期成本，是一条凹形曲线，最低点 C_{min} 对应的功能是 F_0。在 F_0 左侧，产品的功能低，而寿命周期成本高。价值工程的目的就是通过产品的重新设计或改进，使功能提高到 F_0 的同时，寿命周期成本降到 C_{min} 点。

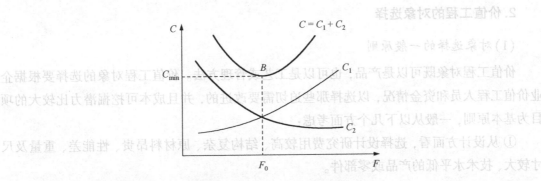

图 8-3　产品成本与功能间的关系

8.4.3　价值工程的工作程序

1. 价值工程的工作步骤

开展价值工程活动的过程是一个不断地发现问题、解决问题的过程，通过回答问题、寻找答案，最终达成问题的解决。在一般的价值工程活动中，基本是按照以下 7 个问题的顺序，开展相应的工作，包括：

(1) 价值工程的研究对象是什么？

(2) 它的用途是什么？

(3) 它的成本是多少？

(4) 它的价值是多少？

(5) 有无其他方法可以实现同样的功能？

(6) 新方案的成本是多少？

(7) 新方案能满足要求吗？

围绕以上 7 个问题，价值工程的工作程序可分为准备、分析、创新和实施 4 个阶段，共 12 个步骤，见表 8-1。

表 8-1　价值工程的工作步骤

工作阶段	工作步骤	对应问题
准备阶段	(1) 对象选择 (2) 组成价值工程工作小组 (3) 制定工作计划	(1) 价值工程的研究对象是什么？
分析阶段	(4) 收集整理资料 (5) 功能系统 (6) 功能评价	(2) 它的用途是什么？ (3) 它的成本是多少？
创新阶段	(7) 方案创新 (8) 方案评价 (9) 提案编写	(4) 它的价值是多少？ (5) 有无其他方法可以实现同样功能？ (6) 新方案的成本是多少？
实施阶段	(10) 方案审批 (11) 实施与检查 (12) 成果评价	(7) 新方案能满足要求吗？

2. 价值工程的对象选择

(1)对象选择的一般原则

价值工程对象既可以是产品,也可以是工艺或管理方法。价值工程对象的选择要根据企业价值工程人员和资金情况,以选择那些迫切需要改进的,并且成本可挖掘潜力比较大的项目为基本原则,一般从以下几个方面考虑:

① 从设计方面看,选择设计研究费用较高、结构复杂、原材料昂贵、性能差、重量及尺寸较大、技术水平低的产品或零部件。

② 从制造方面看,选择数量多、工艺复杂、原材料消耗多、加工效率低、废品率高的产品和关键部件。

③ 从成本方面看,选择成本高或材料费、管理费等在总成本中所占比重较大的产品。

④ 从销售方面看,选择需要更新换代、用户意见多、竞争力弱、利润较少的产品。

(2)价值工程对象选择的方法

价值工程对象选择的方法有多种,常用的方法有以下几种。

① 因素分析法。又称经验分析法,是一种定性分析方法。该方法主要指根据价值工程对象选择应考虑的各种因素,凭借分析人员的知识和经验集体研究确定选择对象。该方法简单易行,要求价值工程人员对产品熟悉,经验丰富,在研究对象彼此相差较大或时间紧迫的情况下比较适用,缺点是无定量分析、主观影响大。

② ABC 分析法。ABC 分析法是经济学家维尔弗雷多·帕累托提出的,该方法是根据事物主要特征,进行分类、排队,分清重点和一般,以有区别地实施管理的一种分析方法。在价值工程中,把全部产品或产品的各种部件按成本的大小由高到低排列,其中费用累积占总成本 70%~80%,而占总数 10%~20% 的产品或零件划分为 A 类部件;将占总成本 20% 的产品或零件划分为 B 类;其余为 C 类。其中 A 类产品或零件是价值工程的主要研究对象。

③ 强制决定法。这种方法是以功能重要程度作为选择价值工程对象的一种分析方法。首先求出分析对象的功能系数和成本系数,然后通过两者比值表示价值系数。价值系数等于 1,不需要改进;价值系数大于 1,主要研究是否需要增加成本来提高功能,满足用户需求;价值系数小于 1,说明产品功能不足,成本过高,应作为价值工程的对象。

3. 功能分析

功能分析就是通过对功能的研究分析,对产品功能进行简明的定性描述,分清主要功能和次要功能,并进行系统化的整理的过程。功能分析是价值工程的核心,包括功能分类、功能定义、功能整理和功能评价等环节。

(1)功能的分类

① 按功能的性质特点,可分为使用功能和美学功能。

② 按用户需求,可分为必要功能、多余功能和不足功能。

③ 按功能的重要性,可分为基本功能和辅助功能。

（2）功能定义

功能定义就是根据收集的情报资料，透过对象产品或零件的物理特性或现象，找出其功能的本质，并用简明、准确、科学的词语进行表达。功能定义的目的是确定功能构成，为功能评价奠定基础，为构思创新方案创造条件。

（3）功能定义的方法

① 用动词加名词进行定义。产品的使用功能、基本功能、辅助功能，一般可以用动词加名词进行定义。如钢笔功能定义为"流出墨水"，汽车功能定义为"运送重量"等。

② 用名词加形容词进行定义。对于美学功能或某些辅助功能，可以用名词加形容词的主谓关系进行定义。如家电产品美学功能定义为"造型美观"、"样式新颖"等，电视机辅助功能定义为"色彩柔和"等。

4. 功能整理

功能整理是在对价值工程对象进行功能定义后，应用系统思想方法，找出产品各项功能之间的逻辑关系，组成一个体系，并用图表形式表达。功能整理的目的在于掌握必要功能，发现和消除不必要功能，认定功能定义的正确性，划分功能领域，并为功能价值的定量评价作好准备。

功能整理一般运用功能分析系统技术（简称 FAST），具体步骤如下：

（1）编制功能卡片，即把产品或零件的功能定义编成卡片，每项功能填写一张，卡片内容包括产品名称、功能定义和功能成本；

（2）明确功能之间的关系。对每张功能卡片提出"它的目的是什么？"、"实现它的手段是什么"两个问题，目的功能是上位功能，手段功能是下位功能，同时，对功能定义存在的问题进行修改，最终明确功能之间的上下位和并列关系。

（3）做出功能系统图，按照功能上下位关系，从价值工程对象的最上位功能出发，从左到右按各项功能相互关系依次排列，并用线段连接，构成功能系统图。

5. 功能评价

（1）功能评价及其目的

功能评价就是对功能领域的价值进行定量评价，从中选择价值低的功能领域作为改善对象，以期通过降低成本或不降低成本而提高功能水平等创新方案，提高其价值。

功能评价的目的是确定改进目标、寻找低价值的功能、提出改进方案。

（2）功能评价的方法和步骤

① 计算各功能目前成本；

② 计算功能的评价值，即目标成本；

③ 计算功能的价值，即价值系数；

④ 计算成本改善期望值，即目前成本与目标成本之差；

⑤ 选择价值系数低、成本改善期望值大的功能或功能区域作为重点改进对象。

8.4.4 改进方案的制定

改进方案的制定，是在正确的功能分析和评价的基础上，通过创造性的思维活动制定的以提高对象功能价值为目的的方案。价值工程改进目标能否实现，取决于能否制定出最佳的创新方案。

1. 改进方案制定原则

（1）积极思考，大胆创新；

（2）多提方案，从中选优；

（3）从功能出发，创造新方案；

（4）群策群力，发挥集体智慧。

2. 改进方案制定的创新方法

（1）头脑风暴法

头脑风暴法由美国 BBDO 广告公司的奥斯本首创，该方法主要由价值工程工作小组人员在正常融洽和不受任何限制的气氛中以会议形式进行讨论、座谈，打破常规，积极思考，畅所欲言，充分发表看法。

（2）哥顿法

哥顿法是美国人哥顿提出来的。在会议上，主持人抽象地介绍要解决的问题，会议参加者不清楚要研究的问题和目的，以便无约束地开拓思路，提出设想，激发出有价值的创新方案。

（3）德尔菲法

德尔菲法是由组织者将要解决的问题进行分解，选择一定数量的专家，将研究对象的问题和要求以信函的形式寄出。专家方案寄回后，组织者进行整理、归纳，形成不同的改进方案，再次寄给专业人士，组织者再次收到意见后确定较集中的几个方案再寄出。如此反复，最后形成最优方案。

（4）缺点列举法

这种方法把对象在本质上的缺点全部摆出来，通过思考消除这些缺点的办法，创造出新方案。

3. 改进方案的评价

方案评价是对新构思的改进方案，从技术、经济和社会效果等几个方面进行的评估，以便选择最佳方案。主要内容包括：

（1）技术评价

技术评价是对方案能否实现必须的功能，以及方案技术实施的可行性进行的分析评价，如性能、质量等。

（2）经济评价

经济评价是对方案实施的经济效果进行的分析评价，如成本、利润等。

（3）社会评价

社会评价是指对方案实施后给国家和社会带来的影响进行分析评价，如污染、噪声等。

（4）综合评价

是在技术评价、经济评价和社会评价基础上，对改进方案做出全面、综合的整体评价。

8.5 质量工程

8.5.1 质量与质量工程概述

1. 质量的定义及分类

（1）质量的定义

什么是质量？在不同时期、不同人士对质量有不同的理解和定义。如20世纪80年代前，很多人认为，质量就是符合标准规定的要求，即"符合性质量"。

随着质量竞争的加剧，各国质量专家开始提出"适用性质量"。如石川磐提出要"达到顾客满意的质量"；菲根鲍姆（A. V. Feigenbaum）给出："质量是指产品或服务在营销、设计、制造、维修中各种特性的综合体，借助于这一综合体，产品和服务在使用中就能满足客户的期望"；朱兰（Dr. J. M. Juran）博士提出："对顾客来说，质量就是适应性。"

实际上，质量应该同时兼顾"符合性"和"适用性"。为此，ISO9000进一步明确"质量"的定义为："一组固有特性，满足要求的程度"，而"要求"则是"明示的、通常隐含的或必须履行的需求或期望"，"特性"是"可区分的特征"，即：

①特性可以是固有的或赋予的；

②特性可以是定性的或适量的；

③有各种类别的特性，如机械的、电的、化学的特性是物理特性，嗅、触、味、视和听觉特性是感官特性，诚实、正直等是行为特性，汽车的最高时速是功能特性等，准确性、可靠性是时间特性等。

因此，质量就是"一组衡量满足各种需求或期望要求程度的固有特性"。

（2）质量的分类

质量按实体的性质细分，可分为产品质量、服务质量、过程质量及工作质量等。

① 产品质量

产品质量是指产品满足规定需要和潜在需要的特征和特性的总和。任何产品都是为满足用户的使用需要而制造的。对于产品质量来说，不论是简单产品还是复杂产品，都应当用产品质量特性或特征去描述。产品质量特性依产品的特点而异，表现的参数和指标也多种多样，反映用户使用需要的质量特性归纳起来一般有六个方面，即性能、寿命（即耐用性）、可靠性与维修性、安全性、适应性、经济性。

② 服务质量

服务质量是指服务性行业的各项活动或工业产品的销售和售后服务活动，满足规定或潜在需要的特征和特性的总和。服务业是指交通运输、邮电、商业、金融、旅游、饮食、医疗、文化娱乐等行业，这些行业的业务主要表现为向客户提供服务性劳务，他们产出的是无形产品。服务过程是在服务业员工与客户的直接接触中进行的，且在产出服务的同时就被消费掉了。因此，服务的质量往往取决于服务的技能、服务的态度和服务的及时性等服务者与消费者之间的行为关系。

③ 过程质量

过程质量是指过程满足规定需要或潜在需要的特征和特性的总和，也可以说是过程的条件与活动满足要求的程度。上述产品质量和服务质量的特性要由"过程"或"活动"来保证，是在设计研制、生产制造、销售服务的全过程中实现并得到保证的。也就是说，这些质量特性受到了"过程"或过程中各项活动的影响，过程中各项活动的质量就决定了特性，从而决定了产品质量和服务质量。因此产品和服务质量从形成过程来说，还有设计过程质量、制造过程质量、使用过程质量及服务过程质量之分。

④ 工作质量

工作质量是指与质量有关的各项工作，对产品质量、服务质量的保证程度。对一个工业企业来说也就是企业的管理工作、技术工作对提高产品质量、服务质量和提高企业经济效益的保证程度。工作质量涉及各个部门、各个岗位工作的有效性，同时决定着产品质量和服务质量。然而，它又取决于人的素质，包括工作人员的质量意识、责任心、业务水平。其中，最高管理者(决策者)的工作质量起主导作用，广大的一般管理层和执行层的工作质量起保证和落实的作用。工作质量能反映企业的组织工作、管理工作与技术工作的水平。它不像产品质量那样直观地表现在人们面前，而是体现在一切生产、技术、经营活动之中，并且通过企业的工作效率及工作成果，最终通过产品质量和经济效果表现出来。

2. 质量工程的定义

1978 年发布的美国国家标准 ANSI/ASQC A3《质量管理和质量保证词汇》确定的质量工程定义为："质量工程是有关产品或服务的质量保证和质量控制的原理及其实践的一个工程分支学科。该工程分支学科包括(但不限于)：

(1)质量体系的开发和运行；

(2)质量保证和质量控制技术的开发和应用；

(3)为了控制和改进，对质量参数进行分析所采用的统计方法与计量方法；

(4)检验、试验和抽样程序的开发和分析；

(5)对人的因素及其积极性与质量关系的理解；

(6)质量成本概念和核算、分析技术的掌握；

(7)开发和支配信息管理的知识和能力，包括审核质量大纲以确定和纠正质量缺陷；

(8)开发和实施产品过程和服务过程的设计评审知识和能力；

(9)作业过程分析及采取纠正措施的能力。"显然，这是一个广义的质量工程定义，它不仅确定了质量工程的本质，而且还提出了质量工程的具体内容范围。

1979 年，英国标准 BS4778《质量词汇》对质量工程确定的定义是："质量工程是在达到所需要的质量过程中适当的技术和技能的应用"。显然，这是狭义的质量工程定义，它认为质量工程主要是指产品开发、生产、销售全过程质量控制中所需要的技术和方法。

根据我国质量实践活动理解,质量工程是指采用工程技术的手段从事质量活动,以满足顾客与社会对产品和服务质量的要求,它是组织与社会就质量所采取的一切相关活动的总和。

质量工程是一个系统工程,不仅包括质量管理方面的活动,也包括技术方面的质量活动,同时还包括为保证质量而需要的社会环境和政策环境等。质量工程是一门工程技术和管理技术综合的交叉学科,也是一门以提高产品质量为目的的综合性管理技术方法的科学。

3. 质量工程的特点

质量工程具有下列五个显著特点:

(1)满足客户需求是质量工程追求的唯一目标

不断满足客户需求,确保产品的高质量、高可信性、低成本,既是质量工程的起点,又是其归宿。

(2)始终强调技术和管理并重

专业技术是开展现代全面质量管理的前提和基础,没有一流的技术,就不可能有一流的质量。因此,质量工程强调在技术不断创新的基础上开展科学的质量管理,反对脱离专业技术的空头管理和空谈管理。

(3)产品质量首先是设计出来的

质量工程十分重视设计质量控制,要求通过采用以质量功能展开(QFD)和"三次设计"为主要内容的稳健性设计技术,保证产品设计和工艺设计质量,同时实行科学的质量控制和质量检验,以获得客户满意的质量与可靠性。

(4)质量工程是以质量为核心的系统管理工程

质量工程要求对质量进行全员、全方位和全过程的系统优化管理,因此,质量工程要求不断提高员工素质,加强生产经营过程和销售服务过程的过程质量控制,要求质量管理中采用数理统计和非数理统计方法。

(5)质量工程具有广泛的适应性和灵活的扩展性

从质量工程的数十年实践成效来看,它既适用于硬件或流程性材料产品,也适用于软件与服务产品;既适用于一般的简单产品,也适用于复杂的高科技成套产品。质量工程完全可以依据其使用对象的不同而灵活有效地运用,并取得显著的成果。

8.5.2 质量工程的基本工具

质量工具就是对质量数据的分布规律、质量影响因素、质量过程和质量改进进行统计、分析和决策的科学方法。质量工程常用的工具有质量定量分析工具、质量定性分析工具,以及质量设计的最有力工具——质量功能展开(QFD)。

1. 质量定量分析工具

(1)直方图

直方图又称质量分布图,是一种统计报告图,由一系列高度不等的纵向条纹或线段表示数据分布的情况。一般用横轴表示数据类型,纵轴表示分布情况。在质量管理中,如何预测并监控产品质量状况？如何对质量波动进行分析？直方图就是一目了然地把这些问题图表化处理的工具。它通过对收集到的貌似无序的数据进行处理，来反映产品质量的分布情况，判断和预测产品质量及不合格率。

（2）排列图

排列图又称为主次因素分析图或帕累托图。排列图是为寻找主要问题或影响质量的主要原因所使用的图。它是由两个纵坐标、一个横坐标、几个按高低顺序依次排列的长方形和一条累计百分比折线所组成的图。排列图用双直角坐标系表示，左边纵坐标表示频数，右边纵坐标表示频率，分析线表示累积频率，横坐标表示影响质量的各项因素，按影响程度的大小（即出现频数多少）从左到右排列，通过对排列图的观察分析可以抓住影响质量的主要因素。

（3）散布图

散布图又称为相关图，它是用来研究两个变量之间是否存在相关关系的一种图形。在质量问题的原因分析中，常会接触到各个质量因素之间的关系。这些变量之间的关系往往不能进行解析描述，不能由一个（或几个）变量的数值精确地求出另一个变量的值，称为非确定性关系（或相关关系）。散布图就是将两个非确定性关系变量的数据对应列出，标记在坐标图上，来观察它们之间的关系的图表。

除以上介绍的分析工具外，常用的质量定量分析工具还有调查表和控制图等。

2．质量定性分析工具

（1）因果图

因果图又称特性因素图或鱼刺图，该图由日本质量管理专家石川磬于 1943 年提出，也称为石川图。因果图看上去有些像鱼骨，问题或缺陷（即后果）标在"鱼头"外，在鱼骨上长出鱼刺，上面按出现机会多寡列出产生问题的可能原因。因果图有助于说明各个原因之间如何相互影响，它也能表现出各个可能的原因是如何随时间而依次出现的，这有助于着手解决问题。

（2）分层法

在进行质量因素分析时，有时来自多方面的因素交错在一起，使得数据杂乱无章，无法直接得出分析结果，因此需要一种统计工具把错综复杂的多种因素分开。分层法就是这样一种数据分析和整理的基本方法，它是将收集来的数据按来源、性质等加以分类，将性质相同、在同一条件下的数据归在一起，从而将总体分为若干层次，分别加以研究。

（3）系统图法

系统图能将事物或现象分解成树枝状，故又称树形图或树图。系统图就是把要实现的目的与需要采取的措施或手段，系统地展开，并绘制成图，以明确问题的重点，寻找最佳的手段或措施。

除以上介绍的分析工具外，常用的质量定性分析工具还有过程决策程序图法、矩阵图法、亲和图法、关联图法、流程图法等。

3．质量功能展开

质量功能展开（Quality Function Deployment，QFD），也称为质量机能展开或质量功能配置，是 20 世纪 60 年代后期在日本制造业产生的一种系统分析方法。丰田公司采用了 QFD 以后，取得了巨大的经济效益，其新产品开发成本下降了 61%，开发周期缩短了 1/3，产品质量也得到了相应的改进。从 QFD 的产生到现在，其应用已涉及汽车、家用电器、服装、集成电路、合成橡胶、建筑设备、农业机械、船舶、自动购货系统、软件开发、教育、医疗等各个领域。QDF 既适用于新产品的开发，也适用于老产品的改进。

QDF 是一种立足于在产品开发过程中最大限度地满足顾客需要的系统化、用户驱动式质量保证方法。QDF 是把顾客对产品的需求进行多层次的演绎分析，转化为产品的设计要求、零部件特性、工艺要求、生产要求的质量工程工具，用来指导产品的健壮设计和质量保证。所谓健壮设计就是使系统的性能对制造期间的变异或使用环境(包括维修、运输、储存)的变异不敏感，并且使系统在其寿命周期内，不管其参数、结构发生漂移或老化(在一定的范围内)，都能维持满意地工作的一种系统的设计。

QFD 的基本原理就是用"质量屋"的形式，量化分析顾客需求与工程措施间的关系度，经数据分析处理后找出对满足顾客需求贡献最大的工程措施，即关键措施，从而指导设计人员抓住主要矛盾，开展稳定性优化设计，开发出满足顾客需求的产品。

8.5.3　质量工程管理

质量管理是企业为了保证和提高产品与服务质量而开展的各项管理活动的总称。国际标准化组织质量管理和质量保证技术委员会对质量管理提出的定义为："确定质量方针、目标和职责，并通过质量体系中的质量策划、质量控制、质量保证和质量改进来使其实现的所有管理职能的全部活动。"GB/T 19000—2008/ISO 9000：2005《质量管理体系 基础和术语》中，将质量管理定义为："在质量方面指挥和控制组织的协调活动，通常包括制定质量方针和质量目标，以及质量策划、质量控制、质量保证和质量改进。"目前推行的现代质量管理思想和方法，主要有全面质量管理、质量成本管理、6σ 管理和零缺陷管理等。

1. 全面质量管理

全面质量管理(Total Quality Management，TQM)是一种由顾客的需要和期望驱动的管理哲学。国际标准化组织对 TQM 的定义是："一个组织以质量为中心，以全员参与为基础，目的在于通过让顾客满意和本组织所有成员及社会受益而达到长期成功的管理途径。"

全面质量管理的基本特点是"三全"和"一多样"。

(1)全面的质量管理

质量管理的对象不限于狭义的产品质量，而是扩大到过程质量、服务质量和工作质量。因此，全面质量管理强调以过程质量和工作质量来保证产品质量，强调提高过程质量和工作质量的重要性。此外，全面质量管理还强调质量管理的广义性，即在进行质量管理的同时，还要进行产量、成本、生产率和交货期等的管理，保证低消耗、低成本和按期交货，提高企业经营管理的服务质量。

(2)全过程的管理

所谓"全过程"是指产品质量的产生、形成和实现的整个过程，包括市场调研、产品开发和设计、生产制造、检验、包装、储运、销售和售后服务等过程。要保证产品质量，不仅要搞好生产制造过程的质量管理，还要搞好设计过程和使用过程的质量管理，对产品质量形成全过程的各个环节加以管理，形成一个综合性的质量管理工作体系。

（3）全员参加的管理

产品质量是企业全体职工工作质量及产品设计制造过程各环节和各项管理工作的综合反映，与企业职工素质、技术素质、管理素质和领导素质密切相关。要提高产品质量，需要企业各个岗位上的全体职工共同努力，使企业的每一个职工都参加到质量管理中来，做到质量管理，人人有责。

（4）质量管理方法多样化

全面质量管理是集管理科学和多种技术方法为一体的一门科学。全面、综合地运用多种方法进行质量管理，是科学的质量管理的客观要求。

2. 质量成本管理

（1）质量成本的定义与分类

质量成本是 20 世纪 50 年代美国质量管理专家朱兰和菲根鲍姆等人提出的概念，其基本含义是："为了确保和保证满意的质量而发生的费用以及没有达到满意的质量所造成的损失。"

定义中的"确保"满意的质量而导致的费用是指质量控制成本和内部质量保证成本，即预防成本和鉴定成本；"保证"满意的质量而导致的费用是指需方提出外部质量保证要求时，组织为提供证据所花费的外部质量保证成本；没有达到满意的质量而导致的损失是指质量损失，有组织内部的废次品损失成本，即内部损失（故障）成本和外部损失（故障）成本，涉及有形损失和无形损失两个方面。由此可以把质量成本分为两大部分：运行质量成本和外部质量保证成本。而运行质量成本包括：预防成本、鉴定成本、内部故障成本、外部故障成本。

（2）质量成本管理的概念和内容

质量成本管理就是对质量成本的计划、组织与控制。具体而言，质量成本管理就是指有关降低质量成本的一切管理工作的总称，其目的是用最低的质量成本实现满意的质量，其实质是探求质量与成本的最佳配合条件，以最少的投入，获得数量最多、质量好的产品。

质量成本涉及质量形成的全过程，要降低质量成本，就必须将全过程中影响质量成本的因素全面地、系统地控制起来，而要进行有效的控制，必须建立在分析的基础上，因而质量成本管理的内容包括质量成本的预测和计划、质量成本的核算、质量成本的分析和质量成本的控制四个方面的内容。

3. 6σ 管理

近几年来，一股 6σ 管理的风暴正席卷全球，6σ 这种新的管理方法在世界许多顶级企业内开始流行，并使这些企业取得了辉煌的成就。

（1）6σ 管理原理

σ 是一个希腊字母，在统计学上用来表示数据的分散程度。其含义引申后是指：一般企

业的瑕疵率大约是 $3 \sim 4$ 个 σ，以 4σ 而言，相当于每一百万个机会里，有 6210 次误差。如果企业不断追求品质改进，达到 6σ 的程度，绩效就几近于完美地达到顾客要求，在一百万个机会里，只找得出 3.4 个瑕疵。

目前所讲的 6σ 管理方法已进化为一种基于统计技术的过程和产品质量改进的方法，进化为组织追求精细管理的理念。6σ 管理的基本内涵是提高顾客满意度和降低组织的资源成本，强调从组织整个经营的角度出发，而不只是强调单一产品、服务或过程的质量，强调组织要站在顾客的立场上考虑质量问题，采用科学的方法，在经营的所有领域追求"无缺陷"的质量，以大大减少组织经营全领域的成本，提高组织的竞争力。组织实施它的目的是消除无附加值活动，缩短生产周期，增强顾客满意度，从而增加利润。6σ 管理将组织的注意力同时集中在顾客和组织两个方面，无疑会给组织带来诸如顾客满意度提高、市场占有率增加、缺陷率降低、成本降低、生产周期缩短、投资回报率提高等绩效。

（2）精益 6σ 管理

精益 6σ 管理是精益生产与 6σ 管理的结合，其本质是消除浪费。精益 6σ 管理的目的是通过整合精益生产与 6σ 管理，吸收两种生产模式的优点，弥补单个生产模式的不足，达到更佳的管理效果。精益 6σ 管理不是精益生产与 6σ 管理的简单相加，而是两者的互相补充、有机结合。

4. 零缺陷管理

被誉为"全球质量管理大师"、"零缺陷之父"和"伟大的管理思想家"的菲利浦·克劳斯比在 20 世纪 60 年代初提出"零缺陷"思想，并在美国推行零缺陷运动。后来，零缺陷的思想传至日本，在日本制造业中得到了全面推广，使日本制造业的产品质量得到迅速提高，并且领先于世界水平，继而进一步扩大到工商业所有领域。

零缺陷管理简称 ZD，也称"缺点预防"，零缺陷管理的思想主张企业发挥人的主观能动性来进行经营管理，生产者、工作者要努力使自己的产品、业务没有缺点，并向着高质量标准的目标而奋斗。是以抛弃"缺点难免论"，树立"无缺点"的哲学观念为指导，要求全体工作人员"从开始就正确地进行工作"，以完全消除工作缺点为目标的质量管理活动。零缺点并不是说绝对没有缺点，或缺点绝对要等于零，而是指要以"缺点等于零为最终目标，每个人都要在自己工作职责范围内努力做到无缺点。"它要求生产工作者从一开始就本着严肃认真的态度把工作做得准确无误，在生产中按产品的质量、成本与消耗、交货期等方面的要求进行合理安排，而不是依靠事后的检验来纠正。零缺陷特别强调预防系统控制和过程控制，要求第一次就把事情做正确，使产品符合对顾客的承诺要求。开展零缺陷运动可以提高全员对产品质量和业务质量的责任感，从而保证产品质量和工作质量。

 **本章小结**

可靠性是指产品在规定的条件下和规定的时间内完成规定功能的能力。产品可靠性的提高不仅可以防止故障和事故的发生，而且能为企业带来更多的经济效益。反应可靠性的常用指标

有可靠度、失效率、平均故障间隔时间、平均故障修复时间、维修度、有效度等。可靠性的研究内容包括可靠性设计、可靠性试验、可靠性分析、制造和使用阶段的可靠性、可靠性管理等。

标准化是为了在一定范围内获得最佳秩序，对现实问题或潜在问题制定共同使用和重复使用的条款的活动。标准化活动主要包括制定、发布及实施标准的过程。我国标准分为国家标准、行业标准、地方标准和企业标准四个级别。标准化的形式主要有简化、统一化、通用化、系列化、组合化、模块化等。评价标准化经济效果的指标有总经济效益、年度经济效益、标准化投资回收期、标准化追加投资回收期、标准化投资收益率和标准化经济效果系数等。

价值工程是以产品的功能分析为核心，以提高产品或作业的价值为目的，力求为最低成本实现产品的必要功能。价值工程活动涉及价值、功能和寿命周期成本三个基本要素，其工作程序围绕着研究对象、用途、成本、价值、替代、满足等问题，分为准备、分析、创新和实施4个阶段。改进方案的制定有头脑风暴法、哥顿法、德尔菲法、缺点列举法等，可从技术、经济和社会效果等方面进行评估。

系统工程的主要任务是根据总体协调的需要，把自然科学和社会科学中的基础思想、理论、策略和方法等从横的方面联系起来，应用现代数学和电子计算机等工具，对系统的构成要素、组织结构、信息交换和自动控制等功能进行分析研究，借以达到最优化设计、最优控制和最优管理的目标。系统工程大致可分为系统开发、系统制造和系统运用3个阶段，而每一个阶段又可分为若干小的阶段或步骤。系统工程的基本方法是：系统分析、系统设计与系统的综合评价(性能、费用和时间等)。系统工程学起源于美国。系统工程科学的体系结构包括"认知系统工程学—理论系统工程学—技术系统工程学—实践系统工程学"。系统工程的目的在于研究、制订有关管理、指导与调节控制总体系统的规划、研制、生产和运行活动的政策。

质量工程是指采用工程技术的手段从事质量活动，以满足顾客与社会对产品和服务质量的要求，它是组织与社会就质量所采取的一切相关活动的总和。常用的质量分析工具有直方图、排列图、散布图等质量定量分析工具和因果图、分层法、系统图法等质量定性分析工具，以及质量设计的最有力工具——质量功能展开(QFD)。质量管理是企业为了保证和提高产品与服务质量而开展的各项管理活动的总称，主要有全面质量管理、质量成本管理、6σ管理和零缺陷管理等。

？ 复习思考题

1. 可靠性的定义及其研究意义是什么？
2. 可靠性的常用指标有哪些？其计算公式是什么？
3. 解释失效率浴盆曲线。
4. 可靠性设计的内容及其原则有哪些？
5. 可靠性试验可分为哪些类？
6. 标准及标准化的定义是什么？
7. 标准化研究的内容及其作用是什么？
8. 标准的种类有哪些？

9. 标准分为哪几个级别？其编号如何表示？

10. 制定标准的原则及其程序包括哪些？

11. 标准化经济效果的指标体系包括哪些指标？

12. 什么是价值工程？其包含哪些基本要素？

13. 提高价值的途径有哪些？

14. 解释产品成本功能曲线。

15. 价值工程的工作步骤及其对应的7个问题是什么？

16. 改进方案的创新方法有哪些？

17. 试说明系统工程学的产生、发展历程。

18. 试分析系统工程科学与系统科学的区别与联系。

19. 试简述系统工程科学的体系结构。

20. 质量和质量工程的定义是什么？

21. 列举几种质量工程的分析工具，并说明其方法。

22. 目前推行的现代质量管理的方法有哪些？

案 例 简 介

案例1　蓬莱19-3油田溢油量再度飙升　公众利益屡遭漠视

自2011年6月4日渤海蓬莱19-3油田发生溢油事件以来，已经过去两个多月了。不仅油田附近海域受到污染，而且也殃及了海边浴场等。记者12日从康菲石油中国有限公司获悉，康菲公司在蓬莱19-3油田C平台周边海底进行潜水探查时，发现还有剩余的来自6月17日井涌事故所溢出的矿物油油基泥浆，这使得矿物油油基泥浆溢出总量增加到2 500桶(400 m³)。康菲没能按期完成海底油污清理工作，没有兑现承诺。作为责任方的康菲公司其诚信问题和堵漏措施一直广受社会各界质疑。再度飙升的溢油量、一拖再拖的堵漏措施、一改再改的新闻发布时间，顶着全球著名国际一体化能源公司光环的康菲公司，以其种种不负责任的行为，屡屡漠视和侵害着公众利益。

随着渤海漏油事故事态的持续发展，牵扯其中的各方主体的博弈关系也日趋复杂。中海油、康菲石油、国家海洋局、当地监管部门、民间环保组织以及当地水产养殖户的态度也都在随着事故影响的不断放大而发生微妙变化。在康菲石油深陷各方讨伐时，国家海洋局对中海油的责任只字不提，中海油躲藏在了风波背后。谁在为中海油漏油事件"打伞"？乐亭出现黑色油污时，唐山市海洋局、环保局等部门第一时间对油污进行了取样，但最终的鉴定结果却迟迟未能公布，直到国家海洋局北海分局发布公告，黑色油污才被官方鉴定为燃料油，与蓬莱19-3油田泄漏原油无关。唐山海洋局是市国土局下面的二级局，在调查工作中主要起配合作用，具体指导的还是北海分局。与此同时，在对漏油现场的监督和调查过程中，地方监管部门的参与程度也几乎可以忽略，除了国家海洋局北海分局的检查组可以登上康菲石油的作业平台，地方职能部门则"根本无法进入现场。

（资料来源：新华网，北京8月12日电）

案例2 通用汽车的可靠性之路

美国通用汽车公司早期生产的部分汽车毛病频频，如门锁扣不上、车窗摇不上、漏机油等，丧失了部分功能，汽车的可靠性差带给用户很多烦恼。为此，通用公司较早地引入可靠性概念进行产品设计和生产。此后几年，通用公司开始在全球的子公司范围内全面推荐使用可靠性产品，并且和可靠性行业的领军企业瑞蓝公司进行了深层的合作。一方面由瑞蓝公司为通用公司提供可靠性项目的技术支持；另一方面，通用公司也对瑞蓝科学家队伍进行的研究项目提供了长期的GE全球研究基金资助，在一些产品上进行了许多协作性的开发工作。经过了长期的可靠性工作开展后，通用汽车的可靠性水平显著上升。美国权威汽车调研机构 J. D. Power 于2007年公布的北美地区汽车车辆可靠性（Vehicle Dependability Study，VDS）调查报告显示，通用汽车旗下别克品牌战胜诸多豪华品牌赢得榜首位置。在这份排名中，别克品牌以145个问题每百辆车的杰出表现，和丰田旗下的豪华汽车品牌雷克萨斯分享了这份殊荣。J. D. Power 负责车辆可靠性调查的相关负责人表示，通用旗下别克品牌的优秀表现，使消费者挑选最可信的汽车产品时，有了更广的品牌选择和价格选择范围。消费者现在不需要再像以往那样，为购买更加可靠的汽车产品而必须付出昂贵的代价。从这个角度上看，别克品牌的性价比优势更加明显。

（资料来源：杨晓英，王会良等.质量工程.北京：清华大学出版社，2010.11.）

案例思考

1. 试结合"渤海漏油事故"案例说明系统的特点。
2. 从系统工程角度分析解决"渤海漏油事故"的系统思路。
3. 通用汽车的可靠性之路给我们什么启示？
4. 可靠性对产品质量具有什么样的重要意义？

第9章 工程管理

【学习目标】

通过本章的学习，理解项目管理、工程监理、工程审计的相关概念；了解项目管理的知识体系；掌握项目管理的基本工具和方法。

9.1 工程项目管理

9.1.1 项目

1.项目的定义

项目是一个组织为实现既定的目标，在一定的时间、人员和其他资源的约束条件下，所开展的一种有一定独特性的、一次性的工作。

2.项目的特性

（1）目的性

项目是为实现特定的组织目标服务的。

（2）独特性

项目所生成的产品或服务有一定的独特之处。

（3）一次性

项目有自己明确的时间起点和终点，因此项目有明显的生命周期。项目实现过程中各个阶段的集合称为项目生命周期。项目的生命周期划分为以下四个阶段：

① 概念阶段：主要任务是提出并论证项目是否可行。

② 规划阶段：对可行项目作好开工前的人、财、物及软硬件准备。

③ 实施阶段：按计划启动实施项目工作。

④ 收尾阶段：项目结束的有关工作。

（4）制约性

项目在一定程度上受客观条件和资源的制约。

（5）其他特性

项目除了上述特性以外还有其他一些特性，这包括：项目的创新性和风险性、项目过程的渐进性、项目成果的不可挽回性、项目组织的临时性和开放性，等等。

3. 项目的分类

项目可以按照不同的标志进行不同的分类。对项目进行分类的主要目的是要对项目的特性有更为深入的了解和认识。项目的主要分类方式有如下几种：

(1)按项目建设方与承建方的关系分类

按项目建设方与承建方的关系分类可分为：业务项目和自我开发项目。

(2)按项目业主的性质分类

按项目业主的性质分类可分为：企业项目、政府项目和非盈利机构的项目。

(3)按项目的经济性质分类

按项目的经济性质分类可分为：盈利性项目和非盈利性项目。

(4)按项目的规模和层次分类

按项目的规模和层次分类可分为：大项目(Program)、项目(Project)和子项目(Subproject)。

9.1.2 项目管理

1. 项目管理的定义

项目管理是以项目及其资源为对象，运用系统的理论和方法对项目进行高效率的计划、组织、实施和控制，以实现项目目标的管理方法体系。

项目管理的主体是项目经理；项目管理的客体是项目本身；项目管理的职能由计划、组织、协调和控制组成；项目管理的任务是对项目及资源进行计划、组织、协调和控制；项目管理的目的是实现项目的目标。

2. 项目管理的基本特性

(1)普遍性

我们现有的各种文化物质成果最初都是通过项目的方式实现的，一般是先有项目后有日常运营。

(2)目的性

一切项目管理活动都是为实现"满足或超越项目有关各方对项目的要求与期望"这一目的服务的。

(3)独特性

项目管理既不同于一般的生产服务运营管理，也不同于常规的行政管理，是一种完全不同的管理活动。

(4)集成性

项目管理要求必须充分强调管理的集成，对于项目各要素的集成管理和对项目各阶段的集成管理等。

(5)创新性

项目管理是对于创新的管理，项目管理本身需要创新，没有一成不变的模式和方法。

3. 项目管理工作过程

项目的实现过程是由一系列项目阶段或工作过程构成的，工作过程是产生某种结果的活动序列。项目管理过程由如下五个基本工作过程组成：

启动工作过程（Initiating Processes）、计划工作过程（Planning Processes）、执行工作过程（Executing Processes）、控制工作过程（Controlling Processes）、收尾工作过程（Closing Processes）。

9.1.3 项目管理知识体系

项目管理知识体系（Project Management Body Of Knowledge，PMBOK）是由美国项目管理协会（Project Management Institution，PMI）在 20 世纪 80 年代初提出的。PMI 于 1966 年成立，是目前全球影响最大的项目管理专业机构。PMI 总结了项目管理实践中具有共性的方法、工具和技术编制出 PMBOK，用于项目管理人员的培训和项目的规范化管理。

PMBOK 把项目管理归纳为 39 个项目管理过程，这 39 个管理过程按所属知识领域分为 9 大知识领域，按时间逻辑分为 5 大阶段。9 大知识领域包括集成管理、范围管理、时间管理、成本管理、质量管理、人力资源管理、沟通管理、采购管理和风险管理；5 大阶段包括启动、计划、执行、控制、结束，见表9-1。

表9-1 项目管理知识体系

过程 / 知识领域	启 动	计 划	执 行	控 制	结 束
集成管理		项目计划制定	项目计划执行	总体变更控制	
范围管理	启动	范围规划 范围定义		范围审核 范围变更控制	
时间管理		活动定义 活动排序 活动时间估计 进度安排		进度控制	
成本管理		资源计划 成本估计 成本预算		成本控制	
质量管理		质量计划	质量保证	质量控制	
人力资源管理		人力资源计划	团队组建 团队建设		
沟通管理		沟通计划	信息发布	绩效报告	项目关闭
风险管理		风险管理计划 风险辨识 定性风险分析 定量风险分析 风险应对计划		风险监控	
采购管理		采购计划 招标计划	招标 招标对象选择 合同管理		合同收尾

按 9 大知识领域，下面对各种项目管理过程分别予以介绍。

1. 项目集成管理

项目集成管理的作用是保证各种项目要素协调运作，对冲突目标进行权衡折衷，最大限度地满足项目相关人员的利益要求和期望。项目集成管理的集成性体现在：项目管理中的不同知识领域的活动项目相互关联和集成；项目工作和组织的日常工作相互关联和集成；项目管理活动和项目具体活动(例如和产品、技术相关的活动)相互关联和集成。包括的项目管理过程有：

（1）项目计划制定

将其他计划过程的结果，汇集成一个统一的计划文件。

（2）项目计划执行

通过完成项目管理各领域的活动来执行计划。

（3）总体变更控制

协调项目整个过程中的变更。

2. 项目范围管理

项目范围管理的作用是保证项目计划包括且仅包括为成功地完成项目所需要进行的所有工作。项目范围分为产品范围和项目范围。产品范围指包含在产品或服务中的特性和功能，产品范围的完成与否用需求来度量；项目范围指为了完成规定的特性或功能而必须进行的工作，项目范围的完成与否是用计划来度量的。二者必须很好地结合，才能确保项目的工作符合事先确定的规格。包括的项目管理过程有：

（1）启动

启动是一种认可过程，用来正式认可一个新项目的存在，或认可一个当前项目的新的阶段。主要输出是项目任务书。

（2）范围规划

范围规划是生成书面的有关范围文件的过程。主要输出是：范围说明、项目产品和交付件定义。

（3）范围定义

范围定义是将主要的项目可交付部分分成更小的、更易于管理的活动。主要输出是：工作任务分解（WBS）。

（4）范围审核

范围审核是投资者、赞助人、用户、客户等正式接收项目范围的一种过程。审核工作产品和结果，进行验收。

（5）范围变更控制

控制项目范围的变化。范围变更控制必须与其他控制，如时间、成本、质量控制综合起来。

3. 项目时间管理

项目时间管理的作用是保证在规定时间内完成项目。包括的项目管理过程有：

(1) 活动定义

识别为完成项目所需的各种特定活动。

(2) 活动排序

识别活动之间的时间依赖关系并整理成文件。

(3) 活动时间估计

估计为完成各项活动所需工作时间。

(4) 进度安排

分析活动顺序、活动工期、以及资源需求，以便安排进度。

(5) 进度控制

控制项目进度变化。

4. 项目成本管理

项目成本管理的作用是保证在规定预算内完成项目。包括的项目管理过程有：

(1) 资源计划

确定为执行项目活动所需要的物理资源(人员、设备和材料)及其数量，明确 WBS 各级元素所需要的资源及其数量。

(2) 成本估计

估算出为完成项目活动所需资源的成本的近似值。

(3) 成本预算

将估算出的成本分配到各项目活动上，用以建立项目基线，用来监控项目进度。

(4) 成本控制

根据项目进展情况对费用进行跟踪，并经常与计划进行对比，如发现偏差及时采取相应措施，使项目的实际成本限定在项目成本预算范围内。

5. 项目质量管理

项目质量管理的作用是保证满足承诺的项目质量要求。包括的项目管理过程有：

(1) 质量计划

识别与项目相关的质量标准，并确定如何满足这些标准。

(2) 质量保证

定期评估项目整体绩效，以确信项目可以满足相关质量标准，是贯穿项目始终的活动。可以分为内部质量保证和外部质量保证两种。内部质量保证是提供给项目管理小组和管理执行组织的保证；外部质量保证是提供给客户和其他非密切参与人员的保证。

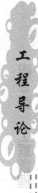
（3）质量控制

监控特定的项目结果，确定它们是否遵循相关质量标准，并找出消除不满意绩效的途径，是贯穿项目始终的活动。项目结果包括产品结果（可交付使用部分）和管理成果（如成本、进度等）。

6. 项目人力资源管理

项目人力资源管理的作用是保证最有效地使用项目人力资源完成项目活动。包括的项目管理过程有：

（1）人力资源计划

识别、记录和分配项目角色、职责和汇报关系。主要输出是人员管理计划，描述人力资源在何时以何种方式引入和撤出项目组。

（2）团队组建

将所需的人力资源进行分配并投入工作。主要输出是项目成员清单。

（3）团队建设

提升项目成员的个人能力和项目组的整体能力。

7. 项目沟通管理

项目沟通管理的作用是保证及时准确地产生、收集、传播、储存以及最终处理项目信息。包括的项目管理过程有：

（1）沟通计划

确定信息和项目相关人员的沟通需求，需要什么信息、他们在何时需要信息以及如何向他们传递信息等。

（2）信息发布

及时地使项目相关人员得到需要的信息。

（3）绩效报告

收集并传播有关项目绩效的信息，包括状态汇报、过程衡量以及预报。

（4）项目关闭

产生、收集和传播信息，使项目阶段或项目的完成正式化。

8. 项目风险管理

项目风险管理的作用是识别、分析以及对项目风险做出响应。包括的项目管理过程有：

（1）风险管理计划

确定风险管理活动，制定风险管理计划。

（2）风险辨识

辨识可能影响项目目标的风险，并将每种风险的特征整理成文档。

（3）定性风险分析

对已辨识出的风险评估其影响和发生的可能性，并进行风险排序。

（4）定量风险分析

对每种风险量化其对项目目标的影响和发生的可能性，并据此得到整个项目风险的数量指标。

（5）风险应对计划

包括避免、转移、减缓、接受等计划。

（6）风险监控

整个风险管理过程的监控。

9.项目采购管理

项目采购管理的作用是从机构外获得项目所需的产品和服务。项目的采购管理是根据买卖双方中买方的观点来讨论的。特别地，对于执行机构与其他部门内部签订的正式协议也同样适用。当涉及非正式协议时，可以使用项目的资源管理和沟通管理的方式解决。包括的项目管理过程有：

（1）采购计划

识别哪些项目需求可通过采购项目组织之外的产品或服务而得到最大满足。例如：是否需要采购，如何采购，采购什么，何时采购，采购数量等。

（2）招标

获得报价、投标、报盘或合适的方案。

（3）招标对象选择

从卖方中进行选择。包括接收投标书、根据评估准则确定供应商。

（4）合同管理

保证合同双方严格地按照所签订合同规定的各项要求自觉履行各自的义务，维护各自权益的过程。包括对供应商工作的管理、采购质量管理、采购合同变更管理解决合同纠纷等。

（5）合同收尾

完成合同进行决算，包括解决所有未决的项目。主要涉及产品的鉴定、验收、资料归档等活动。

9.1.4 项目范围管理

1.项目范围管理概述

（1）项目范围和项目范围管理

① 有关定义

● 产品范围：是指客户对项目最终产品或服务所期望包含的特征和功能的总和。

● 工作范围：项目组织为提交项目最终产品所必需完成的各项工作。

● 项目范围：是指为了成功地实现项目目标所必须完成的、全部的工作。

● 项目范围管理：实质上是一种功能管理，它是对项目所要完成的工作范围进行管理和控制的过程和活动。

② 项目范围管理的步骤

● 把客户的需求转变为对项目产品的定义。

● 根据项目目标与产品分解结果，把项目产品的定义转化为项目工作范围的说明。

● 通过工作分解结构，定义项目工作范围。

● 项目干系人认可并接受项目范围。

● 授权与执行项目工作，并对项目进展进行控制。

(2)项目范围管理的主要工作

项目范围管理的主要工作有项目启动、项目范围规划、项目范围定义、项目范围确认、项目范围变更控制等。

(3)项目范围管理的作用

为项目实施提供工作范围的框架；提高资金、时间、人力和其他资源估算的准确性；对项目实施工作进行有效控制。

2. 项目启动

项目启动工作的依据、方法及结果，见表9-2。

表9-2　项目启动工作的依据、工具和方法及结果

依　据	方　法	结　果
项目目的	项目方案选择的方法	项目章程
成果说明	专家判断法	项目说明书
企业战略目标		项目经理确定
项目选择的标准		项目制约因素的确定
历史资料		项目假设条件的确定

3. 项目范围规划

项目范围规划(Project Scope Planning)就是以项目的实施动机为基础，确定项目范围、编写项目范围说明书的过程。

项目范围说明书(Project Scope Statement)，说明该项目的目的、项目的基本内容和结构，规定了项目文件的标准格式。项目结果核对清单，既可作为评价项目各阶段成果的依据，也可作为项目规划的基础。

项目范围规划工作的依据、方法及结果，见表9-3。

表9-3　范围规划工作的依据、工具和方法及结果

依　据	方　法	结　果
项目章程	成果分析	项目范围说明书
项目说明书	项目方案识别技术	项目范围管理计划
项目经理确定	专家判断法	
项目制约因素的确定		
项目假设条件的确定		

4. 项目范围定义

项目范围定义(Project Scope Definition)就是把项目的主要交付成果划分为更小的、更容易管理的组成部分。为达到项目目标，首先需确定所要完成的具体任务，然后通过任务分析确定项目的边界。

项目范围定义工作的依据、方法及结果，见表9-4。

表9-4　范围定义工作的依据、工具和方法及结果

依　据	方　法	结　果
项目范围说明书	工作分解结构	项目工作分解结构图
项目范围管理计划		项目工作分解结构词典
历史资料		

5. 项目范围确认

项目范围确认(Project Scope Verification)指项目干系人最终认可和接受项目范围的过程。既可以针对一个项目的整体范围进行确认，也可以针对某个项目阶段的范围进行确认。

6. 项目范围变更控制

项目范围变更控制(Project Scope Change Control)就是当项目范围发生变化时对其采取纠正措施的过程以及为使项目朝着目标方向发展而对某些因素进行调整所引起的项目范围变化的过程。

项目范围变更控制工作的依据、方法及结果，见表9-5。

表9-5　范围定义工作的依据、工具和方法及结果

依　据	方　法	结　果
项目工作分解结构	项目范围变更控制系统	范围变更文件
项目执行情况报告	绩效测量	纠正措施文件
项目范围变更申请	范围计划调整	经验教训文件
项目范围管理计划		调整后的基准计划

9.1.5　项目时间管理

项目时间管理也称为项目进度管理，是指采用科学的方法确定进度目标，编制进度计划和资源供应计划，进行进度控制，在与质量、费用目标协调的基础上，实现工期目标。

项目进度管理的主要目标是要在规定的时间内，制定出合理、经济的进度计划，然后在该计划的执行过程中，检查实际进度是否与计划进度一致，保证项目按时完成。

项目时间管理的内容包括活动定义、活动排序、活动周期估计、进度安排和进度控制等。

1. 项目活动定义

项目活动定义是确定完成项目目标所需要进行的所有具体活动。项目活动是确保项目团队对项目范围规定的所有活动有一个完整、具体的理解。

2.项目活动排序

项目活动排序涉及审查 WBS 中的活动、产品说明书、假设和约束条件,以决定活动之间的相互依赖关系,它也涉及评价活动之间依赖关系的原因。

项目活动之间的先后顺序关系(逻辑关系)可分为两类:一类是强制性逻辑关系,是客观的、不变的逻辑关系;另一类是组织关系,是可变的逻辑关系。

(1)项目活动排序应考虑的因素

① 以提高经济效益为目标,选择所需费用最少的排序方案。

② 以缩短工期为目标,选择能有效节省工期的排序方案。

③ 优先安排重点工作,持续时间长、技术复杂、难度大的工作,需先期完成的关键工作。

④ 考虑资源利用和供应之间的平衡、均衡,合理利用资源。

⑤ 考虑环境、气候对排序的影响。

(2)项目活动排序应确定的主要内容

① 客观存在的逻辑关系的确定。

② 可变的逻辑关系(组织关系)的确定。

③ 外部制约关系的确定。

④ 实施过程中的限制和假设。

(3)项目活动排序的工具和方法

① 节点法(Precedence Diagramming Method,PDM)

节点法,又称顺序图法或单代号网络图法,它的特点是用节点代表活动,用箭线表示各个活动之间的关系,如图9-1所示。

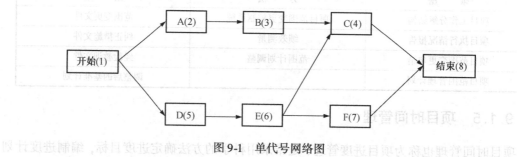

图9-1 单代号网络图

② 箭线图法(Arrow Diagramming Method,ADM)

箭线图法,又称双代号网络图法,它用箭线来代表活动(虚箭线代表虚活动),用节点表示活动之间的关系,如图9-2所示。

3.项目活动时间估计

项目活动时间估计就是对完成项目的各种活动所需要的时间做出的估算。项目活动时间包括活动所消耗的实际工作时间和间歇时间。

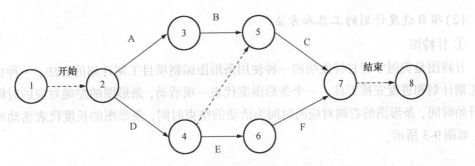

图 9-2　双代号网络图

（1）项目活动时间估计的依据

① 项目活动清单。

② 项目的约束和假设条件。

③ 项目资源的数量和质量要求。

④ 项目实施组织可能提供的各种资源。

⑤ 历史信息和其他参考资料。

⑥ 已识别项目风险情况。

（2）项目活动时间估计的方法

① 专家估算法。专家估算法是由工程项目时间管理的专业人员运用他们的知识、经验和专业特长来估算任务的工期。

② 类比法。类比法是以过去类似的项目的实际工期为基础，通过类比估算出当前项目中各项活动的工期。

③ 模拟法。模拟法以一定的假设条件和数据为前提，借助仿真技术来估算任务的工期。比较常用的模拟法有蒙特卡洛模拟、三角模拟等。模拟法的计算量很大，通常在计算机的辅助下工作，可以计算和确定每件任务以及整个项目中各项任务工期的统计分布。

4. 项目进度安排

项目进度安排是指根据项目活动定义、项目活动顺序、各项活动估计时间和所需资源进行分析，制订出项目的起止日期和项目活动具体时间安排的工作。其主要目的是控制和节约项目的时间，保证项目在规定的时间内能够完成。

（1）项目进度安排的依据

① 项目网络图。

② 项目活动工期估计。

③ 项目资源需求和供给情况。

④ 项目工期日历（班次安排和资源供应时间安排日历等，如法定工作天数、团队成员休假安排等）。

⑤ 约束条件和假设前提条件。

⑥ 项目活动特性和允许的提前与滞后时间。

⑦ 项目风险管理计划。

（2）项目进度计划的工具和方法

① 甘特图

甘特图是美国学者甘特发明的一种使用条形图编制项目工期计划的方法，一种比较简便的工期计划和进度安排工具。一个条形图案代表一项活动，条形图的左端对应的时间为活动的开始时间，条形图的右端对应的时间为活动的结束时间，条形图的长度代表活动的持续时间，如图9-3所示。

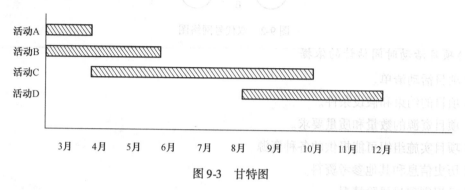

图9-3　甘特图

② 关键路径法（Critical Path Method，CPM）

关键路径法是根据活动间的逻辑顺序和活动的预算工期，计算每项活动的最早开始日期（Early Start Date，ESD）和最早结束日期（Early Finish Date，EFD），以及最迟开始日期（Late Start Date，LSD）和最迟结束日期（Late Finish Date，LFD），并标注在单代号或双代号网络图，找出网络图中最长的路径，即关键路径。关键路径上的活动称为关键活动，这些关键活动的总和就是整个项目的工期，任何一个关键活动的延迟或者工期的改变都会影响整个项目的工期。项目管理人员可以通过调整关键路径上的活动的时间从而对项目工期计划进行优化。

③ 计划评审技术（Program Evaluation and Review Technique，PERT）

PERT方法是用网络图来表达项目中各项活动的进度和它们之间的相互关系，在此基础上，进行网络分析和时间估计。该方法认为项目持续时间以及整个项目完成时间长短是随机的，服从某种概率分布，可以利用活动逻辑关系和项目持续时间的加权合计，即项目持续时间的数学期望计算项目时间。

乐观时间 t_0——这是在非常顺利的情况下完成某项活动所需的时间；

最可能时间 t_m——这是在正常情况下完成某活动最经常出现的时间；

悲观时间 t_p——这是在最不利情况下完成某项活动的活动时间。

活动时间的期望值：

$$t_g = \frac{t_0 + 4t_m + t_p}{6} \tag{9-1}$$

活动时间的标准差：

$$\sigma = \frac{t_p - t_0}{6} \tag{9-2}$$

项目在规定时间内完成的概率：

$$Z = \frac{T_r - E}{\sigma} \tag{9-3}$$

式中，T_r 为项目要求的完工时间（最迟完成时间）；E 为项目关键路径所有活动时间的平均值（正态分布的均值）；σ 为项目关键路径所有活动时间的标准差。

④ 图表评审技术（Graphical Evaluation and Review Technique，GERT）

图表评审技术也称随机网络技术，它可以对项目活动的逻辑关系和时间估计进行概率处理，并具有随机性，在网络图中允许出现循环、分支以及多个项目。

（3）项目进度计划编制的结果

① 项目进度计划。

② 项目进度计划补充说明。

③ 项目进度管理计划。

5. 项目进度控制

项目进度控制就是根据项目进度计划对项目的实际进展情况进行对比、分析和调整，从而确保项目目标的实现。

（1）项目进度计划控制的主要内容

① 通过对项目活动进行跟踪，收集项目进度信息，并对照项目计划，确定项目的进度是否发生偏差。

② 对造成项目进度偏差的因素进行控制。

（2）项目进度控制的方法

常用的缩减工期的方法有以下 3 种：

① 增加更多的资源来加速活动的进程。比如对一项活动投入更多的设备或加派更多的人手。

② 缩小项目范围或降低项目质量要求。范围的缩小和质量要求的降低意味着工作量的减少，必然会缩短工期。

③ 提高生产率。通过改进方法和技术等来提高工作效率，也能缩短工期。

必须根据具体情况选择纠偏措施，并且在项目活动的预算工期纠正后，要调整工程的进度计划。

9.1.6　项目成本管理

1. 项目成本管理的含义

项目成本管理也称项目费用管理，是指为保证项目实际发生的成本不超过项目预算成本所进行的项目资源共享计划编制、项目成本估算、项目成本预算和项目成本控制等方面的管理过程和活动。是为保障以最小的成本实现最大的项目价值而开展的项目专项管理工作。

2. 项目成本管理应考虑的因素

项目成本管理首先考虑的是完成项目活动所需资源的成本，其次要考虑各种决策对项目最终产品成本的影响程度，另处还要考虑到项目干系人对项目成本的不同需求。

3.项目成本管理的过程

项目成本管理一般包括项目资源计划、项目成本估算、项目成本预算和项目成本控制四个过程。

4.项目资源计划

（1）资源的分类

项目资源包括项目实施中需要的人力、设备、能源及各种设施。可分为可以无限使用的资源和有限使用的资源。

（2）项目资源计划的定义

通过分析和识别项目的资源需求，确定出项目需要投入的资源种类（包括人力、设备、材料、资金等）、项目资源投入的质量和数量及项目资源投入的时间，从而制定出项目资源供应计划的项目成本管理活动。

（3）项目资源计划的依据

① 工作分析结构：自上而下逐层分解，资源需要量自下而上逐级累积。

② 项目进度计划：资源计划必须服从于进度计划，何时需要何种资源必须围绕进度计划制定。

③ 历史资料：作为重要的参考。

④ 项目范围说明书：应该或不应该做什么，从而考虑资源的需求。

⑤ 项目资源说明：所需资源的类型、数量、质量、何时需要何种资源、每种资源的特性要求。

⑥ 各类资源的定额、标准和计算规则。

⑦ 项目组织的管理政策和有关原则：企业文化、人员聘用、设备租赁与购置的规定、资源消耗量计算等。

（4）项目资源计划的结果

资源计划编制输出的结果是资源计划说明书，它将资源的需求情况和使用计划进行详细描述。由项目资源计划及其补充说明两部分组成。

（5）现代项目成本管理的主要作用

① 确定和控制项目的成本。

② 考虑项目全生命周期的成本。

③ 使用价值工程等方法节约成本和时间。

④ 为项目相关利益主体提供成本和效益信息。

⑤ 为项目的资金筹措和财务管理提供帮助。

5.项目成本估算

项目成本估算是指为实现项目的目标，根据项目资源计划确定的资源需求，以及市场上各资源的价格信息，对项目所需资源的成本进行的估算。

（1）项目成本的构成

项目成本的构成包括：项目决策和定义成本、项目设计成本、项目获取成本、项目实施成本等。

（2）影响项目成本的因素

影响项目成本的因素包括：项目工期、项目质量、项目范围、耗用资源的数量与单价等。

（3）项目成本估算的步骤

① 识别和分析项目成本的构成要素。

② 估算每个项目成本构成要素的单价和数量。

③ 分析成本估算的结果，识别各种可以相互代替的成本。

（4）项目成本估算的工具和方法

① 类比估算法。这是一种自上而下的成本估算方法，它通过比照已完成的类似项目的实际成本，估算出新项目成本。

② 参数估计法。这是利用项目特性参数去建立数学模型来估算项目成本的方法。例如，工业项目使用项目设计生产能力、民用项目使用每平方米单价等。

③ 标准定额法。这是依据国家或地方主管部门，或者项目成本管理咨询机构编制的标准定额估算项目成本的方法。

④ 工料测量法。也叫工料清单法，它是一种自下而上的预算方法，它首先测量出项目的工料清单，然后再对工料的成本进行估算，最后向上滚动加总得到项目总成本的方法。

⑤ 统计资料法。运用历史项目的统计资料估算项目成本的方法。

6. 项目成本预算

项目成本预算是将项目成本估算的结果在各具体的活动上进行分配的过程，目的是确定项目各活动的成本定额，并确定项目意外开支准备金的标准和使用规则以及为测量项目实际绩效提供标准和依据。

（1）项目成本预算的内容

项目成本预算的内容包括：直接人工费用预算、咨询服务费用预算、资源采购预算和意外开支准备预算等。

（2）项目成本预算的步骤

① 将项目的总预算成本分摊到各项活动。

② 将活动总预算成本分摊到工作包。

③ 确定各项目成本预算支出的时间以及每一个时点所发生的累计成本支出额。

7. 项目成本控制

项目成本控制是按照事先确定的项目成本预算基准计划，通过运用多种恰当的方法，对项目实施过程中所消耗的成本费用的使用情况进行管理控制，以确保项目的实际成本限定在项目成本预算范围内的过程。

（1）项目成本控制的内容

① 检查成本实际执行情况。

② 发现实际成本与计划成本的偏差。

③ 确保有关变更列入计划，并通知项目干系人。

④ 分析成本绩效，采取措施，纠正偏差。

（2）项目成本控制的作用

① 有助于提高项目的成本管理水平。

② 有助于项目团队发现更为有效的项目建设方法，从而可以降低项目的成本。

③ 有助于项目管理人员加强经济核算，提高经济效益。

（3）项目成本控制的方法

① 偏差分析法，是典型的执行情况测量方法。

② 费用变更控制法。

③ 补充计划编制法。

（4）项目成本控制的结果

① 成本估算的修正。

② 成本预算的修改。

③ 纠正措施的得出。

④ 完成项目所需成本估计（Estimate At Completion，EAC）。EAC是以项目的实际执行情况为基础，对整个项目成本的一个预测。

⑤ 经验教训的获得。

8. 偏差分析的方法——挣值法简介

（1）挣值法涉及的参数及评价指标

挣值法涉及三个基本参数（BCWS、BCWP 和 ACWP）和四个评价指标（CV、SV、CPI、SPI）。

① BCWS

计划完成工作预算费用（Budgeted Cost of Work Scheduled，BCWS），即根据进度计划，在某一时刻应当完成的工作（或部分工作），以预算为标准所需要的资金总额。

BCWS 在工作实施过程中应保持不变，除非合同有变更。如果合同变更影响了工作的进度和费用，经过批准认可，相应的 BCWS 基线也应作相应的更改。按我国的习惯可以把它看做"计划投资额"。

$$BCWS = 计划工作量 \times 预算定额$$

② BCWP

已完成工作预算费用（Budgeted Cost of Work Performed，BCWP），是指在某一时刻已经完成的工作（或部分工作），以批准认可的预算为标准所需要的资金总额。业主正是根据这个值对承包商完成的工作量进行支付，也就是承包商挣得的金额，故称挣得值（也称获得值、净赚值、赚取值、盈余量、实践值等）。已完成工作必须经过验收，符合质量要求。

挣得值反映了满足质量标准的项目实际进度，真正实现了投资额到项目成果的转化。按我国的习惯可将其看做"实现投资额"。

$$BCWP = 已完成工作量 \times 预算定额$$

③ACWP

已完成工作实际费用(Actual Cost of Work Performed，ACWP)，即到某一时刻为止，已完成的工作(或部分工作)所实际花费的总金额，又称"消耗投资额"。

④ CV

费用偏差(Cost Variance，CV)，是指在某个检查点上 BCWP 与 ACWP 之间的差异，即：

$$CV = BCWP - ACWP \tag{9-4}$$

当 CV 为负值时，即表示项目运行超支，实际费用超出预算费用。

当 CV 为正值时，表示项目运行节支，实际费用没有超出预算费用。

⑤ SV

进度偏差(Schedule Variance，SV)，是指在某个检查点上 BCWP 与 BCWS 之间的差异，即：

$$SV = BCWP - BCWS \tag{9-5}$$

当 SV 为负值时，表示进度延误，即实际进度落后于计划进度。

当 SV 为正值时，表示进度提前，即实际进度快于计划进度。

⑥ CPI

费用绩效指数(Cost Performance index，CPI)，是指 BCWP 与 ACWP 的比值，即

$$CPI = BCWP/ACWP \tag{9-6}$$

当 CPI = 1 时，表示理想状态，即实际费用与预算费用一致；

当 CPI < 1 时，表示超支，即实际费用高于预算费用；

当 CPI > 1 时，表示节支，即实际费用低于预算费用。

⑦ SPI

进度绩效指数(Schedule Performed Index，SPI)是指 BCWP 与 BCWS 的比值，即：

$$SPI = BCWP/ BCWS \tag{9-7}$$

当 SPI = 1 时，表示理想状态，即实际进度与计划进度一致；

当 SPI < 1 时，表示进度延误，即实际进度比计划进度慢；

当 SPI > 1 时，表示进度提前，即实际进度比计划进度快。

(2)挣值法的一般步骤

根据费用基线确定检查点上的 BCWS；记录到检查点为止项目费用使用的实际情况，确定 ACWP；度量到检查点为止项目任务完成情况，确定 BCWP；计算 CV 和 SV(或者是 CPI 和 SPI)，判断项目执行情况；如果偏差超过允许范围，需要找出原因，提出改正措施。

挣值法分析得到的一个评价曲线图，如图9-4 所示。

在理想的状态下，BCWP、BCWS、ACWP 三条 S 曲线应该靠得很紧密，平稳上升，表明项目按照人们所期望的进行。

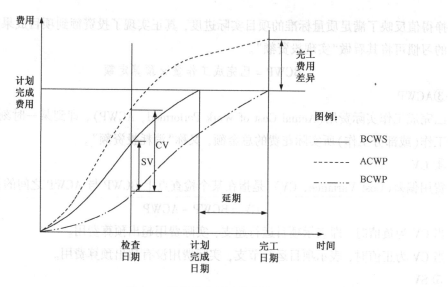

图9-4 挣值法分析评价曲线

如果三条曲线的离散度很大，则表示项目实施过程中有重大的问题隐患或已经发生了严重问题，应该对项目进行重新评估和安排。

（3）曲线图评价

挣值法分析可能产生的情况及可以采用的措施，见表9-6。

表9-6 挣值法情况分析及措施

序号	图例	参数关系	分析	措施
1		ACWP > BCWS > BCWP CV < 0, SV < 0	进度较慢 投入超前 效率低	用高效率人员替换 低效率人员
2		BCWS > ACWP > BCWP CV < 0, SV < 0	进度慢 投入延后 效率较低	增加高效人员的投入
3		BCWP > ACWP > BCWS CV > 0, SV > 0	进度快 投入超前 效率较高	抽出部分人员放慢 进度
4		BCWP > BCWS > ACWP CV > 0, SV > 0	进度较快 投入延后 效率高	如偏离不大可以维 持原状
5		ACWP > BCWP > BCWS CV < 0, SV > 0	进度较快 投入超前 效率较低	抽出部分人员，增 加少量骨干人员
6		BCWS > BCWP > ACWP CV > 0, SV < 0	进度较慢 投入延后 效率较高	迅速增加人员投入

240

9.2 工程监理与审计

9.2.1 工程监理

目前绝大多数工程的建设模式采取甲方(建设单位,又称业主)发包,乙方(承建单位)承包工程的方式。在工程实施过程中存在"信息不对称"和"地位不对称"问题。"信息不对称":指乙方在对技术信息的把握上明显优于建设单位的项目人员,所以乙方在提出设计方案、实施手段、测试方案、项目内容变更时,甲方没有足够的能力做出合理的判断,要么轻信乙方,受到不合理的误导;要么过度怀疑乙方,否定乙方原本合理的工作。"地位不对称":指甲方依靠自己的业主地位,即在资金划拨、需求说明、系统验收等方面的主导地位,提出一些不合理的要求强迫乙方执行,乙方要么据理力争,要么偷工减料或采取其他不正当手段保证自身利益。这两种情况容易引起甲乙双方的争执,使得工程不正常进行。为保障甲乙双方的利益,确保工程项目顺利进行,工程监理应运而生。

1. 工程监理的定义

工程监理是指具有相关资质的监理单位受甲方的委托,依据国家批准的工程项目建设文件、有关工程建设的法律、法规和工程建设监理合同及其他工程建设合同,代替甲方对乙方的工程建设实施监控的一种专业化服务活动。

工程监理是一种有偿的工程咨询服务;是受甲方委托进行的;监理的主要依据是法律、法规、技术标准、相关合同及文件;监理的准则是守法、诚信、公正和科学;监理目的是确保工程建设质量和安全,提高工程建设水平,充分发挥投资效益。

2. 工程监理的内容

工程监理的职责就是在贯彻执行国家有关法律、法规的前提下,促使甲、乙双方签订的工程承包合同得到全面履行。工程监理控制工程建设的质量、进度、投资;进行合同管理、信息管理;协调有关单位之间的工作关系,即"三控、两管、一协调"。工程监理根据甲方需要可以为甲方提供工程项目全过程或某个分阶段的监理,如施工阶段的监理。

工程监理首要任务是要确定质量、进度和投资额等建设目标,然后在项目实施过程中跟踪纠偏,有以下几个方面内容:

(1)质量控制主要通过质量控制点在监理各个阶段进行控制。如招投标及准备阶段的主要质量控制点:项目建议书的审查、可行性研究报告的审查、乙方技术资质的审核、乙方提供的各类设计实施方案的审查;设计阶段的质量控制点:主要是项目总体方案的质量控制,包括工程总体技术方案、乙方提交的《项目计划》、工程质量保证计划和项目质量控制体系、工程进度计划等;实施阶段的质量控制点:督促乙方完善工序控制、协助甲方对严重质量隐患和质量问题进行处理、工程款支付签署质量认证等;验收阶段的质量控制点:验收资料准备、验收程序、验收内容等。

（2）进度控制是通过一系列手段，运用运筹学、网络计划等措施，使工程项目建设工期控制在项目计划工期以内。

（3）投资控制通过组织、技术、经济合同措施，分析项目实际投资不超过项目计划投资，主要是通过核实设备价格、审核修改设计和设计变更等手段加以控制。

（4）合同管理是手段，它是进行目标控制的有效工具。因此，合同管理必然是贯穿于监理活动的始终。

（5）信息管理包括文档管理在内也是做好监理的一项有效的工具，它是实现控制目标的基本前提。

（6）项目的组织协调是建设项目的一项重要内容，内容包括：人际关系、组织关系、资源供求、信息交换等。

3. 工程监理的分类

（1）根据监理内容和程度的不同分类

根据监理内容和程度的不同，工程监理可分为咨询式监理、里程碑式监理和全程式监理三种形式。

① 咨询式监理是最简单的一种监理模式，这种监理模式只对甲方就工程项目过程中提出的问题进行解答，其性质类似于业务咨询或方案咨询。这种方式监理费用最少，监理方的责任最轻，适合于对工程项目有较好的把握、技术力量较强的甲方采用。

② 里程碑式监理是将工程项目的建设划分为若干个阶段，在每一个阶段结束时设置一个里程碑，在里程碑到来时通知监理方进行审查或测试。这种方式比咨询式监理的费用要多，监理方也要承担一定的责任。

③ 全程式监理是比较复杂的监理模式，不但要求对工程建设过程中的里程碑进行审查，还要派监理人员全程跟踪，不断监控。这种方式监理费用最高，监理方责任也最大。

（2）按监理阶段的不同分类

按监理阶段的不同，工程监理可分为设计监理和施工监理。

① 设计监理是在设计阶段对设计项目所进行的监理，其主要目的是确保设计质量和时间等目标满足建设单位的要求。

② 施工监理是在施工阶段对施工项目所进行的监理，其主要目的在于确保施工安全、质量、投资和工期等满足建设单位的要求。

（3）按工程对象的不同分类

按工程对象的不同，工程监理还可分为建筑工程监理、电力工程监理、农林工程监理、航天工程监理、信息系统工程监理等。

4. 工程监理的工作步骤

工程监理工作一般分为四个阶段，即监理准备、监理规划、监理执行和监理收尾。

（1）监理准备

① 承担监理业务

首先在业务洽谈过程中，建设单位应向监理单位提供工程监理要求或工程监理招标说明书，该文档应包含的主要内容有工程概要说明；工程及监理指导原则；监理的范围与阶段要求；监理单位资质要求；其他特别要求等。

监理单位应向建设单位提供监理资质证明、监理建议书或监理投标书等文件。

监理建议书或监理投标书应包含的内容有：工程概要及特点分析；监理范围、阶段、总体目标说明；监理方法与内容说明；监理的实施说明；监理的组织及人员；监理的收费方法及费用额；其他说明。

当业务洽谈成功后，双方签订工程监理合同。合同内容应包括：监理范围、阶段、目标、方法、内容、实施、组织、人员和费用；双方的权利和义务；违约的责任与争议的解决办法；双方约定的其他事项。

② 组织监理队伍

监理队伍的组织与监理单位的规模、人员组成、专业化程度等密切相关。监理单位应从自身特点与工程特点的实际出发，把监理的有效性、效率性、经济性作为监理队伍组织的准则，对监理队伍进行合理组织。

③ 确立协同机制

监理单位要得到建设单位的密切配合才能实现有效的监理，因此确立双方的协同机制也十分重要。协同机制应从结构整合、程序整合以及社会整合三个方面考虑。结构整合是指双方应从沟通人员、沟通时间、沟通地点、沟通方式与工具等角度考虑，涉及协同的结构，保证沟通畅通无阻。程序整合是指双方应就工程项目中一些相关决策的程序、权力、责任与义务等机制进行设计，确保双方有根据、讲程序地进行工作，避免双方因责权不清、程序不规范而引起的矛盾。社会整合机制要求双方在合同中应有框架性的考虑，即充分考虑参与单位及其参与个人的利益，应将工程的成功与参与者的利益相联系，然后在框架性的基础上进行细化，并取得进一步的认同与一致。

（2）监理规划

监理规划一般应对以下各项做出说明和安排。

① 监理工作目标、范围和依据。

② 监理组织机构、人员配备、岗位职责。

③ 监理工作内容、方法和措施。

④ 监理工作制度、工作程序。

⑤ 监理设施。

（3）监理执行

① 协助建设单位利用招标或其他方式选择承建单位。

② 根据监理规划及各专业监理实施细则规范化地开展监理工作。

③ 协助建设单位管理外购过程。

④ 参与项目竣工验收，签署工程建设监理意见。

（4）监理收尾

监理收尾阶段的主要任务有两个：一是监理单位对整个监理过程进行总结；二是建设单

位根据监理总结对比监理合同、监理规划等对监理工作进行验收，并出具验收报告，确认监理工作结束。

9.2.2 工程审计

工程审计是指审计机构依据国家的法令和财务制度、企业的经营方针、管理标准和规章制度，对工程项目的工作，用科学的方法和程序进行审核检查，判断其是否合法、合理和有效，以期发现错误、纠正弊端、防止舞弊、改善管理，保证工程项目目标顺利实现的活动。

工程审计独立于项目组织之外，审计人员与项目组织无任何直接的行政或经济关系。审计人员的权利由国家或企业授予，代表国家或企业对项目建设实施审计监督并评价其经济责任，客观地向国家或企业报告审计结果。工程审计具有高度的权威性，其依据是法律法规和标准。

1. 工程审计的职能

（1）经济监督

工程项目的审计主要包括两个方面：一是对项目管理人员的监督；二是对项目建设的各种活动进行监督。搞好这两个方面的监督，就要把项目的实施情况、预期目标、计划和规章制度、各种标准以及法律法规等进行对比，把那些不符合法律法规的经济活动找出来。

（2）经济评价

经济评价是指通过审计和检查，评定工程项目的重大决策是否正确，项目计划是否科学、完备和可行，实施状况是否满足工程进度、费用和质量目标的要求，资源利用是否优化，以及控制系统是否健全、有效，机构运行是否合理等。评价的过程就是查明真相，并对照标准进行分析研究，从而发现问题，肯定成绩的过程。

（3）经济鉴定

经济鉴定是指通过审查项目实施和管理的实际情况，确定相关资料是否符合实际，并在认真鉴定的基础上做出书面的证明。需鉴定的资料主要有进度报告、质量报告、成本报告以及会计记录和财务报表等。对资料的真实性和正确性做出鉴证，需要做大量的艰苦细致的工作。进行鉴证的审计部门必须拥有国家或企业授予的足够的权利，审计人员在所审计的范围内是业务上的专家。

2. 工程审计的内容

（1）项目概念阶段和规划阶段的审计

包括项目可行性研究审计、项目计划审计、项目组织审计、招投标审计和项目合同审计等。

（2）项目实施阶段的审计

包括项目组织审计、报表和报告审计、设备和材料审计、项目进度审计、项目质量审计、项目成本审计和合同管理审计等。

(3)项目收尾阶段的审计

包括竣工验收审计、竣工决算审计、经济效益审计和项目人员业绩评价等。

3.工程审计的种类

工程审计包括两大类型：工程造价审计和竣工财务决算审计。

造价审计一般是对单项、单位工程的造价进行审核，其审计过程与承建方的决算编制过程基本相同，即按照工程量套定额。这由造价工程师完成。

对于建设单位来说，由于造价审计只是审核单项、单位工程的合同造价，一个建设项目的总支出是由很多单项、单位工程组成的，而且还有很多支出比如前期开发费用、工程管理杂费等是不需要造价审计的，所以还要有一个竣工财务决算审计，就是将造价工程师审定的，和未经造价工程师审核的所有支出加在一起，审查其是否有不合理支出，是否有挤占建设成本和计划外建设项目的现象等，来确定一个建设项目的总造价。这项工作由注册会计师完成。

4.工程审计的范围

有政府性投资的建设项目，一律要进行工程审计。即所有行政、事业单位的建设项目都要经过造价审计和财务决算审计。非政府性投资的建设项目，规模较大而且涉及的利害关系人较多的，必须进行工程造价审计，比如房地产企业开发的房地产。企业建造自用的建设项目由企业决定是否审计。但不管什么建设项目，必须具备一定的规模才需要审计。

5.工程审计的程序

(1)明确审计目的，确定审计范围。

(2)了解情况，收集资料。

(3)针对确定的审计范围实施常规检查，从中发现常规型的错误和弊端。对可疑的环节或特殊领域进行重点审核和检查。

(4)协同项目管理人员纠正错弊事项。

(5)对所获得的资料进行综合归纳，分析研究，对审计事项做出客观、公正的评价，形成审计报告。

(6)审计过程中的全部文档，包括审计记录以及各种原始资料整理归档，建立审计档案，以备日后查考和研究。

本章小结

本章主要包括三部分内容，即项目管理、工程监理和工程审计。

在项目管理部分，首先介绍了项目管理的基本概念，包括项目的定义、特性和分类；项目管理的定义、特性和工作过程。然后对项目管理的知识体系加以阐述，项目管理的知识体系包括 9 大知识领域、5 大阶段和 39 个管理过程。最后对项目管理知识体系的 9 大知识领域中的范围管理、时间管理以及成本管理进行了重点介绍。

工程监理部分主要包括工程监理的定义、内容、分类和工作步骤。

工程审计部分主要包括工程审计的职能、内容、种类、范围和程序。

复习思考题

1. 什么是项目管理？

2. 试述项目管理的知识体系。

3. 试述时间管理的主要内容和主要方法。

4. 项目管理与企业日常运营管理有何区别与联系？

5. 简述工程监理与工程审计有何不同。

案例简介

丁谓重建皇宫工程

北宋沈括在《梦溪笔谈》记载了一个杰出的工程管理的案例，原文是：祥符中，禁火。时丁晋公主营复宫室，患取土远，公乃令凿通衢取土，不日皆成巨堑。乃决汴水入堑中，引诸道竹木排筏及船运杂材，尽自堑中入至宫门。事毕，却以斥弃瓦砾灰尘壤实於堑中，复为街衢。一举而三役济，计省费以亿万计。大意是：宋真宗祥符年间，皇宫失火。晋国公丁谓负责重建毁于火灾的宫殿。考虑到取土的地方比较远，丁谓就命令挖开街道取土，没过几天，大街都成了宽阔的沟渠。丁谓再命人挖通汴河，将河水引进沟中，让各路来的竹木排筏及船舶运输建筑材料，各种建材都从沟中运到宫门。宫殿修完后，再将火灾废墟和建筑垃圾填进沟里，

沟渠又恢复成街道。这样一举三得，节省费用数以亿万计。

丁谓的"一举三得"重建皇宫方案的巧妙之处在于：第一，挖沟取土，缩短了运输距离，节约了大量运力；第二，引水成渠，改陆路运输为水运，降低了运费；第三，回填沟渠，就近处理建筑垃圾，又一次节约了大量运力。建筑工程普遍存在物流费用所占比重较大的情况，古代更是如此。丁谓作为项目经理没有按传统的程序进行施工，而是站在全局的高度，具体情况具体分析，统筹规划，创造性地解决问题，成为千古流传的佳话。

（资料来源：胡道静. 新校正梦溪笔谈. 香港：香港中华书局，1957.）

案例思考

1. 本案例中项目的中心工作是什么，是在项目管理的哪个阶段完成的？

2. 丁谓重建皇宫工程案例对当前工程管理有何借鉴意义？

第10章
工程经济分析

【学习目标】

通过本章的学习，了解工程经济分析的概念、原则、作用和意义，掌握利用资金时间价值原理对工程项目进行经济效果分析、方案优选判断的原则和方法，理解投资方案不确定性分析的概念和计算方法。

10.1 工程经济概述

10.1.1 工程与工程经济分析

无论是水利工程、矿业工程、土木工程还是工业工程，强调的是解决实际工程问题，而一项工程的完成除了需要运用专门的工程技术之外，还需要运用经济、管理等方面的知识。

在长期的生产和生活实践中，人们根据自然科学、社会学科等理论，在应用各种技术手段研究、解决工程中的问题，改善我们的生活环境过程中，逐渐形成了门类繁多的专业工程，如在前面几章中提到了信息产业工程、土木工程、矿业工程、水利工程等。

1. 工程经济的概念

工程经济学就是工程学与经济学交叉的学科，是研究工程技术实践活动及其经济效果的学科，是关于工程建设的经济合理性、工程建设方案的选择和评价的科学。

工程经济的实质是寻求工程技术与经济效果的内在联系，揭示二者协调发展的内在规律，促使技术的先进性和经济的合理性的有机统一。

2. 工程经济分析

工程经济分析的对象是各种工程项目，这些项目可以是投资项目、已建项目、新建项目、扩建项目、技术引进项目、技术改造项目等。

运用工程经济分析的基本理论和经济效益的评价方法，对工程项目及其相应环节进行经济效益分析，对工程项目的各种备选方案进行分析、论证、评价，并对其经济效果做出判断，从而选择技术上可行、经济上合理的最佳方案，以获取最好的经济效果。

例如，水利工程经济学是应用工程经济学基本原理，研究水利工程的经济问题、经济规律，水资源的最优配置，寻找技术与经济的最佳结合以寻求水资源可持续发展的科学。

3. 工程经济活动的要素

工程经济活动一般包括活动主题、活动目标、活动效果、活动环境等要素。

（1）活动主体

活动主体是指垫付活动资本、承担活动风险、享受活动收益的个人或组织。例如，企业、政府、事业单位或社会团体。

（2）活动目标

人类一切工程经济活动都有明确的目标，都是为了直接或间接地满足人类自身的需要。例如，企业的目标如利润最大化、市场占有率、品牌效应等；政府的目标如就业水平的提高、社会安定、收入分配公平等。

（3）活动效果

工程经济活动的效果是指活动实施后对活动主题目标产生的影响。由于目标的多样性，通常一项工程经济活动会同时表现出多方面的效果。例如，对一个经济欠发达地区进行开发和建设，如果只进行低水平的资源消耗类生产，就有可能在提高当地人民收入水平的同时，造成环境和生态平衡的破坏。

（4）活动环境

工程经济活动常常面临自然环境、经济环境两个彼此相关又至关重要的环境。自然环境提供工程经济活动的客观物质基础；经济环境显示工程经济活动成果的价值。

10.1.2 工程经济分析的作用和意义

运用工程经济的理论和方法对工程项目进行分析研究，在工程项目投资和企业经营管理中被广泛采用。实践证明，凡是经过工程经济研究分析的项目，失误较少。因为，通过对项目进行工程经济分析，可以在项目实施初期从经济的角度考察技术方案是否合理，尽可能避免投资失误，减少投资风险。

工程经济分析是提高社会资源利用效率的有效途径，是企业生产出物美价廉产品的重要保证，是降低项目投资风险的可靠保证。

学习工程经济，掌握工程经济决策的方法和技能，对 21 世纪的大学生来说，是十分必要的，也是社会发展对当代大学生提出的要求。

10.1.3 工程经济分析的原则

对工程项目或技术方案进行工程经济分析，应遵循以下原则：

1. 技术与经济相结合的原则

在应用工程经济学的理论来评价工程项目或技术方案时，既要评价其技术能力、技术意义，也要评价其经济特性、经济价值，将二者结合起来，寻找符合国家政策、符合产业发展方向又能给企业带来发展的项目或方案，促进技术进步与经济、环保等工作的共同发展。

2. 定性分析与定量分析相结合的原则

定性分析带有主观性，属于经验型决策；定量分析能使与决策问题有关的研究更加精确。在实际分析评价中，将定性分析与定量分析结合起来，发挥各自分析上的优势，使分析结果科学、准确。

3.可比性原则

可比性原则是进行工程经济分析时所应遵循的重要原则之一，具体体现在以下几个方面：

(1)满足需要上的可比

任何一个项目或方案实施的主要目的是为了满足一定的社会需求，不同项目或方案在满足相同的社会需求的前提下才能进行比较。例如，产品品种可比、产量可比、质量可比等。

(2)消耗费用的可比

比较项目或技术方案的费用，应该从项目开始建设到产出产品及产品消费的全过程中整个社会的消耗费用方面进行比较，也就是说要从总的、全部消耗的观点来考虑。

(3)时间的可比

对于投资、成本、产品质量、产量相同条件下的两个项目或方案，其投入时间不同，经济效益显然也不同。

(4)价格的可比

项目或技术方案所采用的价格指标体系应该相同，这是价格可比的基础。

对于一个工程项目，应当尽量根据不同的经验，从不同的角度构思出多种实施方案，利用工程经济分析的方法和经济指标对这些方案进行经济效果评价，综合比较各方案后选出最优方案，保证决策的科学性和正确性。

10.2 资金时间价值与等值计算

10.2.1 资金时间价值的基本概念

1. 资金时间价值的概念

所谓资金时间价值是指资金的价值随着时间的变化而发生变化。例如，今天将100元存入银行，若银行的年利率是10%，一年以后的今天将得到110元，其中的10元是利息，就是资金时间价值。

资金时间价值存在的条件有两个：一是将货币用于投资，通过资金的运动而使货币增值（称为利润或收益）；二是货币借贷关系的存在，货币的所有权及使用权的分离，比如把资金存入银行或向银行借贷所得到或付出的增值额（称为利息）。

2.资金时间价值的度量

(1)绝对尺度：利息和利润

利息是占用资金所付出的代价或放弃使用资金所得到的补偿，而将资金投入到流通领域所获得的那部分资金增值称为利润（或净收益、盈利）。

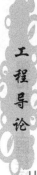

(2)相对尺度：利率和利润率

单位时间（通常为年）内产生的利息或利润与原来投入资金额的比例，也称资金报酬率，用百分数表示。

3. 单利和复利

利息的计算有单利计息和复利计息之分。

单利计息时，是仅用本金计算利息，利息不再生利息，其计算公式为：

$$F = P(1 + ni) \tag{10-1}$$

式中，F 为本金与全部利息之和；P 为本金；i 为利率；n 为计息次数。

复利计息时，是用本金和前期累计利息总额之和进行计息，即"利生利""利滚利"，其计算公式为：

$$F = P(1 + i)^n \tag{10-2}$$

式中符号意义同公式(10-1)。

复利计息比较符合资金在社会再生产过程中运动的实际状况，在工程经济分析中，一般采用复利计息。

4. 名义利率和实际利率

在工程经济分析中，复利计息通常以年为计息周期，但在实际经济活动中，计息周期有年、季、周、日等多种，这样就出现了名义利率和实际利率的概念。

名义利率等于每一计息周期的利率与每年的计息周期数的乘积。若按单利计息，名义利率与实际利率是一致的。但是，按复利计算，实际利率则不等于名义利率。

例如：本金 1 000 元，年利率 12%，若每年计息一次，一年后本利和为：

$$F = 1\ 000 \times (1 + 0.12) = 1\ 120(元)$$

按年利率 12%，每月计息一次，一年后本利和为：

$$F = 1\ 000 \times (1 + 0.12/12)^{12} = 1\ 126.8(元)$$

实际年利率为：

$$i = \frac{1\ 126.18 - 1\ 000}{1\ 000} \times 100\% = 12.68\%$$

这个"12.68%"就是实际利率。

设名义利率为 r，一年中计息次数为 m，则一个计息周期的利率应为 r/m，一年后本利和为：

$$F = P(1 + r/m)^m$$

利息为：

$$I = F - P = P(1 + r/m)^m - P$$

按利率定义得实际利率 i 为：

$$i = \frac{P(1 + r/m)^m - P}{P} = (1 + r/m)^m - 1$$

所以，名义利率与实际利率的换算公式为：

$$i = (1 + r/m)^m - 1 \tag{10-3}$$

当 $m = 1$，名义利率等于实际利率；当 $m > 1$，名义利率大于实际利率。

表 10-1 给出了当名义利率为 12% 时，对应于不同计息周期的年实际利率计算结果。

表 10-1 不同计息周期的实际利率的计算比较

计息周期	年计息次数（m）	年名义利率（r）	各期利率（r/m）	年实际利率
年	1		12%	12%
半年	2		6%	12.36%
季	4	12%	3%	12.551%
月	12	（已知）	1%	12.683%
周	52		0.230 8%	12.736%
日	365		0.032 88%	12.748%

10.2.2 现金流量图

货币具有时间价值，因而在不同时间发生的资金支付，其价值是不相同的。我们可以将某个技术方案或投资方案现金收支情况绘成流量图，以便于进行经济效果分析。

现金流量图就是一种反映资金运动状态的图示，如图 10-1 所示。图中横轴为时间轴，向右的箭头表示时间的延续，轴线等分成若干间隔，每一间隔代表一个时间单位，通常是"年"。时间轴上的点称为时点，通常表示该年的年末，同时也是下一年的年初，零时点即为第一年开始之初。与横轴相连的垂直线，代表流入或流出的现金流量。垂直线的长短代表现金流量的大小，箭头向上表示现金流入，向下表示现金流出。

需要说明的一点是，现金流量的大小不一定严格按比例绘制，只需保证现金流量大的箭线较长即可；现金流入和现金流出是一个相对的概念，例如，税收对企业来说是现金流出项，但对国家而言是现金流入项，关键看分析的对象或系统是谁。

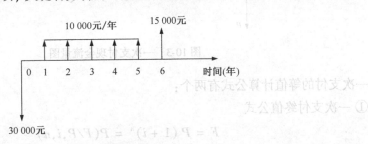

图 10-1 现金流量图举例

【例 10-1】某工厂计划在 2 年之后投资建一车间，需金额为 P；从第 3 年年末起到第 5 年年末，每年可获利 A，年利率为 10%，试绘制现金流量图。

解：该投资方案的现金流量图如图 10-2 所示。

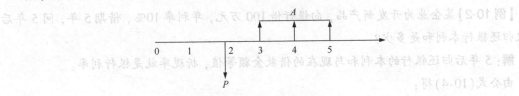

图 10-2 现金流量图

10.2.3 资金的等值计算

1.资金等值的概念

资金等值是指在考虑资金时间因素的情况下，不同时点上绝对值不等的资金可能具有相等的经济价值。

影响资金等值的因素有：资金的数额、资金发生的时间及利率。

利用资金等值的概念，可以把一个时点发生的资金金额换算成另一时点的等值金额，这一过程叫资金等值计算。把将来某一时点的资金换算成现在时点的等值金额称为"折现"或"贴现"。将来时点上的资金折现后的资金金额称为"现值"，与现值等价的将来某时点的资金金额称为"终值"。需要说明的是"现值"并非专指一笔资金"现在"的价值，它是一个相对的概念。一般地说，将 $(t + k)$ 点上发生的资金折现到第 t 个时点，所得的等值金额就是 $(t + k)$ 时点上资金金额的现值。

在资金等值计算中使用的反映资金时间价值的参数叫折现率。

2.资金等值计算公式

(1)一次支付类型

一次支付又称整付，是所分析系统的现金流量，无论是流入还是流出，均在一个时点上发生。现金流量图如图 10-3 所示。

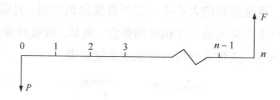

图 10-3　一次支付现金流量图

一次支付的等值计算公式有两个：

① 一次支付终值公式

$$F = P(1 + i)^n = P(F/P, i, n)$$ (10-4)

上式和复利计算的本利和公式(10-2)是一样的。此公式表示在折现率是 i，周期数是 n 的条件下，终值 F 和现值 P 之间的等值关系。系数 $(1 + i)^n$ 称为一次支付终值系数，也可用符号 $(F/P, i, n)$ 表示。其中，斜线右边的字母表示已知的数据和参数，左边的表示欲求的等值现金流量。

【例 10-2】某企业为开发新产品，向银行借 100 万元，年利率 10%，借期 5 年，问 5 年后一次归还银行本利和是多少？

解: 5 年后归还银行的本利和与现在的借款金额等值，折现率就是银行利率。

由公式(10-4)得：

$$F = P(1 + i)^n = 100 \times (1 + 0.1)^5 = 100 \times 1.611 = 161.1(万元)$$

② 一次支付现值公式

已知终值 F，求现值 P 的等值公式，是一次支付终值公式的逆运算，由公式(10-4)可直接导出：

$$P = \frac{F}{(1+i)^n} = F(P/F,i,n) \qquad (10\text{-}5)$$

符号意义同(10-2)。系数 $\frac{1}{(1+i)^n}$ 称为一次支付现值系数，也可记为 $(P/F,i,n)$，它和一次支付终值系数互为倒数。

【例10-3】 若某工程在10年后准备花40万元购买一批设备，$i = 12\%$，问相当于现在的价值为多少？

解： 由公式(10-5)得：

$$P = \frac{F}{(1+i)^n} = \frac{40}{(1+12\%)^{10}} = 40 \times 0.322 = 12.88\,(万元)$$

(2)等额支付类型

等额分付是多次支付中的一种。多次支付是指现金流入或流出在多个时点上发生，而不是集中在某个时点上。现金流数额的大小可以是不等的，也可以是相等的。当现金流序列是连续的、数额相等时，则称为等额系列现金流。下面介绍等额系列现金流的四个等值计算公式。

① 等额分付终值公式

已知一系列发生在每年年末的等额资金 A，求 n 年后的终值 F。现金流量图如图10-4所示，相当于银行的零存整取求本利和。

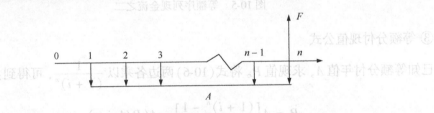

图 10-4　等额序列现金流之一

可将各年年末的 A 值按照公式(10-2)折算到 n 年年末，然后求和推导出等额分付终值公式：

$$F = A(1+i)^{n-1} + A(1+i)^{n-2} + \cdots + A(1+i)^2 + A(1+i)^1 + A$$
$$= A[(1+i)^{n-1} + (1+i)^{n-2} + \cdots + (1+i)^2 + (1+i)^1 + 1]$$

利用等比级数求和公式，得：

$$F = A\left[\frac{(1+i)^n - 1}{i}\right] = A(F/A,i,n) \qquad (10\text{-}6)$$

式中，$\frac{(1+i)^n - 1}{i}$ 称为等额分付终值系数，也可记为 $(F/A,i,n)$。

【例10-4】 某工程项目建设期为7年，在此期间，每年年末向银行贷款100万元，年利率8%，求在工程建设期结束时应一次还贷多少万元？

解：由公式(10-6)得：

$$F = A(F/A, i, n) = 100 \times 8.923 = 892.3 \text{（万元）}$$

② 等额分付偿债基金公式

等额分付偿债基金公式是等额分付终值公式的逆运算。即已知终值 F，求等额年值 A。现金流量图如图 10-5 所示。由公式(10-6)直接导出：

$$A = F\left[\frac{i}{(1+i)^n - 1}\right] = F(A/F, i, n) \tag{10-7}$$

式中，$\dfrac{i}{(1+i)^n - 1}$ 称为等额分付偿债基金系数，也可记为 $(A/F, i, n)$。

【例 10-5】某厂欲积累一笔福利基金，用于三年后建造职工俱乐部，此项投资总额为 200 万元，银行利率 12%，问每年年末至少要存款多少？

解：由公式(10-7)得：

$$A = F\left[\frac{i}{(1+i)^n - 1}\right] = 200\left[\frac{0.12}{(1+0.12)^3 - 1}\right] = 200 \times 0.296\,35 = 59.27 \text{（万元）}$$

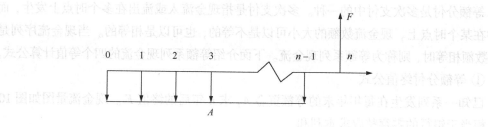

图 10-5　等额序列现金流之二

③ 等额分付现值公式

已知等额分付年值 A，求现值 P。将式(10-6)两边各乘以 $\dfrac{1}{(1+i)^n}$，可得到：

$$P = A\left[\frac{(1+i)^n - 1}{i(1+i)^n}\right] = A(P/A, i, n) \tag{10-8}$$

上式即为等额分付现值公式。$\dfrac{(1+i)^n - 1}{i(1+i)^n}$ 称为等额分付现值系数，也可记为 $(P/A, i, n)$。

【例 10-6】如果某工程一年建成并投产，寿命 10 年，每年净收益是 2 万元，按 10% 的折现率计算，恰好能够在寿命期内把期初投资全部收回。问该工程期初所投入的资金为多少？

解：由公式(10-8)得：

$$P = A\left[\frac{(1+i)^n - 1}{i(1+i)^n}\right] = 2 \times \left[\frac{(1+0.1)^{10} - 1}{0.1 \times (1+0.1)^{10}}\right] = 2 \times 6.144\,5 = 12.289 \text{（万元）}$$

④ 等额分付资本回收公式

等额分付资本回收公式是等额分付现值公式的逆运算，即已知现值 P，求与之等值的等额年值 A。由(10-8)可直接导出：

$$A = P\left[\frac{i(1+i)^n}{(1+i)^n - 1}\right] = P(A/P, i, n) \qquad (10\text{-}9)$$

式中，$\dfrac{i(1+i)^n}{(1+i)^n - 1}$ 称为等额分付资本回收系数，也可记为 $(A/P, i, n)$。

显然，资本回收系数与偿债基金系数之间存在如下关系：

$$(A/P, i, n) = (A/F, i, n) + i$$

【例 10-7】已知某项目 20 年后需要更换机组，费用为 200 万元，i 为 15%，求在 20 年内每年年末应提存多少基本折旧基金？

解：由公式（10-9）得：

$$A = P\left[\frac{i(1+i)^n}{(1+i)^n - 1}\right] = 200 \times 0.009\,76 = 1.952（万元）$$

为了便于理解，将以上 6 个公式汇总见表 10-2。

表 10-2　常用资金等值公式

类别		已知	求解	符号	公式
一次支付	终值公式	现值 P	终值 F	$(F/P, i, n)$	$F = P(1+i)^n = P(F/P, i, n)$
	现值公式	终值 F	现值 P	$(P/F, i, n)$	$P = F/(1+i)^n = F(P/F, i, n)$
等额分付	终值公式	年值 A	终值 F	$(F/A, i, n)$	$F = A(F/A, i, n)$
	偿债基金公式	终值 F	年值 A	$(A/F, i, n)$	$A = F(A/F, i, n)$
	现值公式	年值 A	现值 P	$(P/A, i, n)$	$P = A(P/A, i, n)$
	资本回收公式	现值 P	年值 A	$(A/P, i, n)$	$A = P(A/P, i, n)$

10.3　工程经济分析的基本要素

10.3.1　投资

1. 投资的基本概念

广义的投资是指人们一种有目的的经济行为，即以一定的资源投入某项计划，以获取所期望的收益。本节讨论的投资是狭义的，是指使项目达到预期效益而进行的全部资本投放活动。对于工程项目而言，是指某项工程从筹建开始到全部竣工投产为止所发生的全部资金投入。

2. 投资构成

不同的工程项目，投资构成不同。例如，水利水电项目投资的内容，按工程的性质包括主体工程、附属工程及配套工程投资。按照投资的构成而言，包括工程部分投资、移民和环境投资，在管理阶段还包括流动资金，最终形成了固定资产、无形资产、递延资产和流动资产。

在各种规范、规定中，项目总投资划分稍有不同，一般工程项目总投资由建设投资、建设期利息和流动资金三部分构成，如图 10-6 所示。

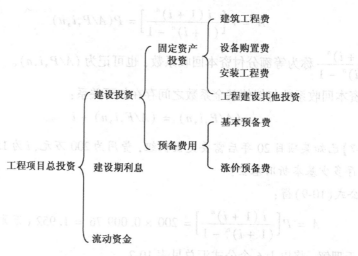

图 10-6　工程项目总投资构成

（1）固定资产

建设投资的绝大部分，在工程项目竣工后，经核准转为工程管理单位的固定资产。

固定资产是指使用期限在一年以上、单位价值在规定标准以上，且在使用过程中保持原有实物形态的资产。如水利水电项目中的水工建筑物、设备及设施、工具及仪器、房屋及其他建筑物、防护林及经济林等。

（2）无形资产

无形资产是不具有实物形态，但能为企业提供某些特权或权益的资产。如专利权、商标权、著作权、商誉等。

（3）递延资产

递延资产是指不能全部计入当年损益，应当在以后年度内分期摊销的各项费用，包括开办费、大修费等。如开办费从项目开始运行次月起，按照不短于 5 年的期限摊销。

（4）流动资产

流动资产是指在一年或超过一年的营业周期内变动或耗用的资产。按其形态有现金及各种存款、存货、应收及预付款、短期投资等。流动资产的货币表现形式即流动资金。

10.3.2　费用和成本

1. 费用和成本的基本概念

费用是生产经营过程中发生的各项消耗；成本通常指企业为生产产品和提供劳务所发生的各项费用。

成本不一定等于费用，只有将一定时期发生的费用完全归结于该时期的产品时，两者才相等，一部分费用可能拖后，计入下一期产品成本中，出现费用和成本时间上的不一致。

工程经济分析中使用的成本概念与企业财务会计中使用的成本概念不完全相同，主要表现在以下方面：

财务会计中的成本是对企业经营活动和产品生产过程中实际发生的各种耗费的真实记录，数据是唯一的；工程经济分析中使用的费用和成本数据是在一定的假定条件下对投资方案未来情况的预测和估算，各种影响因素的作用是不确定的，所得到的成本数据也不是唯一的。

在工程经济分析中，还要引入一些特有的成本概念，这些成本概念的经济含义与财务会计中的成本含义有一些差异，如沉没成本、机会成本等。

2. 费用和成本的构成

总成本费用构成如图 10-7 所示。

(1) 总成本费用

总成本费用按其经济用途与核算层次可分为生产成本和期间费用。

直接材料是指在生产中用来形成产品主要部分的材料；直接工资是指在产品生产过程中直接对材料进行加工使之变成产品的人员的工资；制造费用是指为组织和管理生产所发生的各项间接费用，包括生产车间管理人员的工资、职工福利费、折旧费等。

直接材料、直接工资和其他直接费构成直接费用，直接费用和制造费用构成生产成本。

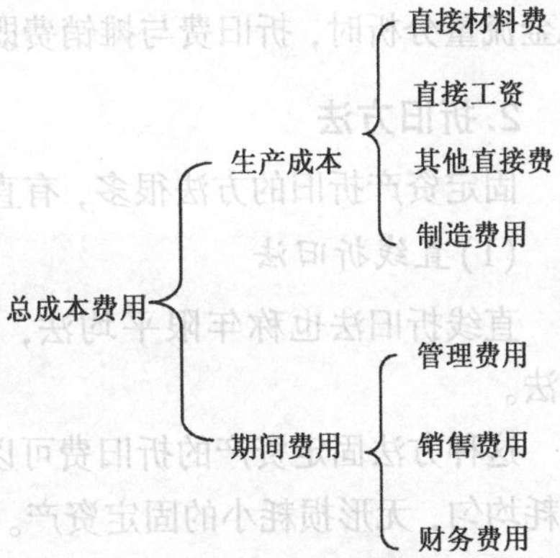

期间费用包括管理费用、销售费用和财务费用。

图 10-7　总成本费用构成图

管理费用是指企业行政管理部门为管理和组织经营活动发生的各项费用，如管理部门人员的工资及福利费、办公费、差旅费等。

销售费用指销售商品过程中发生的费用，如销售人员的工资及福利、广告费等。

财务费用是指在筹集资金等财务活动中发生的费用，如银行手续费、汇兑净损失等。

(2) 经营成本

经营成本是指从总成本费用中分离出来的一部分费用。

$$经营成本 = 总成本费用 - 折旧与摊销费 - 借款利息支出 \qquad (10\text{-}10)$$

在工程经济分析中，固定资产投资是计入现金流出的，如再将折旧随成本计入现金流出，会造成现金流出的重复计算；另外，借款利息是实际的现金流出，在评价工程项目投资的经济效果时，并不考虑资金的来源问题，因而也不考虑此项。

(3) 沉没成本与机会成本

沉没成本是指以往发生的与当前决策无关的费用。从决策的角度看，以往发生的费用只是造成当前状态的一个因素，当前决策所要考虑的是未来可能发生的费用及所带来的收益，而不考虑以往发生的费用。

机会成本是指一种具有多种用途的有限资源置于特定用途时所放弃的收益。当一种有限的资源具有多种用途时，可能有多种投入这种资源获取相应收益的机会，如果将这种资源置于某种特定用途，必然要放弃其他投资机会，同时也放弃了相应的收益，就是这种资源置于特定用途的机会成本。

显然,在工程经济分析中,沉没成本不会在现金流量中出现,机会成本则会以各种方式影响现金流量。

10.3.3 固定资产折旧

1. 折旧的含义

折旧是在固定资产的使用年限内,按照一定的方法对固定资产原值扣除预计残值后的余额进行的摊销。

固定资产折旧费和无形资产、递延资产摊销费在工程经济分析中具有相同的性质,在做现金流量分析时,折旧费与摊销费既不属于现金流出也不属于现金流入。

2. 折旧方法

固定资产折旧的方法很多,有直线折旧法、工作量法、双倍余额递减法、年数总和法。

(1)直线折旧法

直线折旧法也称年限平均法,是平均计算年折旧额的方法,是使用最广泛的一种折旧法。

这种方法固定资产的折旧费可以均衡地分配于使用寿命内的各个时期,适用于固定资产损耗均匀,无形损耗小的固定资产。例如道路、输油管道、水利水电工程的固定资产等都使用直线折旧法。

(2)工作量法

工作量法一般用于计算某些专业设备和交通运输车辆的折旧,是以固定资产完成的工作量(行驶里程、工作小时、工作台班、生产的产品数量)为单位计算折旧额。例如,价值大而又不经常使用的某些大型机器设备,可按其完成的工作时间计算折旧;汽车等运输设备,可按其行驶里程计算折旧。

我国现行的固定资产折旧方法,一般采用直线折旧法或工作量法。

(3)双倍余额递减法

双倍余额递减法是在不考虑固定资产预计残值的情况下,将每期固定资产的期初账面净值乘以一个固定不变的百分率,计算折旧额的一种加速折旧的方法。

(4)年数总和法

年数总和法是指用固定资产原值减去预计残值后的净额,乘以一个逐年递减的分数(称为折旧率),计算折旧额的一种加速折旧的方法。

加速折旧法,指在固定资产使用前期提取折旧较多,后期提取较少,使固定资产价值在使用年限内尽早得到补偿。这种计提折旧的方法是国家先让利给企业,加速回收投资,增强还贷能力。因此,只对某些确有特殊原因的企业才准许采用加速折旧法。

10.3.4 销售收入、利润和税金

1. 销售收入

销售收入是指企业向社会出售商品或提供劳务取得的货币收入。

在工程经济分析中，销售收入是作为现金流入的一个重要项目。

企业的销售收入与总产值是有区别的。总产值是企业生产的成品、半成品和处于加工过程中的在制品的价值总和，可按当前市场价格或不变价格计算；而销售收入是指出售商品的货币收入，是按出售时的市场价格计算的。

2. 利润

利润是企业经济目标的集中表现，评价投资项目经济效益应以利润为主要依据。

$$利润总额 = 销售利润 + 投资净收益 + 营业外收支净额 \tag{10-11}$$

$$销售利润 = 销售收入 - 销售成本 - 销售费用 - 管理费用 - 财务费用 - 销售税金及附加 \tag{10-12}$$

$$净利润 = 利润总额 - 所得税 \tag{10-13}$$

对于企业来说，净利润一般按下列顺序进行分配：

(1) 提取盈余公积金。一是法定盈余公积金，在提取金额累计达到注册资本的50%以前，按照可供分配净利润的10%提取，达到注册资本的50%，可以不再提取；二是法定公积金，按可供分配净利润的5%提取。

(2) 向投资者分配利润。

(3) 未分配利润，即未作分配的利润。

3. 税金

税金是国家依据法律对有纳税义务的单位和个人征收的财政资金。税收是国家凭借政治权力参与国民收入分配和再分配的一种方式，具有强制性、无偿性和固定性的特点。税收不仅是国家取得财政收入的主要渠道，也是国家对各项经济活动进行宏观调控的重要杠杆。

我国企业纳税的主要税种有：增值税、消费税、营业税、企业所得税、资源税等。

(1) 增值税

增值税以商品生产、流通和劳务服务各个环节的增值额为征税对象，凡是在我国境内销售货物或者提供加工、修理修配劳务以及进口货物的单位或个人都应缴纳增值税。

增值税的纳税人分为一般纳税人和小规模纳税人。一般纳税人税率为17%、13%；小规模纳税人税率为3%；出口货物适用零税率。

(2) 消费税

消费税是对在我国境内生产、委托加工、零售和出口《中华人民共和国消费税暂行条例》规定的应税消费品的单位或个人征收的税种。目前我国的应税消费品包括烟、酒、化妆品、护肤护发品、贵重首饰及珠宝玉石、鞭炮焰火、汽油、柴油、汽车轮胎、摩托车、小汽车等。

消费税的税率或单位销售量税额以不同消费品类别分若干档次。

(3) 营业税

营业税是对在我国境内提供应税劳务、转让无形资产或者不动产的单位和个人，就其营业额征收的一种税种。

对不同行业采用不同的适用税率。

（4）企业所得税

企业所得税是对企业的生产经营所得和其他所得征收的一种税种。企业的生产经营所得包括来源于中国境内、境外的所得。纳税人是实行独立经济核算的企业或者组织。

企业所得税的税率一般为33%。

（5）资源税

资源税是以各种自然资源为课税对象而征收的一种税种。其课税目的在于调节因资源条件差异而形成的级差收入，促进国有资产的合理开采和产业结构的调整。

10.4　经济效果评价方法

经济效果评价是对工程建设项目的各种方案从技术、经济、资源、环境、政治、国防和社会等多方面进行全面的、系统的、综合的技术经济计算、分析、论证和评价，从多种可行方案中选择出最优方案。

经济效果评价是投资项目评价的核心内容，为了确保投资决策的正确性和科学性，研究经济效果评价方法是十分必要的。

10.4.1　经济效果的评价指标

经济效果的评价指标很多，它们从不同的角度反映了工程项目的经济性。

根据不同的划分标准，可以对经济效果评价指标进行不同的分类：

① 按照是否考虑资金的时间价值，分为静态评价指标和动态评价指标。

不考虑资金时间价值的评价指标称为静态指标；考虑资金时间价值的评价指标称为动态指标。静态评价指标比较简单直观，主要用于技术经济数据不完备和不精确的项目初选阶段；动态评价指标则用于项目最后决策前的可行性研究阶段。

② 按照评价指标的不同性质，分为时间型指标、价值型指标和比率型指标。

时间型指标如投资回收期、借款偿还期等；价值型指标如净现值、净年值、费用现值、费用年值等；比率型指标，如内部收益率、投资收益率等。

1.投资回收期

投资回收期是指从工程项目投建之日起，用项目的净收益回收全部投资所需的期限。根据是否考虑资金的时间价值，分为静态投资回收期和动态投资回收期。

（1）静态投资回收期

静态投资回收期是在不考虑资金时间价值的条件下，以项目的净收益回收全部投资所需要的时间。静态投资回收期的计算分为以下两种情况：

① 如果投资项目每年的净收益相等，计算公式为：

$$T_p = 投资总额/年净现金流量 + 项目建设期 \qquad (10\text{-}14)$$

② 如果投资项目每年的净收益不相等，通常用列表法求得，计算公式为：

$$T_p = T - 1 + 第（T-1）年累计净现金流量的绝对值/第T年的净现金流量 \quad (10-15)$$

式中，T 为工程项目各年累计净现金流量首次为正值或零的年份。

用投资回收期评价投资项目时，需要与基准投资回收期相比较。设基准投资回收期为 T_b，判别准则为：若 $T_p \leqslant T_b$，则可以考虑接受项目；若 $T_p > T_b$，则拒绝项目。

（2）动态投资回收期

动态投资回收期是在考虑资金时间价值的条件下，按项目的基准收益率回收全部投资所需要的时间，即净现金流量累计现值等于零时的年份。计算公式为：

$$T_{p'} = 累计净现金流量开始出现正值的年份 - 1$$
$$+ 上年累计净现金流量折现值的绝对值/当年净现金流量折现值 \quad (10-16)$$

（3）投资回收期指标的优缺点

优点：投资回收期指标容易理解、简单易用，在一定程度上反映项目的经济性和风险大小。显然，投资回收期越短，资金的周转速度越快，投资风险越小。因此，该指标被广泛用作项目评价的辅助性指标。

缺点：无论是静态还是动态的投资回收期都没有考虑回收期以后的收入与支出的实际情况，因而无法全面反映项目在寿命期内的真实效益，难以对不同方案进行比较选择并做出合理判断。

2. 净现值（NPV）

净现值（Net Present Value，NPV）是对投资项目进行动态评价的最重要指标之一。即按照一定的折现率将各年净现金流量折现到同一时点（通常是期初）的现值累加值。

计算公式为：

$$NPV = \sum_{t=0}^{n} (CI - CO)_t (P/F,i,n) \quad (10-17)$$

式中，NPV 为项目的净现值；CI_t 为第 t 年的现金流入额；CO_t 为第 t 年的现金流出额；n 为项目的寿命期；i 为基准折现率。

判别准则为：对单一项目而言，若 NPV $\geqslant 0$，则可以考虑接受项目；若 NPV < 0，则拒绝项目。多方案比较选择时，净现值越大的方案相对越优（净现值最大准则）。

净现值指标考虑了资金的时间价值，全面考察了项目在整个寿命期内的经济状况，能够直接以货币额的大小表示项目的盈利水平，经济意义明确直观；不足之处在于必须首先确定一个符合经济现实的基准收益率，而基准收益率的确定往往是比较困难的。

3. 净年值（NAV）

净年值（Net Annual Value，NAV）是通过资金等值换算将项目的净现值折算成寿命期内各年的等额年值。

计算公式为：

$$NAV = NPV(A/P,i,n) \quad (10-18)$$

式中，NAV 为净年值；$(A/P,i,n)$ 为资本回收系数；其他符号意义同(10-17)。

判别准则为：若 NAV $\geqslant 0$，则可以考虑接受项目；若 NAV < 0，则拒绝项目。

4. 内部收益率(IRR)

内部收益率(Internal Rate of Return，IRR)是非常重要的评价指标之一。净现值等于零时的折现率就是内部收益率。

内部收益率可通过解下面方程求得：

$$NPV(IRR) = \sum_{t=0}^{n} (CI - CO)_t (1 + IRR)^{-t} = 0 \qquad (10\text{-}19)$$

式中：IRR 为内部收益率；其他符号意义同(10-17)。

设基准折现率为 i，判别准则为：若 IRR $\geq i$，则可以考虑接受项目；若 IRR $< i$，则拒绝项目。

内部收益率指标考虑了资金的时间价值以及项目在整个寿命期内的经济状况，不需要事先确定一个基准收益率，而只需知道基准收益率的大致范围即可；不足的是内部收益率计算比较复杂，对于具有非常规现金流量的项目，其内部收益率往往不是唯一的，在某些情况下甚至不存在。

5. 投资收益率

投资收益率是指工程项目在正常年份的净收益与投资总额的比值，计算公式为：

$$投资收益率 = 正常年份的净收益 / 投资总额 \qquad (10\text{-}20)$$

投资收益率常见的形式有以下几种。

(1)投资利润率

投资利润率是考察项目单位投资盈利能力的静态指标，计算公式为：

$$投资利润率 = 年利润总额或年平均利润总额 / 项目总投资 \times 100\% \qquad (10\text{-}21)$$

其中，年利润总额 = 年销售收入 - 年销售税金及附加 - 年总成本费用

(2)投资利税率

投资利税率是考察项目单位投资对国家积累的贡献水平，计算公式为：

$$投资利税率 = 年利税总额或年平均利税总额 / 项目总投资 \times 100\% \qquad (10\text{-}22)$$

其中，年利税总额 = 年销售收入 - 年总成本费用 = 年利润总额 + 年销售税金及附加

(3)资本金利润率

资本金利润率反映投入项目的资本金的盈利能力，计算公式为：

$$资本金利润率 = 年利润总额或年平均利税总额 / 资本金 \times 100\% \qquad (10\text{-}23)$$

投资收益率没有考虑资金的时间价值，主要反映投资项目的盈利能力。用投资收益率评价投资方案的经济效果，需要与本行业的平均水平对比，以判别项目的盈利能力是否达到本行业的平均水平。

6. 费用现值(PC)和费用年值(AC)

在对多个方案比较选优时，如果诸方案产出价值相同或诸方案能够满足同样需要但其产出效益难以用价值形态(货币)计量(如环保、教育、保健、国防)时，可以通过对各方案费用现值或费用年值的比较进行选择。

费用现值(PC)的计算公式为：

$$PC = \sum_{t=0}^{n} CO_t(P/F,i,t) \quad (10\text{-}24)$$

费用年值(AC)的计算公式为：

$$AC = PC(A/P,i,n) = \sum_{t=0}^{n} CO_t(P/F,i,t)(A/P,i,n) \quad (10\text{-}25)$$

其他符号意义同(10-17)。

费用现值和费用年值指标只能用于多个方案的比选。

判断准则为：费用现值和费用年值最小的方案为最优。

7. 评价指标小结

本节讨论了工程项目常用的经济指标，如净现值、净年值、费用现值、费用年值、内部收益率、静态投资回收期和动态投资回收期等。在这些指标中，净现值、内部收益率和投资回收期是最常用的评价指标。

在价值型指标中，费用现值和费用年值分别是净现值和净年值的特例，即在方案比选时，前两者只考察项目方案的费用支出。图10-8给出了各评价指标的关系。

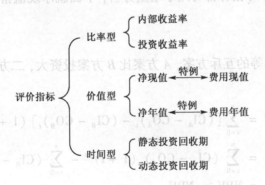

图10-8　评价指标之间的关系

10.4.2　投资方案的评价和选择

1. 投资方案的类型

在工程经济分析过程中，各备选方案之间可能存在多种多样的关系，如有的方案是彼此独立的，有的方案是相互排斥的，有的具有从属关系，有的具有资金或收入相关关系。通过分析多方案群的复杂关系，把方案分为三种类型，即独立型、互斥型和混合型。

(1) 独立型方案：是指方案间是彼此独立的，选择或放弃其中一个方案，并不影响其他方案的选择。

(2) 互斥型方案：是指各方案之间具有排他性，在各方案之间只能选择一个。

(3) 混合型方案：是指独立方案与互斥方案混合的情况。比如在有限的资源制约条件下有几个独立的投资方案，在这些独立方案中又包含着若干互斥方案，那么所有方案之间就是混合型关系。

2. 独立型方案的经济效果评价

独立型方案是否被采用，取决于方案自身的经济性，只需检验其经济效果指标，如净现值、净年值或内部收益率等是否达到一定的检验标准，从而决定项目方案的取舍。

独立型方案具有"可加性"的特点。比如，A 与 B 二个投资方案，只选择方案 A 时，投资 30万元，净收益 36 万元；只选择方案 B 时，投资 40 万元，净收益 47 万元。当 A 与 B 一起选择时，共需投资 $30 + 40 = 70$ 万元，得到净收益共为 $36 + 47 = 83$ 万元。那么，A 与 B 具有可加性。

3. 互斥型方案的经济效果评价

对于互斥型方案决策，必须保证比选的方案具有可比性，主要包括计算时间具有可比性、计算收益与费用的范围、口径一致，计算的价格可比。

互斥方案的比选可以采用不同的评价指标，有很多计算方法，对于寿命期相同的互斥方案，增量分析法是方案比选的基本方法。

（1）增量分析法

通过计算增量净现金流量评价增量投资经济效果，就是增量分析法。净现值、净年值、投资回收期、内部收益率等指标都可用于增量分析，下面就净现值指标在增量分析中的应用做进一步讨论。

① 差额净现值

设 A、B 为投资额不等的互斥方案，A 方案比 B 方案投资大，二方案差额净现值的计算公式为：

$$
\begin{aligned}
\Delta \text{NPV} &= \sum_{t=0}^{n} \left[\left(\text{CI}_A - \text{CO}_A \right)_t - \left(\text{CI}_B - \text{CO}_B \right)_t \right] (1 + i)^{-t} \\
&= \sum_{t=0}^{n} \left(\text{CI}_A - \text{CO}_A \right)_t (1 + i)^{-t} - \sum_{t=0}^{n} \left(\text{CI}_B - \text{CO}_B \right)_t (1 + i)^{-t} \\
&= \text{NPV}_A - \text{NPV}_B
\end{aligned}
\tag{10-26}
$$

式中，ΔNPV 为差额净现值；$\left(\text{CI}_A - \text{CO}_A \right)_t$ 为方案 A 第 t 年的净现金流；$\left(\text{CI}_B - \text{CO}_B \right)_t$ 为方案 B 第 t 年的净现金流；NPV_A，NPV_B 分别为方案 A 与方案 B 的净现值。

判别准则为：若 $\Delta \text{NPV} \geq 0$，表明增量投资可以接受，投资（现值）大的方案经济效果好；若 $\Delta \text{NPV} < 0$，表明增量投资不可接受，投资（现值）小的方案经济效果好。

当有多个互斥方案时，用净现值最大准则选择最优方案比两两比较的增量分析更为简便，即净现值最大且非负的方案为最优方案。如果使用净年值指标，判别准则为净年值最大且非负的方案为最优方案。对于仅有或仅需计算费用现金流的互斥方案，方案选择的判别准则为：费用现值或费用年值最小的方案为最优方案。

（2）寿命期不等的互斥方案的比较选择

对寿命期不等的互斥方案进行比较选择，要求方案间必须具有可比性。

① 年值法

对寿命期不等的互斥方案进行比较选择时，年值法是最简单的方法，使用的经济指标有净年值与费用年值。

使用净年值对互斥方案进行比较选择时，判别准则为：净年值最大且非负的方案为最优方案。对于仅有或仅需计算费用现金流的互斥方案，使用费用年值进行比选时，判别准则为：费用年值最小的方案为最优方案。

用年值法进行寿命期不等的互斥方案比较选择时，实际上假定了各方案可以无限多次重复实施。在这一假定的前提下，年值法以"年"为时间单位比较各方案的经济效果，从而使寿命期不等的互斥方案具有可比性。

② 现值法

当互斥方案寿命期不等时，各方案的现金流在各自寿命期内的现值不具有可比性。如果要使用现值指标，如净现值、费用现值进行方案比较选择，需要设定一个共同的分析期。分析期的设定通常有几种处理方法：

a. 寿命期最小公倍数法：以备选方案计算期的最小公倍数作为比选方案共同的分析期，假定各方案均在这样一个共同的分析期内重复进行。例如，有两个备选方案 A、B，A 方案的寿命期为 10 年，B 方案的寿命期为 15 年，取两个方案的最小公倍数 30 年作为分析期，假定 A 方案重复实施两次，B 方案重复实施一次，这样就把寿命期不等的互斥方案转化为寿命期相等的互斥方案了。

b. 合理分析期法：一般取最短或最长方案的寿命期作为分析期，通过比较各个方案在共同研究期内的净现值，净现值非负最大方案为最佳方案。

对于计算期比共同分析期长的方案，要对其在共同研究期以后的现金流量进行合理的等值估算，以免影响结论的正确性。

c. 无限计算期法：如果方案的最小公倍数很大，为简化计算，则按计算期为无穷大计算 NPV，净现值非负最大方案为最佳方案。

4. 混合型方案的经济效果评价

在多个方案之间，如果接受或拒绝某一方案，会影响对其他方案的接受或拒绝，或者会显著影响其他方案的现金流量，那么，这些方案就是相关的。方案相关的类型主要有以下几种：

(1) 完全互斥型

如果由于技术或经济的原因，接受某一方案就必须放弃其他方案，这些方案是完全互斥的，这也是方案相关的一种类型。如特定方案经济规模的确定、厂址的选择、水力发电站坝高方案的选择等，都是完全互斥的例子。这种情况我们在前面已做了较为充分的论述。

(2) 相互依存型和完全互补型

如果两个或多个方案之间，某一方案的实施要求以另一方案或另几个方案为条件，则这两个或若干个方案具有相互依存性，或者说具有相互互补性。例如，在两个不同的军工厂分别建设生产新型火炮和与之配套的炮弹的项目，就是这种类型的相关方案。

(3) 现金流相关型

如果若干方案中任一方案的取舍会导致其他方案现金流量的变化，这些方案之间也具有相关性。例如，有两种技术上都可行的方案，一个是在某大河上建一座收费公路桥(方案 A)；

另一个是在桥址附近建收费轮渡码头(方案 B)。即使这两个方案间不存在互不相容的关系，但任一方案的实施或放弃都会影响另一方案的收入，从而影响经济效果评价的结论。

(4)资金约束导致的方案相关

如果没有资金总额约束，各方案具有独立性质，但在资金有限的情况下，接受某些方案则意味着不得不放弃另一些方案。例如，现有独立方案 A、B、C、D，它们需要的投资分别为 1 万元、0.6 万元、0.4 万元、0.3 万元，在资金总额为 10 000 元的条件下，七个组合方案 A、B、C、D、B+C、B+D、C+D 就变成了互斥方案。

(5)混合相关型

在方案众多的情况下，方案间的相关关系可能包括多种类型。例如，某公司的下属子公司分别进行新建、扩建和更新改造三个相互独立的项目 A、B、C，而新建项目 A 有 A_1、A_2 两个互斥方案，扩建项目 B 有 B_1、B_2 二个互斥方案，更新改造项目 C 有 C_1、C_2、C_3 三个互斥方案，那么 A_1、B_2、C_1 就是其中一个混合相关型方案。

10.4.3 投资方案的不确定性分析

作为投资决策依据的技术经济分析是建立在分析人员对未来事件所作预测的基础之上，但由于某些因素的影响，例如，投资超支、建设工期拖长、原材料上涨、市场需求量变化、产品售价波动等，使方案经济效果的实际值可能偏离其预期值，从而给投资者和经营者带来风险，使工程项目达不到预期的经济效果，甚至发生亏损。

为了尽量避免决策失误，需要了解各种外部条件发生变化时对投资方案经济效果的影响程度，需要了解投资方案对各种外部条件变化的承受能力，以及对应于外部条件可能发生的变化、投资方案经济效果的概率分布，需要掌握风险条件下正确的决策原则与决策方法。下面介绍的内容将有助于解决这些问题。

1. 盈亏平衡分析

盈亏平衡分析是研究项目投资成本与收益之间平衡关系的方法。其研究的主要内容是：在一定的市场和生产能力条件下，分析产量、成本、收入之间的相互关系，找出项目盈利或亏损的临界点，即盈亏平衡点，以了解不确定性因素的最大允许变化范围，寻求最大盈利的可能性。

盈亏平衡点的表达方式有多种，它可以用实物产量、单位产品售价、单位产品可变成本以及年固定成本总量表示，也可以用生产能力利用率等相对量表示。

盈亏平衡分析的目的就是找到某一临界值，据此判断投资项目风险的大小及对风险的承受能力，为投资决策提供依据。一般来说，盈亏平衡点越低，说明盈利的可能性越大，亏损的可能性越小，项目承受风险的能力越大。

在项目的不确定性分析中，最常见的盈亏平衡分析是研究产量、成本和利润之间的关系，盈亏平衡分析不仅可对单个方案进行分析，而且还可以对多个方案进行比较和优选。

2. 敏感性分析

敏感性分析是指不确定因素的变化对投资项目经济效果的影响程度。当不确定因素的小幅度变化导致项目经济效果的较大变化时，则称投资项目的经济效果对不确定因素的敏感性大；反之，则称投资项目的经济效果对不确定因素的敏感性小。

敏感性分析的目的是：

(1)确定不确定性因素在什么范围变化时，方案的经济效果最好，在什么范围最差，以便对不确定因素实施控制。

(2)区分备选方案敏感性的大小，以便选出敏感性小，即风险小的方案。

(3)找出敏感性因素，向决策者提出是否需要进一步收集资料进行研究，以提高经济分析的可靠性。

敏感性分析的一般步骤为：

(1)选择需要分析的不确定因素，并设定这些因素的变化范围

影响投资方案经济效果的不确定因素很多，通常选定的不确定因素有：投资额、项目寿命期、建设期限及达产期、产品产量及销售量、产品价格、经营成本、折现率等。

(2)确定进行敏感性分析的经济指标

前面介绍的各种经济效果评价指标都可以作为敏感性分析的指标。在实际分析中，最常用的主要是投资回收期、净现值和内部收益率。

(3)计算不确定因素变动对分析指标的影响

计算各不确定因素在可能的变动范围内发生变动时，导致的方案经济效果指标的变动结果，建立起一一对应的数量关系，并用图或表的形式表示出来。

(4)确定敏感因素，对方案的风险做出判断

判断敏感因素的方法有两种：一是相对测定法，即设定要分析的因素均从基准值开始变动，且各因素每次变动幅度相同，比较在同一变动条件下各因素的变动对经济效果的影响，据此判断方案经济效果对各因素变动的敏感程度；二是绝对测定法，即假定各因素均向对方案不利的方向变动，并取其有可能出现的对方案最不利的数据，据此计算方案的经济效果指标，看是否达到使方案无法接受的程度，如果项目已不能接受，则该因素就是敏感因素。方案能否接受的数据是各经济指标能否达到临界值。例如，使用净现值指标要看净现值是否大于或等于零。

3. 概率分析

概率分析是根据不确定因素在一定范围内的随机变动，分析并确定这种变动的概率分布，从而计算出期望值及标准偏差，为项目的风险决策提供依据的一种分析方法。

概率分析是通过研究各种不确定因素发生不同幅度变动的概率分布及其对方案经济效果的影响，对方案的净现金流量及经济效果指标做出某种概率描述，从而对方案可能发生的损益或风险做出比较准确的判断。所以，概率分析又称风险分析。

概率分析时选定的经济效果评价指标与确定性分析时的评价指标一致。概率分析时的一般步骤为：

(1)影响投资方案经济效果因素的概率描述

影响投资方案经济效果的大多数因素是随机变量，可以预测它们的取值范围，估计各种

取值发生的概率。要完整地描述一个随机变量，需要确定其概率分布的类型和参数。在经济分析与决策中，使用最普遍的是均匀分布与正态分布。

（2）投资方案经济效果指标的概率分析

通过对投资方案经济效果指标的期望值、累计概率、标准差及离散系数进行分析，从而评价投资方案的风险程度。

在对投资方案经济效果指标进行概率分析时，需要估算投资方案的经济效果指标发生在某一范围的可能性。例如，当净现值大于或等于零的累计概率越大，表明方案的风险越小；反之，则风险越大。

 本章小结

运用工程经济的理论和方法对工程项目进行分析研究，在工程项目投资和企业经营管理中被广泛采用。通过对项目进行工程经济分析，可以在项目实施初期从经济的角度考察技术方案是否合理，尽可能避免投资失误，减少投资风险。

对于一个工程项目，应当根据不同的经验，从不同的角度构思出多种实施方案，利用工程经济分析的方法和经济指标对这些方案进行经济效果评价，综合比较各方案后选出最优方案，保证决策的科学性和正确性。

本章首先介绍了工程经济的基本概念、工程经济分析的作用和意义、工程经济分析的原则；给出了资金时间价值、现金流量图的定义以及四个资金等值计算公式；然后详细介绍了工程经济分析的基本要素，给出了时间型、价值型和比率型三类经济效果评价指标的定义、计算公式和判断原则，针对独立型方案、互斥型方案、混合型方案的评价选择原则；最后介绍了三种不确定性分析方法，即盈亏平衡分析、敏感性分析和概率分析。

？ 复习思考题

1. 什么是现金流量？企业从事的工业投资活动中常见的现金流入与现金流出有哪些？

2. 固定资产投资与流动资金的主要区别是什么？

3. 工业企业的成本费用有哪些项目？试举例说明

4. 什么是经营成本和机会成本？试举例说明。

5. 简述税收的性质和特点。增值税、所得税、营业税的征税对象分别是什么？

6. 某企业拟向银行借款 1 500 万元，5 年后一次还清。甲银行贷款年利率为 17%，按年计息；乙银行贷款年利率为 16%，按月计息。问企业向哪家银行贷款比较经济？

7. 某人每年年初存入银行 500 元，连续 8 年，若银行按年利率 8% 复利计息，此人现在必须存入银行多少钱？

8. 某企业兴建一工业项目，第一年投资 1 000 万元，第二年投资 2 000 万元，第三年投资 1 500 万元，投资均在年初发生，其中第二年和第三年的投资使用银行贷款，年利率 12%。该项目从第三年开始获利并偿还贷款,10年内每年年末获净收益1 500万元,银行贷款分5年等额偿还,问每年应偿还银行多少万元?

9.某项目净现金流量见题表10-1。

题表10-1 某项目净现金流量 单位:万元

年	0	1	2	3	4	5	6
净现金流量	−50	−80	40	60	60	60	60

试计算静态投资回收期、净现值、净年值、内部收益率和动态投资回收期。($i = 10\%$)

10.某企业产品单位售价为8元,其成本 y 是销售额 x 的函数,即企业总成本为 $y = 50\ 000 + 5x$,计算盈亏平衡点的销售额。

11.某企业有若干互斥型投资方案,各方案寿命期均为7年,有关数据见题表10-2,问:
(1)当折现率为10%时,资金无限制,哪个方案最佳?
(2)折现率在什么范围时,B方案在经济上最佳?

题表10-2 某企业若干互斥型投资方案有关数据 单位:万元

方案	初始投资	年净收入
O	0	0
A	2 000	500
B	3 000	900
C	4 000	1 100
D	5 000	1 380

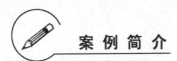

案 例 简 介

有一个生产城市用小型电动汽车的投资方案,用于确定性经济分析的现金流量见题表10-3,采用的数据是根据对未来最可能出现的情况预计估算的。由于对未来影响经济环境的某些因素把握不大,投资额、经营成本和产品价格均有可能在±20%的范围内变动。设基准折现率为10%,不考虑所得税,试分别就上述三个不确定因素做敏感性分析。

题表10-3 小型电动汽车项目现金流量表 单位:万元

年份	0	1	2~10	11
投资	15 000			
销售收入			19 800	19 800
经营成本			15 200	15 200
期末资产残值				2 000
净现金流量	−15 000	0	4 600	4 600 + 2 000

(资料来源:傅家骥等.工业技术经济学(第三版).北京:清华大学出版社,2000.)

案例分析

1. 设投资额为 K，年销售收入为 B，年经营成本为 C，期末资产残值为 L，用净现值指标评价本方案的经济效果，计算公式为：

$$NPV = -K + (B-C)(P/A,10\%,10)(P/F,10\%,1) + L(P/F,10\%,11)$$

计算出净现值为 11 394 万元；

2. 用净现值指标分别就投资额、产品价格和经营成本等不确定因素作单因素敏感性分析。取不确定因素的变动率分别为 -20%、-15%、-10%、-5%、0、$+5\%$、$+10\%$、$+15\%$、$+20\%$ 等数据，分别计算净现值的大小，并根据计算结果绘出敏感性分析图；

3. 通过计算，当净现值 NPV 等于零时，投资额、经营成本和产品价格变动的百分比分别是 76%、13.4% 和 -10.3%；

4. 结论：如果投资额与产品价格不变，年经营成本高于预期值 13.4% 以上；或者投资额与经营成本不变，产品价格低于预期值 10.3% 以上，方案将变得不可接受；如果经营成本与产品价格不变，投资额增加 76.0% 以上，才会使方案变得不可接受。

案例思考

1. 单因素敏感性分析的局限性是什么？

2. 结合本例理解投资方案进行不确定分析的重要性。

参考文献

[1] 罗福午.大学工程教学16讲.北京:清华大学出版社,2007.

[2] 杨波,刘瑞贤.科学定位高等工程教育目标的理性思考.太原科技大学学报.2006.

[3] 田逸.试论高等工程教育的培养目标.华北水利水电学院学报(社科版).2007.

[4] 吴伟伟.高等工程教育层次和培养目标的思考.理工高教研究.2006.

[5] 李朝阳,杜咏梅.高等工程教育的培养目标与培养成本.辽宁教育研究.2007.

[6] 雷庆,赵因.高等工程教育专业培养目标分析.高等教育研究.2007.

[7] 任正义,刘思嘉,王冬.基于波兰尼默会知识理论的现代工程师素质结构分析.高等工程教育研究.2011.

[8] 王丽平,雷健.高等工程教育应加强本科生通用管理能力.中国高等教育.2008.

[9] 王丹丹.能力数据结构化描述与建模方法分析.情报科学.2009.

[10] 吴基传.信息技术与信息产业.北京:新华出版社,2000.

[11] 钟义信.信息科学与技术导论.北京:北京邮电大学出版社,2007.

[12] 游五洋,陶青.信息化与未来中国.北京:中国社会科学出版社,2003.

[13] 秦定龙,方俊.水工建筑物.北京:中国电力出版社,2009.

[14] 李天科,侯庆国,黄明树.水利工程施工.北京:中国水利水电出版社,2005.

[15] 于永海,许健.水电站.北京:中国水利水电出版社,2008.

[16] 张训芳,方孝淑,关来泰.材料力学(第5版).北京:高等教育出版社,2009.

[17] 白茂瑞.土木工程概论.北京:中国冶金工业出版社,2005.

[18] [日]黑田早苗著.建筑现场营造与施工管理.牛清山,译.北京:中国建筑工业出版社,2008.

[19] 刘光辉.智能建筑概论.北京:机械工业出版社,2007.

[20] 叶志明.土木工程概论(第3版).北京:高等教育出版社,2009.

[21] 杨效中.建筑工程监理基础知识.北京:中国建筑工业出版社,2003.

[22] 周云,陈存恩,等.土木工程防灾减灾学.广州:华南理工大学出版社,2002.

[23] 贡力,李明顺.土木工程概论.北京:中国铁道出版社,2007.

[24] 朱茂存.高层建筑结构施工.北京:机械工业出版社,2007.

[25] 门玉明,王启耀.地下建筑结构.北京:人民交通出版社,2007.

[26] 叶列平.土木工程科学前沿.北京:清华大学出版社,2006.

[27] 兰定筠.工程招标与投标百问.北京:中国建筑工业出版社,2010.

[28] 刘桂新.从大学生到土建工程师.北京:中国建筑工业出版社,2008.

[29] 李毅,王林.土木工程概论.武汉:华中科技大学出版社,2008.

[30] 魏红一.桥梁施工及组织管理(上下册)(第2版).北京:人民交通出版社,2008.

[31] 郑晓燕,胡白香.新编土木工程概论.北京:中国建材工业出版社,2002.

[32] 陈学军.土木工程概论.北京:机械工业出版社,2008.

[33] 曹吉鸣,林知炎.工程施工组织与管理.上海:同济大学出版社,2007.

[34] 霍达.土木工程概论.北京:科学出版社,2007.

[35] 张文福,王秀丽.空间结构.北京:科学出版社,2005.

[36] 白茂瑞.土木工程概论.北京:中国冶金工业出版社,2005.

[37] 徐伟.模板与脚手架工程.北京:中国建筑工业出版社,2002.

[38] 许克宾.桥梁施工.北京:中国建筑工业出版社,2010.

[39] 张世雄.固体矿物资源开发工程(第2版).武汉:武汉理工大学出版社,2010.

[40] 孙广义,郭忠平.采煤概论.徐州:中国矿业大学出版社,2007.

[41] 张钦礼,王新民,邓义芳.采矿概论.北京:化学工业出版社,2008.

[42] 傅家骥,仝允恒.工业技术经济学(第3版).北京:清华大学出版社,2000.

[43] 王修贵.工程经济学.北京:中国水利水电出版社,2008.

[44] 赵阳.工程经济学.北京:北京理工大学出版社,2009.

[45] 张钟俊,侯先荣.系统工程学综述.上海交通大学学报,1979(3):153-169.

[46] 刘品,刘岚岚.可靠性工程基础(第3版).北京:中国计量出版社,2009.

[47] 寇晓东,薛惠锋,任军号.系统工程科学:系统工程学科体系新构建.西安邮电学院学报,2005,10(4):69-73.

[48] 曹小荣,郭国选.标准化基础教程.上海:同济大学出版社,2008.

[49] 李春田.标准化概论(第4版).北京:中国人民大学出版社,2009.

[50] 杨建昊,金利顺.广义价值工程.北京:国防工业出版社,2009.

[51] 王乃静.价值工程概论.北京:经济科学出版社,2006.

[52] 杨晓英,王会良,等.质量工程.北京:清华大学出版社,2010.

[53] 洪生伟.质量工程.北京:机械工业出版社,2006.

[54] 毕星,翟丽.项目管理.上海:复旦大学出版社,2000.

[55] [美]美国项目管理协会.项目管理知识体系指南(第4版).北京:电子工业出版社,2009.

[56] 许晓峰,等.工程建设监理手册.北京:中华工商联合出版社,2000.

[57] 李海波.审计学.上海:立信会计出版社,1997.

[58] 洪生伟.质量工程.北京:机械工业出版社,2006.

[59] 陶鼎来.中国农业工程.北京:中国农业出版社,2002.

[60] 王百田.林业生态工程学(第3版).北京:中国林业出版社,2010.

[61] 黄涛.畜牧工程学.北京:中国农业科学技术出版社,2007.

[62] 黄朝禧.渔业工程学.北京:高等教育出版社,2009.

[63] 陈焕江,高利.物流工程.北京:人民交通出版社,2007.

[64] 杜澄,尚智丛.国家大科学工程研究.北京:北京理工大学出版社,2011.

[65] 洪亮平.理论思维与工程思维划界对城市规划学的启示.规划师.2005, 21(7):10-13.

[66] 李勇军,刘子建,李立明.基于大工程理念的工程教育改革研究与探索.高等理科教育. 2009(2):96-99.

[67] 齐华.以现代工程理念构建现代工程教育体系.教育理论与实践.2007,专刊:87,100.

[68] 张钟俊,侯先荣.系统工程学综述.上海交通大学学报.1979(3):153-169.

[69] 刘洪伟,齐二石.基础工业工程.北京:化学工业出版社,2011.

[70] 易树平,郭伏.基础工业工程.北京:机械工业出版社,2007.

[71] 郭世明.工程概论(第2版).成都:西南交通大学出版社,2007.

[72] 刘力卓,侯玉梅.工业工程导论.北京:中国物资出版社,2009.

[73] 阚树林.基础工业工程.北京:高等教育出版社,2005.

[74] 薛伟,蒋祖华.工业工程概论.北京:机械工业出版社,2009.

[75] 徐克林.工业工程基础.北京:化学工业出版社,2008.

[76] 郭伏,杨学涵.人因工程学.沈阳:东北大学出版社,2001.

[77] 齐二石,高举红.物流工程.北京:清华大学出版社,2009.

[78] 朱耀祥,朱立强.设施规划与物流.北京:机械工业出版社,2004.

[79] 蒋志强,施进发,王金凤.先进制造系统导论.北京:科学出版社,2006.